自动化生产线组装与维护

ZIDONGHUA SHENGCHANXIAN ZUZHUANG YU WEIHU

秦 萍　朱智亮　主 编　　金程程　李 辉　副主编

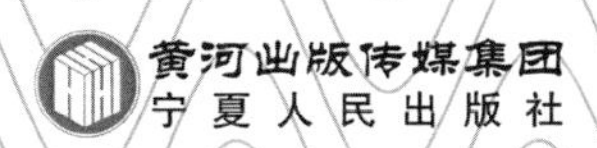

图书在版编目（CIP）数据

自动化生产线组装与维护 / 秦萍，朱智亮主编 . --
银川：宁夏人民出版社，2019.10
ISBN 978-7-227-07091-7

Ⅰ . ①自… Ⅱ . ①秦… ②朱… Ⅲ . ①自动生产线—
组装 ②自动生产线—维修 Ⅳ . ① TP278

中国版本图书馆 CIP 数据核字（2019）第 234410 号

自动化生产线组装与维护　　秦　萍　朱智亮　主编

责任编辑　贺飞雁
责任校对　赵学佳
封面设计　马一卜
责任印制　肖　艳

黄河出版传媒集团
宁夏人民出版社　出版发行

出 版 人　薛文斌
地　　址　宁夏银川市北京东路 139 号出版大厦（750001）
网　　址　http://www.yrpubm.com
网上书店　http://www.hh-book.com
电子信箱　nxrmcbs@126.com
邮购电话　0951-5052104　5052106
经　　销　全国新华书店
印刷装订　宁夏人民出版社数字印刷基地
印刷委托书号　（宁）0014864

开本　787 mm × 1092 mm　1/16
印张　14.75
字数　260 千字
版次　2019 年 10 月第 1 版
印次　2019 年 10 月第 1 次印刷
书号　ISBN 978-7-227-07091-7
定价　36.00 元

前　言

本书以典型自动化生产线为载体，融入PLC控制技术、变频器控制技术、传感器技术、触摸屏组态编程技术等，将自动化生产线各个典型单元联系起来，完成预定的自动化生产任务。

本书由四个学习项目组成，即自动化生产线认识、皮带输送机控制系统装调与维护、饮料自动灌装生产线装调与维护、自动化物流系统设计安装与调试维护，每个项目由若干个学习任务组成。

本书由宁夏工商职业技术学院秦萍、朱智亮任主编，金程程、李辉任副主编。全书共设四个学习项目，其中秦萍教授负责项目一、项目四的编写，朱智亮副教授负责项目二的编写，金程程讲师负责项目三的编写，李辉副教授负责项目一、项目四的编写，全书由秦萍统稿。

限于作者水平，疏漏之处，恳请广大读者批评指正。

目　录

项目一　自动化生产线认识

任务一　了解自动化生产线作用

一、自动化生产线应用

自动化生产线是产品生产过程所经过的路线，即从原料进入生产现场开始，经过加工、运送、装配、检验等一系列生产活动所构成的路线。狭义的生产线是按对象原则组织起来的，完成产品工艺过程的一种生产组织形式。过去，人们对自动化的理解或者说自动化的功能目标是以机械的动作代替人力操作，自动地完成特定的作业。后来随着电子和信息技术的发展，特别是随着计算机的出现和广泛应用，自动化的概念已扩展为用机器（包括计算机）不仅能够代替人的体力劳动，还能够代替或辅助脑力劳动，自动完成特定的作业。

由于科学技术的快速发展，自动化生产技术在工业生产中应用越来越广泛。在机械制造、电子等行业已经设计和制造出大量的类型各异的自动化生产线，如图 1–1 所示。这些自动化生产线的使用，在提高劳动效率和产品的质量、改善工人劳动条件、降低能源消耗、节约材料等方面均取得了显著的成效。

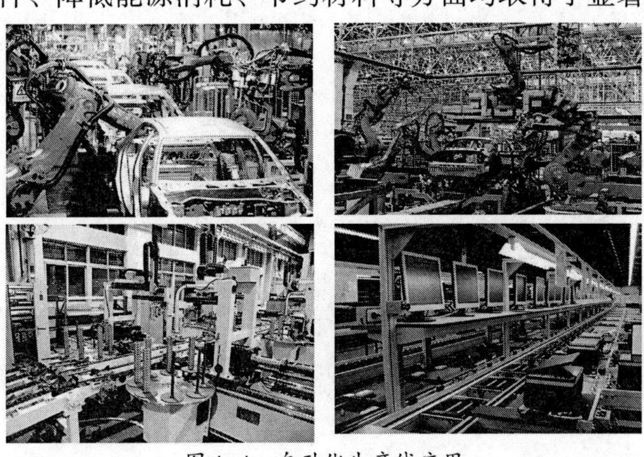

图 1–1　自动化生产线应用

自动化生产线之所以能成为一个系统，缘于它是建立在机械技术、计算机技术、传感技术、驱动技术、接口技术等基础上的一门综合技术。它从系统工程观点出发，应用这些综合技术，根据生产的需要，对他们进行了有效地组织与综合，从而实现整体设备的最佳化。因此，自动化生产线虽源于流水生产线，并与流水生产线有相似之处，但其性能已经远远超过流水生产线，是有许多差别。最主要的特点是自动化生产线吸纳具有统一的自动化控制系统，有较高的自动化程度，还具有比流水生产线更为严格的生产节奏，工作必须以一定的生产节拍经过各个工位完成预定的加工。

二、自动化生产线组成

由于生产的产品不同，各种类型的自动化生产线的大小不一，结构有别，功能各异。自动化生产线分为五个部分：机械本体部分、检测及传感器部分、控制部分、执行机构部分、动力源部分。

从功能上来看，不论何种类型的自动化生产线都应具备最基本的四大功能，即：运转功能、控制功能、检测功能和驱动功能。

运转功能在生产线中依靠动力源来提供。控制功能在自动生产线当中得以实现，是由微型机、单片机、可编程控制器或其他一些电子装置来承担完成的。在工作过程中，设在各部位的传感器把信号检测出来，控制装置对信号进行存储、运输、运算、变换等等，然后用相应的接口电路向执行机构发出命令，完成必要的动作。检测功能主要由位置传感器、直线位移传感器、角位移传感器等各种传感器来实现。传感器收集生产线上的各种信息，如：位置、温度、压力、流量等传递给信息处理部分完成控制作用。驱动功能主要由电动机、液压缸、气压缸、电磁阀、机械手或机器人等执行机构来完成。整个自动生产线的主体是机械部分。

三、自动化生产线工作状态

自动化生产线的控制系统主要用于保证线内的机床、工件传送系统，以及辅助设备按照规定的工作循环和联锁要求正常工作，并设有故障寻检装置和信号装置。为适应自动线的调试和正常运行的要求，控制系统有三种工作状态：调整、半自动和自动。在调整状态时可手动操作和调整，实现单台设备的各个动作；在半自动状态时可实现单台设备的单循环工作；在自动状态时自动线能连续工作。

控制系统有“预停”控制机能，自动线在正常工作情况下需要停车时，能在完成一个工作循环、各机床的有关运动部件都回到原始位置后才停车。自动线的其他辅助设备是根据工艺需要和自动化程度设置的，如有清洗机工件自动检验装置、自动换刀装置、自动排屑系统和集中冷却系统等。为提高自动线的生产率，必须保证自动线的工作可靠性。影响自动线工作可靠性的主要因素是加工质量的稳定性和设备工作的可靠性。自动线的发展方向主要是提高生产率和增大多用性、灵活性。为适应多品种生产的需要，将发展能快速调整的可调自动线。

四、自动生产线发展概况

自动生产线是在流水线的基础上逐渐发展起来的，它要求线体上各种机械加工装置能自动地完成预定的各道工序，达到相应的工艺要求，生产出合格的产品。为了能够实现这个目标，可以采用自动输送和其他一些辅助装置，根据工艺顺序把不同的机械加工装置组成一个整体，各个部件之间的动作是通过气压系统和电气制动系统组合起来的，使它能够实现规定的程序而进行自动工作，这种自动工作的机械装置系统被我们称为自动生产线。

现代科技日新月异，在工业生产中自动化生产技术也使用得非常的普遍，并且在电子和机械制造等领域已经研究并生产出许多各种类型的自动生产线，正是因为这些自动生产线的飞速发展和广泛使用，提高了生产效率及产品的质量、改善了工作的条件、降低了能源的损耗、节约了材料等，在各个方面都获得了显著的效果。

任务二　典型自动化生产线各组成单元及其基本功能

一、自动化生产线组成部分

供料单元、检测单元、加工装配单元、机械手搬运单元、输送分拣单元、立体仓库单元。

二、主要功能

1. 供料单元

基本功能：实现工件从送料模块的井式料仓中自动推出，送到输送带上，进入下一个工作单元。

2. 检测单元

基本功能：通过电感传感器、电容传感器和光纤传感器实现对待处理工件颜色和材质的检测，根据检测结果信息通过滑槽模块完成向下一工作单元传送或直接推入相应滑槽。

3. 加工装配单元

基本功能：旋转工作台接收到新工件后，旋转工作台模块启动工作，分步实现其上待加工工件的模拟钻孔加工或装配加工，并对加工质量进行模拟检测等功能。

4. 机械手搬运单元

基本功能：机械手执行工件的拾取与放置动作，通过机械手完成移动搬运任务，自动地实现工件从上一工作单元拾取搬运到下一工作单元功能。

5. 输送分拣单元

基本功能：在接收到新工件后，传送带开始传送工作，根据上一工作站的工件信息，在位置检测模块和推料模块的配合下，实现传送带模块上工件的自动分拣输送功能。

6. 立体仓库单元

基本功能：将加工装配完成的工件，通过堆垛机依据接收到的工件的材质、颜色等信息，自动运送至相应指定的仓位口，并将工件推入立体仓库完成工件的存储功能。堆垛机一般由两台伺服电机或步进电机控制，实现立体仓储精确位置控制功能。

任务三　认识 TSMCP 自动化生产线装置

一、TSMCP 自动生产线介绍

TSMCP 自动生产线装配与调试实训装置采用型材结构、其上安装有井式供料单元、皮带传送与检测单元、机械手搬运与仓储单元、切削加工单元、多工位装配单元、温度控制单元和搬运机械手单元七大单元，分别由几个控制器控制，各控制器之间使用工业以太网或 MPI 网络连接，同时配合电源模块、按钮模块、PLC 模块、变频器及交流电机模块、步进电机及驱动模块、交流伺服电机及驱动模块、各种工业传感器检测模块和触摸屏模块等构成整个系统。系统涵盖技术广泛，包含气动技术、传感器检测技术、直流电机驱动技术、步进电机驱动技术、伺服电机驱动技术、触摸屏应用技术、上位机监控技术、PLC、工业网络技术、变频调速技术、PLC 技术、故障检测技术、机械结构与系统安装调试技术、人机接口技术、运动控制技术等。生产线装置如图 1–2 所示。

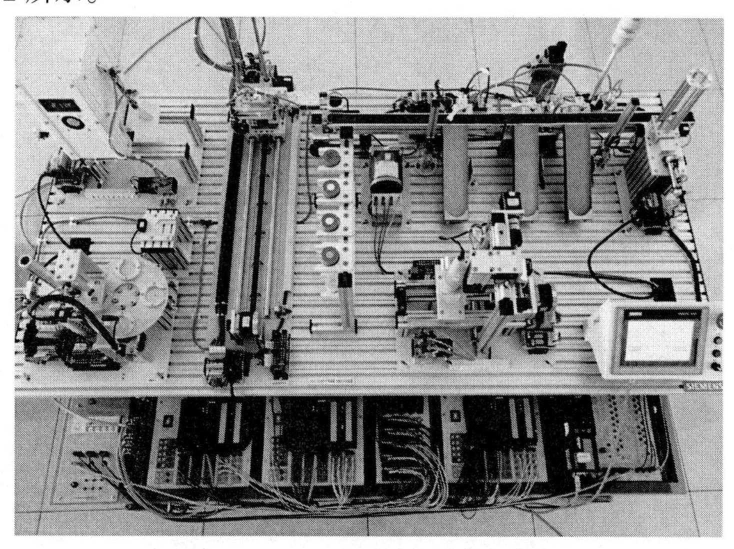

图 1–2　TSMCP 自动化生产线装置

二、自动化生产线特点

本系统采用开放式结构，PLC 主机接口开放、控制单元接口开放，能进行更深层次的训练，不仅会编程，还要熟悉各种传感器、电机、变频器、气缸等传感器和执行器的接线方式，学习设计系统的思路与方法。

系统开放式的结构，可使用多种控制器，如西门子、三菱、欧姆龙、松下、AB、GE 以及单片机等控制。该装置中七大单元采用独立的机电集成设计，单元中所涉及各种传感器、电机、电磁阀等。传感器、执行器都采用就近原则汇总到带保护装置的 YF1301 接口模块中，便于各模块单元之间的灵活组合，系统可以采用工业网络进行整个培训系统的控制，同时进行上位机管理和监控。

各模块单元能够通过重新组合，构成多种典型的工业生产培训系统。

三、系统结构组成以及使用方法

1. 系统总体结构

系统由型材桌体、井式供料单元、传送检测与分拣单元、机械手搬运与仓储单元、切削加工单元、多工位装配单元、温度控制单元、电源模块、PLC 模块、变频器模块、触摸屏模块等组成，各组成部分分布如图 1–3 所示。

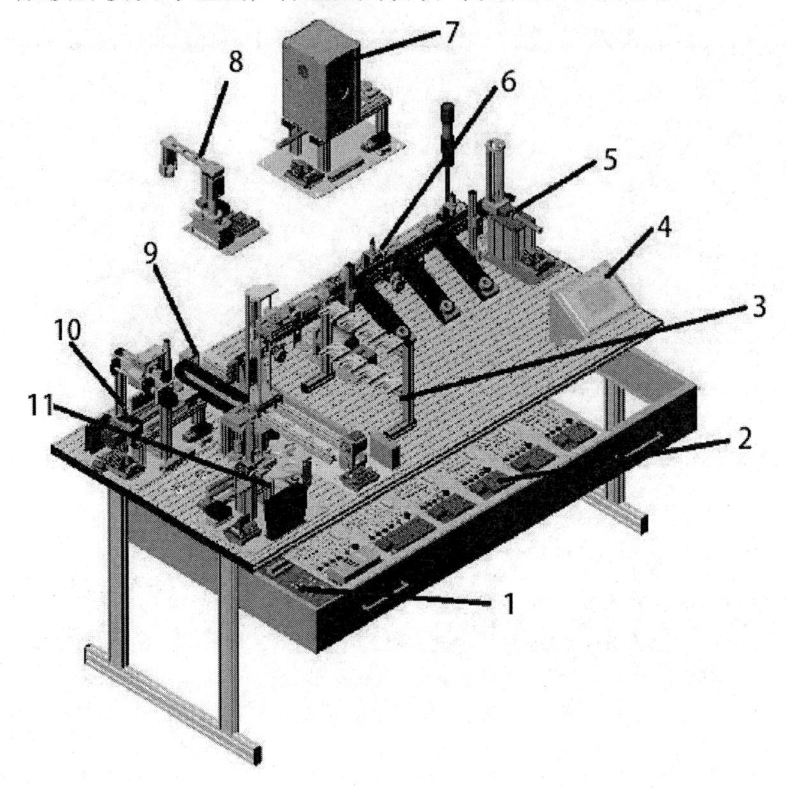

1. 电源模块　2. 控制器单元　3. 立体仓库单元　4. 触摸屏单元　5. 井式供料单元　6. 皮带传送与检测单元　7. 温度控制单元　8. 机械手单元　9. 行走机械手与搬运单元　10. 加工单元　11. 多工位装配单元

图 1–3　系统各组成部分分布图

2. 电源模块

（1）电源模块概述：电源模块配有断路器，保险管座、系统电源指示灯等。

可供多组直流 24V，交流 220V、380V 电压。

配备航空插头，增加操作安全性。

电源模块下方装有交流电源插座，给伺服系统进行供电。

24V 直流开关电源，采用西门子品牌，输出电压稳定，具有电压可调、短路保护等功能。

（2）电源模块图示以及使用方法：电源模块操作面板如图 1–4 所示，电源模块接口如图 1–5 所示。

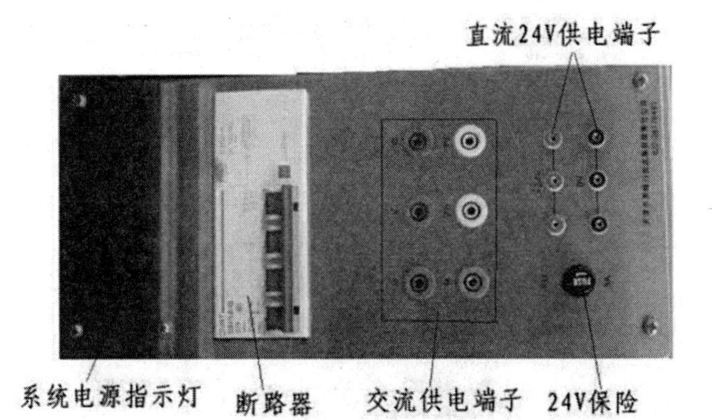

图 1-4　电源操作面板

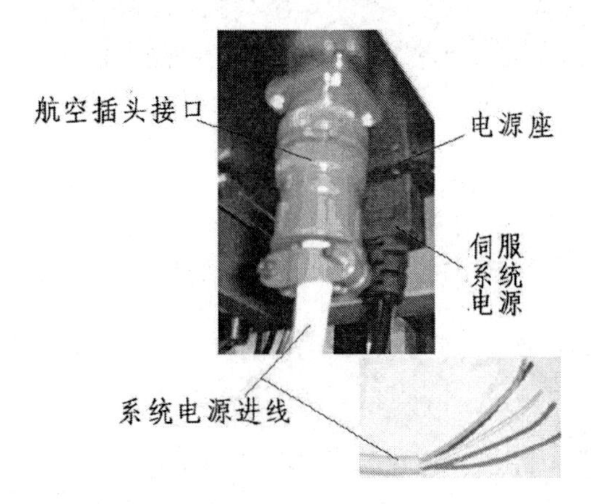

图 1-5　电源模块接口图

3. 变频器与交流三相同步电机模块

（1）变频器概述：

①工艺：铁质外壳，完整嵌入实训台抽屉式架体，I/O 接口开放到控制面板。

②控制面板工艺要求：2mm 厚印刷电路板上覆膜，采用背面印刷技术，保证图形符号永不脱落。如图 1-6 所示。

③模块采用西门子变频器，三相 400V 级。

④变频器输入侧 L1、L2、L3、PE 采用四号接插线，输出侧 U、V、W、PE 采用三号接插线，避免误接线。变频器输入的 L1、L2、L3、PE 对应电源单元的 U、V、W、PE；变频器输出的 U、V、W、PE 对应三相交流同步电机的 U、V、W、PE。

⑤采用 TOP 的控制面板，可直接对触摸屏参数进行修改，并可实时监控变频器输出的电气参数。

（2）变频器使用方法与注意事项：

①变频器在使用时，要注意电压的选择，同时需正确设置参数。

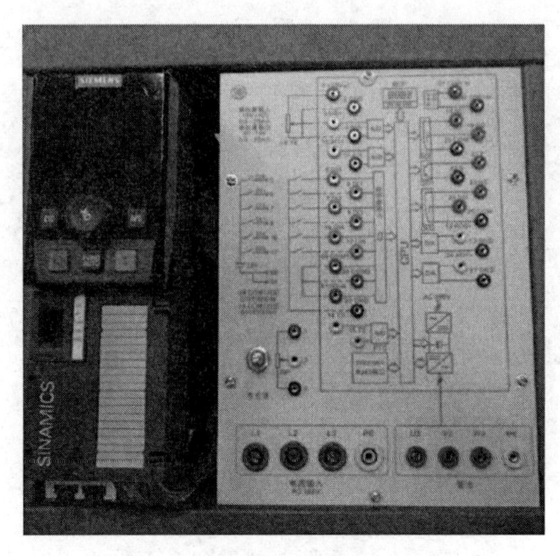

图 1-6　变频器操作及接线面板

②要保证变频器可靠接地。

③使用变频器前请事先阅读变频器操作手册（电子版），严格按照操作手册进行操作。

④变频器输出会对 PLC 控制线路产生干扰，在使用变频器时应将变频器输出线路与其他控制线路分开，特别是不要靠近有脉冲输出的控制线路。

（3）三相交流同步电机：电机采用永磁低速同步电动机，其外观图如图 1-7 所示。

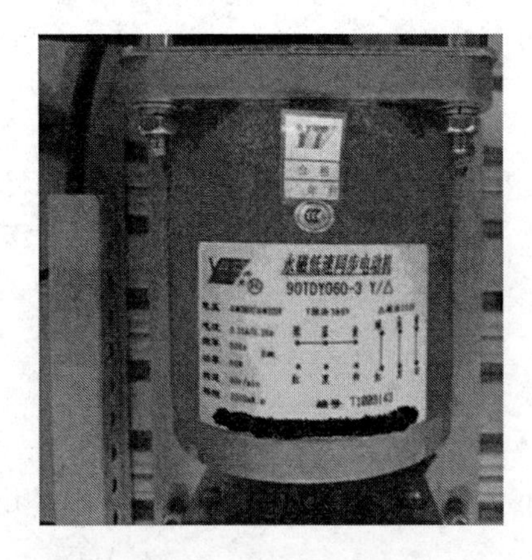

图 1-7　交流同步电机

交流同步电机参数如下：

电机额定电压三相：380/220V；

电流：0.15/0.25A；

额定转矩：3200mN · m；

额定频率：50Hz；

额定转速：60r/min；

本电机模块采用星型接法，电机电压为 380V。

（4）交流三相同步电机使用注意事项：

①首先保证电机严格接地。

②在使用电机时注意不要用手去转电机轴上的同步轮，也不要用手抓连接同步轮的皮带，以免电机转动伤到手。

③电机在高于额定频率（50Hz）下运行，如发热异常，请立即断电。

④电机运行中如发出异常声音，请立即断电，并检查电机接线，查看是否缺相，或接线处松动。

⑤要保持同步带松紧适当。

4. 触摸屏模块

（1）触摸屏单元：触摸屏单元采用西门子 TP700 型彩色触摸屏，通过一个型材基体将触摸屏单元固定于桌面，移动方便，可安装在任何位置，从而大大提升了触摸屏的使用效率；将触摸屏上的接线引致井式供料单元，同时用 25 针电缆，将触摸屏的电源以及触摸屏上的按钮引出至五通道接口模块，如果需要使用触摸屏单元上的按钮和开关，直接在五通道接口模块接线即可。TP700 触摸屏具有 422/485 接口和 Internet 接口，可进行 PPI、MPI、PROFIBUS、ETHERNET 等通讯连接，其接口如图 1–8 所示。

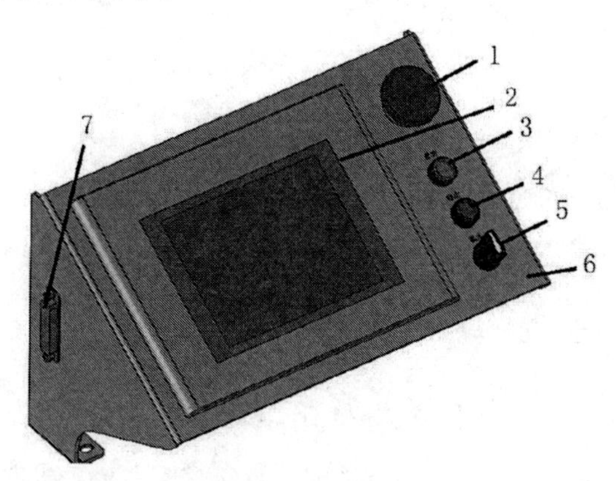

1. 急停按钮　2.TP700 触摸屏　3. 启动按钮　4. 停止按钮　5. 模式转换开关　6. 型材基体

图 1–8　触摸屏单元

5.PLC 模块

（1）PLC 概述：本装置可以使用多型号主机进行控制，并且可以组合使用。

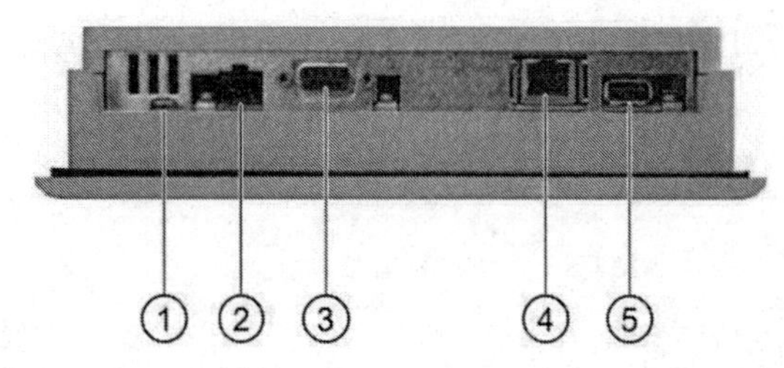

1. 壳等接地电位端子　2. 电源插座　3.RS422/485 接口（IFIB）　4.Internet 连接口（适用于 TP177BPN/DP）　5.USB 连接

图 1-9　TP700 设备上的接口说明

①工艺：铁质外壳，能嵌入实训台抽屉式架体内，I/O 接口开放式控制面板，并提供误接线保护功能。控制面板工艺要求：

② 2mm 厚印刷电路板上覆膜，采用背面印刷技术，保证图形符号永不脱落。

（2）PLC 控制模块：系统包括 3 个 PLC 控制模块，PLC 采用的是 S7-300（CPU314-2PN/DP），三个单元在使用时可以分别使用和组合使用。

（3）S7-300PLC 模块结构（如图 1-10 所示）。

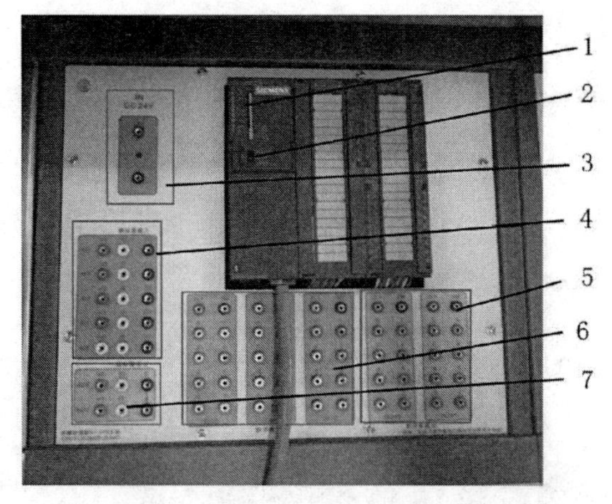

1.PLC 指示灯　2.PLC 拨动开关　3.PLC 供电电源接口　4. 模拟量输入接口　5. 数字输出接口　6. 数字量输入接口　7. 模拟量输出接口

图 1-10　S7-300PLC 模块（CPU314-2PN/DP）

（4）S7-300PLC 模块使用方法与使用注意事项：PLC 模块控制面板使用时，红色的端口应连接 24V，黑色端口应连接 GND（0V），蓝色端口是 PLC 输入信号，绿色端口是 PLC 输出信号。

①系统电源接线：使用 PLC 时，首先将 PLC 的电源线正确连接，本系统采用 DC24V 供电，接线时注意极性，不要带电插拔。

②数字量输入输出接线：如果需要使用 S7-300PLC 输入信号，则将 PLC 输

入信号的公共端接到 24V 和 0V，在该模块中，有三组数字量输入信号，每组信号有 8 个输入，在使用该组输入信号时，将信号上方的公共端（lL+ 和 1M 或者 4L+ 和 4M）正确连接，即 L+ 连接 24V，M 连接 0V。该模块有两组数字量输出信号，每组有 8 个输出，在使用该组输出信号时，将信号上的公共端（2L+ 和 2M 或者 3L+ 和 3M）正确连接，即 L+ 连接 24V，M 连接 0V。

③模拟量输入输出接线：模拟量输入信号分为电压型信号和电流型信号，在本系统中，共有 4 组 PLC 模拟量输入信号，在使用时，将使用的该组模拟量信号公共端（C0 或 Cl 或 C2 或 C3）连接到 0V，然后按照西门子模拟量的输入规范接线即可。

模拟量输出信号分为电压型信号和电流型信号，在本系统中，共有 2 组 PLC 模拟量输入信号，在使用时，将使用的该组模拟量信号公共端（C0 或 Cl）连接到 0V，然后按照西门子模拟量的输出规范接线即可。

6. 信号接口模块

（1）信号接口模块概述：每个工作单元或模块都可以用一根 25 针电缆将其连接至五通道信号接口模块，PLC 通过与五通道信号接口模块与 YF1301 的连接达到控制各个单元或模块的目的。信号接口模块如图 1-11 所示。

（2）信号接口模块使用方法：每个信号接口模块有 5 个通道（CH0-CH4），使用时用 25 针电缆将信号接口模块和各个单元模块连接，然后通过 2# 导线将信号接口模块和 PLC 的输入输出连接，使用举例如下。用 PLC 控制井式供料单元，当料井内有工件时，将工件推出，其控制接线如下：

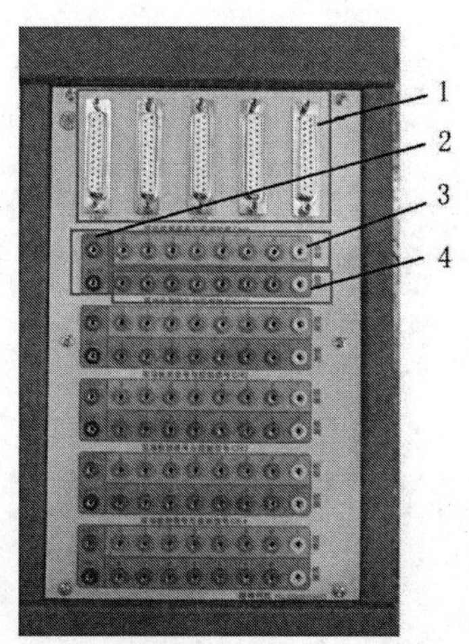

1.25 针接口　2. 单元或模块电源接口　3. 控制端子　4- 检测端子

图 1-11　五通道信号接口单元

①首先将 PLC 供电电源连接，然后将 PLC 输入公共端和输出公共端连接。

②用一根 25 针电缆将信号接口模块和井式供料单元连接，25 针电缆的一端插在信号。接口模块的 CH0 上，另一端插在井式供料单元的 YF1301 模块上。

③将方框 2 内的电源接至直流 24V，则井式供料单元的电，方框 3 内的执行端子对应井式供料单元的执行机构（电磁阀和指示灯），方框 4 内的检测机构对应井式供料单元的检测机构。具体对应表格见井式供料单元。

④如果将 25 针电缆连接至 CH1 则对应关系转移至 CH1。

项目二　皮带输送机控制系统装调与维护

任务一　明确皮带机项目要求

一、皮带输送机控制系统组成

1. 由两个皮带机组成：$1^{\#}$ 皮带机、$2^{\#}$ 皮带机。

2.$1^{\#}$ 皮带机由直流电机拖动，可以正反向传输。

3.$2^{\#}$ 皮带机由交流同步电机拖动，皮带机的传输方向可以改变，传输速度可以按照要求调节，电机启动、制动时间可以调节。

二、系统控制要求

1. 手动控制

可以手动单独控制测试 $1^{\#}$ 皮带机、$2^{\#}$ 皮带机的运行情况；

2. 自动控制

在系统复位后，按下“启动”按钮，$1^{\#}$ 皮带机、$2^{\#}$ 皮带机按照一定的方式组合运行。

三、人机界面设计要求

1. 在人机界面显示公司信息；

2. 显示皮带机项目信息；

3. 显示 $1^{\#}$ 皮带机、$2^{\#}$ 皮带机的运行状态。

4. 界面协调、美观。

任务二　制定皮带机项目工作计划

一、工作计划内容

1. 项目设计时间表
2. 项目设备采购计划
3. 项目安装计划
4. 项目调试计划
5. 项目资料准备计划
6. 项目培训、维修计划
7. 项目资金预算表

二、工作时间表及人员职责安排表

矿井皮带输送机项目工程（9 月至 10 月份）进度计划表，如表 2–1 所示。

表 2–1　进度计划表

序号	月份 名称										
5	10	15	20	25	30	5	10	15	20	25	30
1	电路设计										
2	程序设计										
3	设备采购										
4	动力配电箱安装										
5	照明配电箱安装										
6	设备安装										
7	绝缘电阻测试										
8	通电试验及调试										

任务三 S7-300PLC 认识及基本指令学习

一、S7-300 常用模块

1.S7-300 的基本结构

S7-300 系列 PLC 是模块化结构设计的 PLC，各个单独模块之间可进行广泛组合和扩展。它的主要组成部分有电源模块（PS）、中央处理器模块（CPU）、导轨（RACK）、接口模块（IM）、信号模块（SM）和功能模块（FM）等。

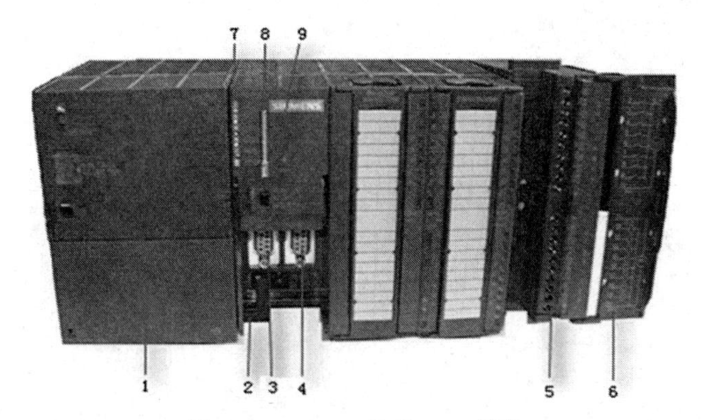

图 2-1 S7-300 系列 PLC 模块

（1）电源模块（PS）：电源模块用于向 CPU 及其扩展模块提供 +24V DC 电源。

（2）中央处理器模块（CPU）：S7-300 的 CPU 模块主要包括 CPU312、CPU312C、CPU313C、CPU313C-PtP、CPU314-2DP 等型号，有的型号还有不同的版本号（如 CPU314-2DP 目前有 2.0 版和 2.6 版），每种 CPU 有其不同的性能。

（3）导轨（RACK）：导轨是安装 S7-300 各类模块的机架，它是特制的异形板，其标准长度有 160mm、482mm、530mm、830mm 和 2000mm，可以根据实际选用。

（4）信号模块（SM）：信号模块是数字量 I/O 模块和模拟量 I/O 模块的总称。信号模块主要有 SM321（数字量输入）、SM322（数字量输出）、SM331（模拟量输入）和 SM332（模拟量输出）等模块。

（5）功能模块（FM）：功能模块主要用于对实时性和存储量要求高的控制任务。如计数模块 FM350、定位模块 FM353 等。

（6）通信处理模块（CP）：通信处理模块用于 PLC 之间、PLC 与计算机和其他智能设备之间的通信，可以将 PLC 接入工业以太网、PROFIBUS 和 AS-I 网络，或用于串行通信。它可以减轻 CPU 处理通信的负担，并减少用户对通信功能的编程工作。

（7）接口模块（IM）：接口模块用于多机架配置时连接主机架（CR）和扩展机架（ER）。S7–300 通过分布式的主机架和连接的扩展机架（最多可连接 3 个扩展机架），可以操作最多 32 个模块。

2.S7–300 的 CPU 模块

S7–300 的 CPU 模块共有 20 多个不同的型号，按照性能等级划分，可涵盖各种应用领域。

（1）CPU 模块的分类：

①紧凑型 CPU：包括 CPU 312C、313C、313C–PtP、313C–2DP、314C–PtP 和 314C–2DP。

②标准型 CPU：包括 CPU 312、313、314、315、315–2DP 和 316–2DP。

③户外型 CPU：包括 CPU 312 IFM、314 IFM、314 户外型和 315–2DP。在恶劣的环境下使用。

④高端 CPU：包括 317–2DP 和 CPU 318–2DP。

⑤故障安全型 CPU、CPU 315F，不需要对故障 I/O 进行额外接线，可以组态成一个故障安全型自动化系统。

（2）CPU 的状态与故障显示 LED：

① CPU 317–2DP 的面板如图所示，其他的 CPU 的面板和 CPU 317–2DP 类似。

② SF（系统出错 / 故障显示，红色）：CPU 硬件故障或软件错误时亮。

③ BATF（电池故障，红色）：电池电压低或没有电池时亮。

④ DC 5V（＋ 5V 电源指示，绿色）：5V 电源正常时亮。

⑤ FRCE（强制，黄色）：至少有一个 I/O 被强制时亮。

⑥ RUN（运行方式，绿色）：CPU 处于 RUN 状态时亮；重新启动时以 2 Hz 的频率闪亮；HOLD（单步、断点）状态时以 0.5Hz 的频率闪亮。

⑦ STOP（停止方式，黄色）：CPU 处于 STOP，HOLD 状态或重新启动时常亮。

⑧ BUSF（总线错误，红色）。

（3）模式选择开关：

① RUN 模式：CPU 执行用户程序。

② STOP 模式：CPU 不执行用户程序。

③ MRES、CPU 存储器复位：带有用于 CPU 存储器复位的按钮功能的模式

选择器开关位置。通过模式选择器开关进行 CPU 存储器复位需要特定操作顺序。

④复位存储器操作：通电后从 STOP 位置扳到 MRES 位置，“STOP”LED 熄灭 1s，亮 1s，再熄灭 1s 后保持亮。放开开关，使它回到 STOP 位置，然后又回到 MRES，“STOP”LED 以 2Hz 的频率至少闪动 3s，表示正在执行复位，最后“STOP”LED 一直亮。

二、紧凑型 CPU 的接线

1. 数字 I/O 的接线（如图 2-2）

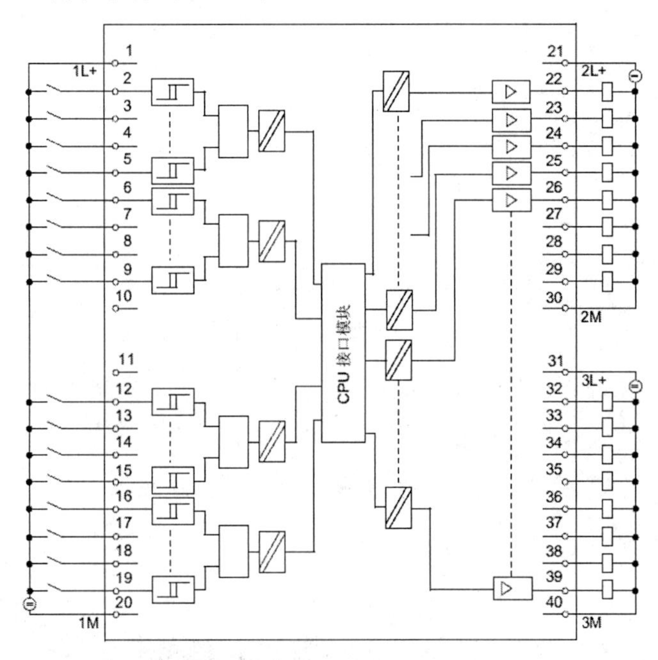

图 2-2　数字 I/O 接线图

2. 模拟量 I/O 的接线（如图 2-3）

西门子 S7-300 系列 PLC 具有常规指令、位逻辑运算指令、定时器操作指令和比较器操作指令等，这些指令构成了 S7-300PLC 的基本指令系统，基本指令可以用来编辑基本逻辑控制、顺序控制等中等规模的程序，也可以用来编制复杂综合系统程序。

三、皮带传送单元（B 单元）

1. 传送带单元的硬件组成

传送带单元由定速传送单元和变速传送单元两个传送单元组成。定速传

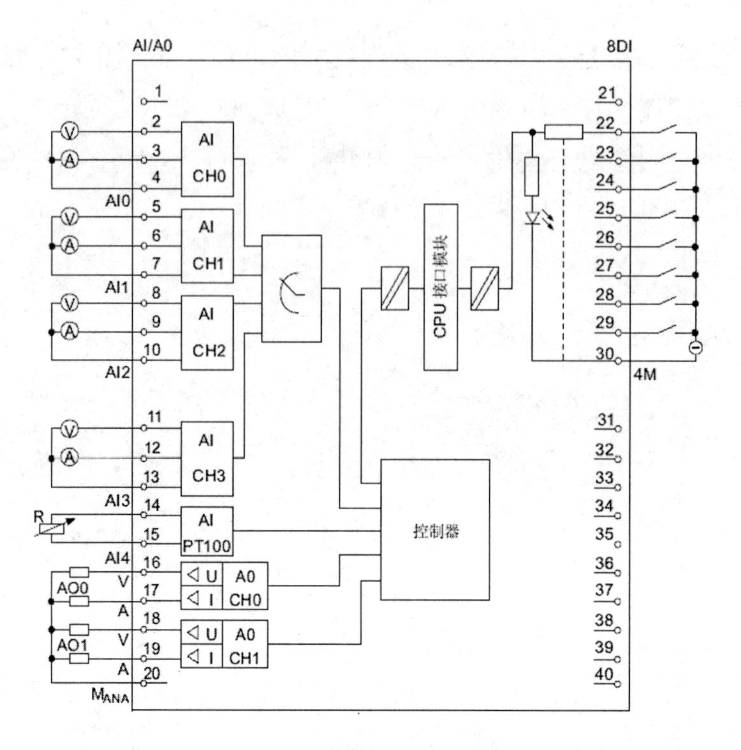

图 2-3　模拟量 I/O 接线图

送单元由直流电机、分拣气缸、电感传感器、光纤传感器等组成；变速传送单元由变频器、交流电机、分拣气缸、电容传感器、光电传感器 CX441 等组成。

传送单元有 3 个滑槽单元，3 个滑槽共用一个入槽检测传感器，传送单元结构图如图 2-4 所示。

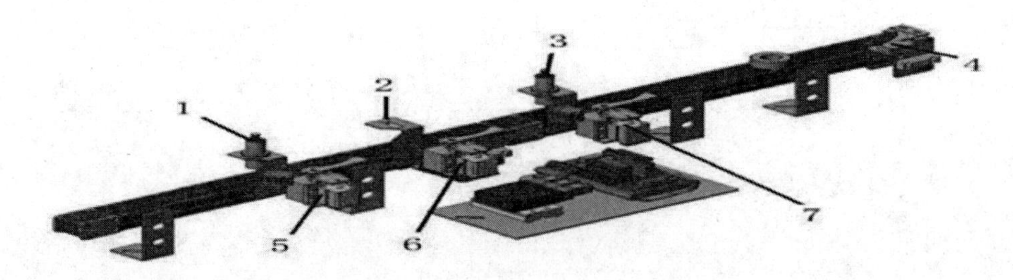

1. 电感传感器（B-SQ1）　2. 光纤传感器（B-SQ2）　3. 电容传感器（B-SQ3）　4.CX441 光电传感器（B-SQ4）　5. 分拣气缸 1（B-YV1）　6. 分拣气缸 2（B-YV2）　7. 分拣气缸 3（B-YV3）

图 2-4　传送带单元

2. 传送带单元各部件说明

（1）电感传感器：在皮带传单元中，电感传感器用来检测工件的材质，其具体参数和使用方法如下。

（2）电容传感：在传送带单元中，电容传感器用来检测货物的材质，或者是用作接近开关，其参数以及使用方法如下。

（3）光纤传感器：在传送带单元中，光纤传感器用来检测货物的颜色，或者是用作接近开关。

（4）光电传感器 CX441：在传送带单元中，光电传感器 CX441 用来检测货物是否行走到终点，或者是用作接近开关。

（5）直流电机模块：直流电机拖动定速传送带单元，直流电机由驱动模块控制，可以进行正反转控制，并具有过流保护功能。

①直流电机及其驱动模块参数。直流电机及其驱动模块在如图 2-5 所示。

图 2-5　直流电机及其驱动模块图

②将电机上的 U、V、W、PE 与变频器的 U、V、W、PE 相连接即可。同时在使用电机时要注意以下事项：

A. 首先保证电机严格接地，以免感应电势伤人。

B. 在使用电机时注意不要用手去转电机轴上的同步轮，也不要用手抓连接同步轮的皮带，以免电机转动伤到手。

C. 电机在高于额定频率（50Hz）下运行，如发热异常，请立即断电。

D. 电机运行中如发出异常声音，请立即断电，并检查电机接线，查看是否缺相，或接线处松动。

E. 要保持同步带松紧适当。

（6）皮带传送单元传感器与执行器电气接口对应表如表 2-2 所示和皮带传送单元传感器接线对应表如表 2-3 所示。

表 2-2　皮带传送单元传感器接线对应表

检测端口号	对应传感器名称	备注
检测 0	B-SQl	电感

续表

检测端口号	对应传感器名称	备注
检测 -1	B-SQ2	光纤
检测 -2	B-SQ3	电容
检测 -3	B-SQ4	光电（机械手夹位置）
检测 -4	B-SQ5	光电对射（斜槽位置）

表 2-3　皮带传送单元执行器接线对应表

执行端口号	对应执行器名称	备注
执行 -0	B-Ml-F	直流电机正转
执行 -1	B-Ml-R	直流电机反转
执行 -2	B-YVl	分拣气缸 1
执行 -3	B-YV2	分拣气缸 2
执行 -4	B-YV3	分拣气缸 3

四、基本指令学习

1. 常规指令

在 PLC 常规指令中，使用者可以进行新建程序段、插入空功能框、打开分支和关闭分支等操作。

（1）新建程序：

①指令：新建程序段。

②功能描述：插入新的程序段。

（2）插入空功能框：

①指令：空功能框。

②功能描述：插入空功能框，通过双击其红色问号，可以在下拉菜单中选择相应的 LAD 指令，从而将空功能框改为相应 LAD 指令。

（3）打开分支：

①指令：打开分支。

②功能描述：打开多个分支。

（4）关闭分支：

①指令：关闭分支。

②功能描述：可以关闭可用的分支。

2. 位逻辑运算指令：

在 PLC 基本指令下的位逻辑运算指令中，使用者可以插入常开触点、插入常闭触点、取反 RLO、插入线圈、置位输出、复位输出、插入置位 / 复位触发器、插入复位 / 置位触发器、扫描操作数的信号上升沿等，如图所示，各指令具体功能、参数和示例如图所述。

（1）插入常开触点：

①指令：常开触点。

②功能描述：操作数为 1 时，常开触点闭合，指令输出为 1；操作数为 0 时，指令输出为 0。

（2）插入常闭触点：

①指令：常闭触点。

②功能描述：操作数为 1 时，指令输出为 0；操作数为 0 时，指令输出为 1。

（3）取反 RLO：

①指令：取反 RLO。

②功能描述：对逻辑运算结果取反，输入为“1”时，指令输出为“0”；输入为“0”时，输出为“1”。

（4）插入线圈：

①指令：线圈。

②功能描述：输入逻辑运算结果为“1”时，指定操作数被置“1”，线圈输入为“0”时，指定操作数被复位为“0”。

（5）置位输出：

①指令：置位输出。

②功能描述：线圈输入逻辑运算结果为“1”时，指定的操作数将置位为“1”；线圈输入逻辑运算结果为“0”时，指定操作数保持不变。

（6）复位输出：

①指令：复位输出。

②功能描述：线圈输入逻辑运算结果为“1”时，指定的操作数将复位为“0”；线圈输入逻辑运算结果为“0”时，指定操作数保持不变。

（7）插入置位 / 复位触发器：

①指令：置位 / 复位触发器。

②功能描述：输入 S 为“1”，R 为“0”时，指定操作数被置位为“1”；输入 S 为“1”，R1 为“1”时，指定操作数复位为“0”；输入 S 为“0”，R1 为“1”时，指定操作数复位为“0”；输入 S 为“0”，R1 为“0”时，指定操作数保持不变。其中，参数 S 为使能置位；R1 为使能复位；Q 为操作数状态。

③示例：如图 2–6 所示，M0.2 为 1，M0.3 为 0 时，Q0.0 置 1；M0.2 为 1，M0.3 为 1 时，Q0.0 复位为 0；M0.2 为 0，M0.3 为 1 时，Q0.0 复位为 0；M0.2 为 0，M0.3 为 0 时，操作数 Tag_1 保持不变。

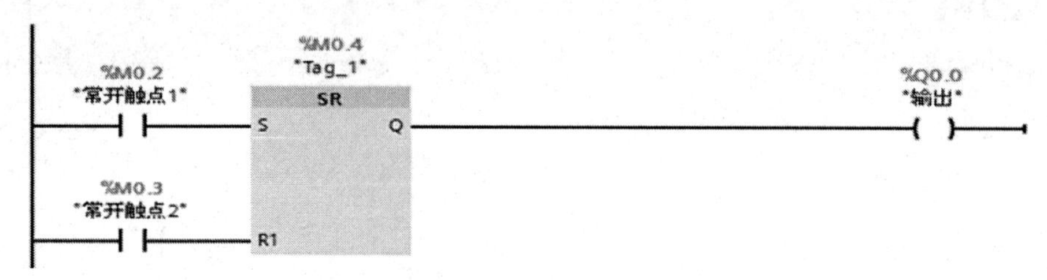

图 2–6　置位 / 复位触发器图

（8）插入复位 / 置位触发器：

①指令：复位 / 置位触发器。

②功能描述：输入 R 为“1”，S1 为“0”，操作数复位为“0”；输入 R 为“1”，S1 为“1”，操作数置位为“1”；输入 R 为“0”，S1 为“1”，操作数置位为“1”；输入 R 为“0”，S1 为“0”，操作数保持不变，其中 R 为使能复位，S1 为使能置位，Q 为操作数状态。

③示例：如图 2–7 所示，M0.2 为 1，M0.3 为 0 时，Q0.0 复位为 0；M0.2 为 1，M0.3 为 1 时，Q0.0 置位为 1；M0.2 为 0，M0.3 为 1 时，Q0.0 置位为 1；M0.2 为 0，M0.3 为 0 时，操作数 Tag_1 保持不变。

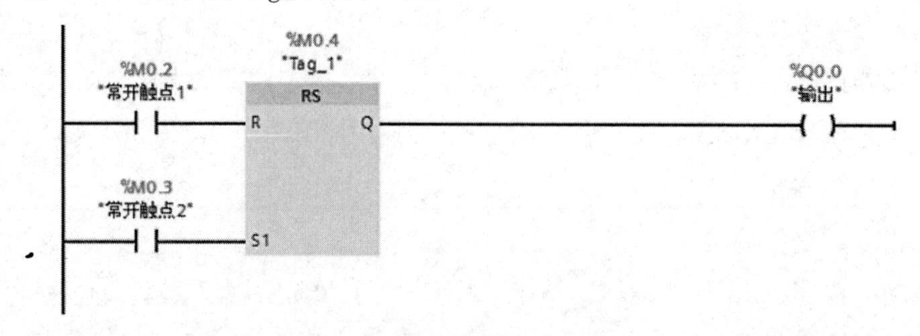

图 2–7　复位 / 置位触发器图

（9）扫描操作数的信号上升沿：

①指令：扫描操作数的信号上升沿。

②功能描述：逻辑运算结果从“0”变为“1”时，该指令输出为“1”，否则，指令输出为“0”。

③示例：如图 2–8 所示，上一次扫描的信号状态在 Tag_2 中，当 M0.2 为 1 并且 M0.4 由 0 变为 1 时，Q0.0 为 1。

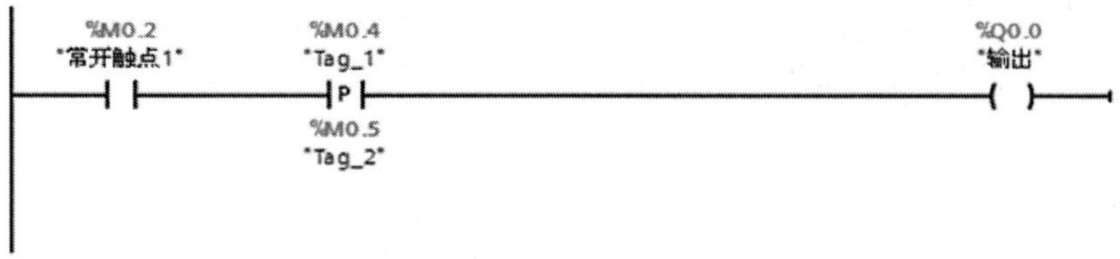

图 2–8　扫描操作数的信号上升沿图

（10）扫描操作数的信号下降沿：

①指令：扫描操作数的信号下降沿。

②功能描述：逻辑运算结果从“1”变为“0”时，该指令输出为“1”，否则，指令输出为“0”。

（11）扫描 RLO 的信号上升沿：

①指令：扫描 RLO 的信号上升沿。

②功能描述：逻辑运算结果从“0”变为“1”，该指令输出为“1”，否则，指令输出为“0”。

③示例：如图 2–9 所示，M0.2 由 0 变为 1 时，Q0.0 为 1。

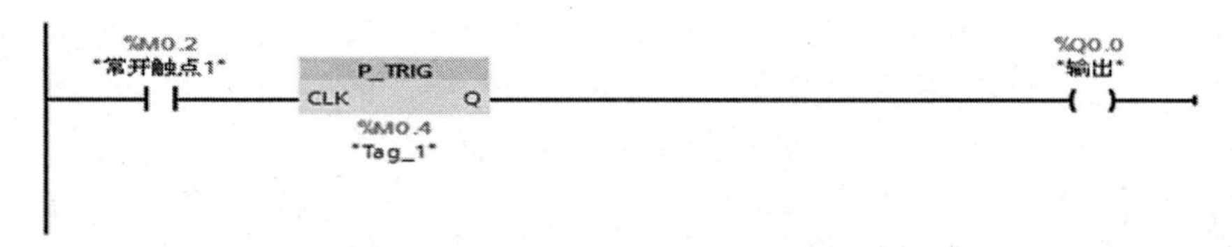

图 2–9　扫描 RLO 的信号上升沿图

（12）扫描 RLO 的信号下降沿：

①指令：扫描 RLO 的信号下降沿。

②功能描述：逻辑运算结果从“1”变为“0”，该指令输出为“1”，否则，指令输出为“0”。

3. 定时器操作指令

S7–300 系列 PLC 的定时器相当于继电器控制电路中的时间继电器，S7–300

系列 PLC 的定时器分为脉冲定时器、扩展脉冲定时器、接通延时定时器、保持型接通延时定时器和关断延时定时器，在 PLC 基本指令下的定时器操作指令中，使用者可以给相关定时器分配参数并调用。

（1）生成脉冲：

①指令：生成脉冲。

②功能描述：生成脉冲，其中，IN 为启动输入；PT 为脉冲持续时间；Q 为脉冲输出；ET 为当前时间值。

（2）接通延时定时器：

①指令：接通延时。

②功能描述：接通延时定时器，其中，IN 为启动输入；PT 为延时时间；Q 为输出；ET 为当前时间值。

③示例: 接通延时程序如图 2–10 所示，其时序图如图 2–11 所示，M0.2 从 “0” 变为“1 时，预设的时间 PT 开始计时，超过 5s 后，输出 Q 置位为“1”。M0.2 为“1”时，输出 Q 保持置位，M0.2 从 “1” 变为 “0” 时，输出 Q 复位，定时器值从 T#0s 开始，5s 后结束，M0.2 变为 “0” ，则复位当前值 ET。

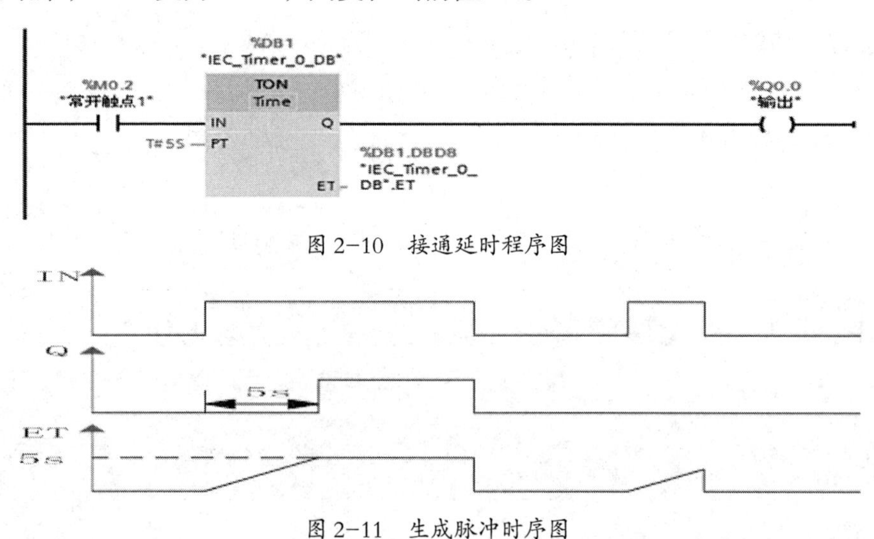

图 2–10　接通延时程序图

图 2–11　生成脉冲时序图

（3）关断延时定时器：

①指令：关断延时。

②功能描述：关断延时定时器，其中，IN 为启动输入；PT 为延时持续时间；Q 为输。

③示例：关断延时程序如图 2–12 所示，其时序图如图 2–13 所示，M0.2

为“1”时，输出 Q 置位为 1，当 M0.2 为“0”时，计时器开始计时。计时时，输出 Q 保持置位，超过 5s 后，输出 Q 复位。如果 M0.2 在计时 5s 之前变为“1”，则复位定时器，此时，输出 Q 仍将为“1”。定时器当前值 ET 从 T#0s 开始，达到 5s 时结束，超出 5s 后，在 M0.2 变回“1”之前，ET 输出仍保持为当前值，在超出 5s 之前，M0.2 为“1”，则将 ET 输出复位为 T#0s。

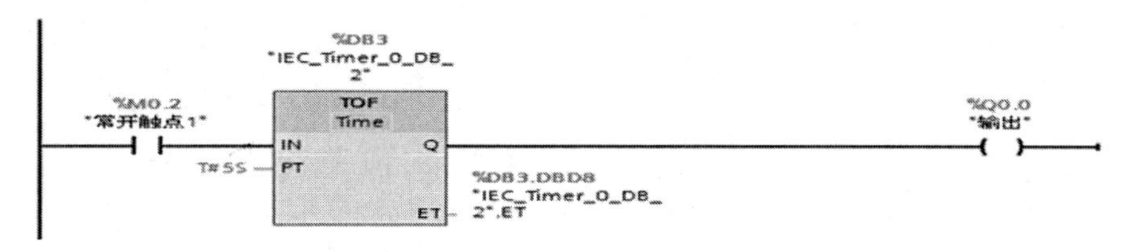

图 2-12　关断延时程序图

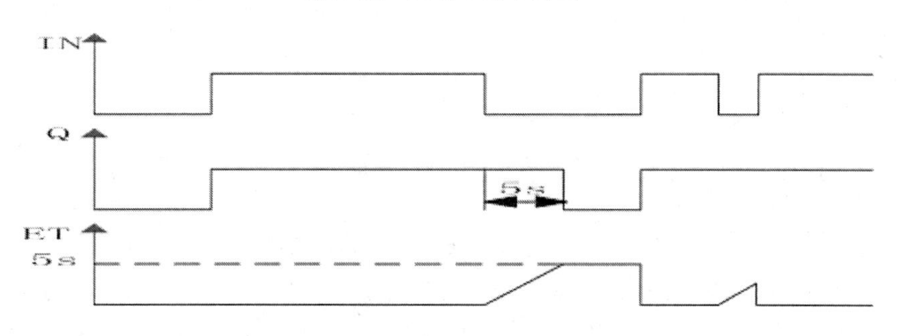

图 2-13　关断延时时序图

（4）分配参数并启动脉冲定时器：

①指令：分配参数并启动脉冲定时器。

②功能描述：分配参数并启动脉冲定时器，其中 S 为启动输入；TV 为预设定时值；R 为复位输入；BI 为 BI 编码的当前值；BCD 为 BCD 编码的当前值，Q 为定时器状态。

③示例：如图 2-14 所示，M0.2 从“0”变为“1”时，将启动定时器 T0，M0.2 为“1”，定时器便会在 TV 值处超时，如果在定时器超时前 M0.2 从“1”变为“0”，定时器 T0 停止，输出 Q0.0 复位为“0”，定时器在运行且 M0.2 为“1”，则 Q0.0 为“1”，定时器超时或复位后，Q0.0 为“0”。

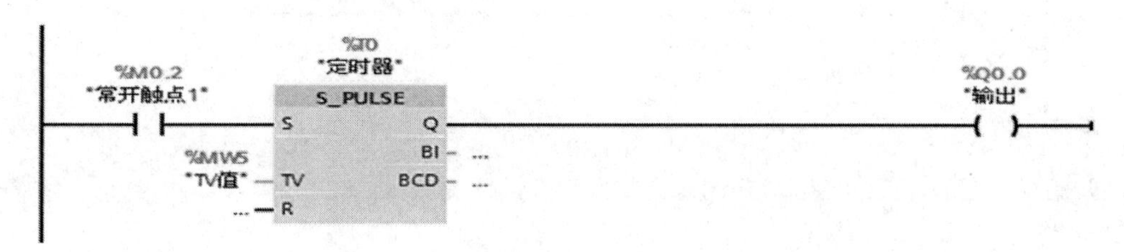

图 2-14　分配参数并启动脉冲定时器图

（5）分配参数并启动扩展脉冲定时器：

①指令：分配参数并启动扩展脉冲定时器。

②功能描述：分配参数并启动扩展脉冲定时器，其中，S 为启动输入；TV 为预设定时值；R 为复位输入；BI 为 BI 编码的当前值；BCD 为 BCD 编码的当前值；Q 为定时器状态。

③示例：如图 2–15 所示，M0.2 从“0”变为“1”，启动定时器 T0，定时器在 TV 值处超时，而不会受到输入 S 下降沿的影响，定时器超时之前 M0.2 从“0”变为“1”，定时器会重启，只要定时器在运行，Q0.0 便为“1”，定时器超时或复位后，Q0.0 将复位为“0”。

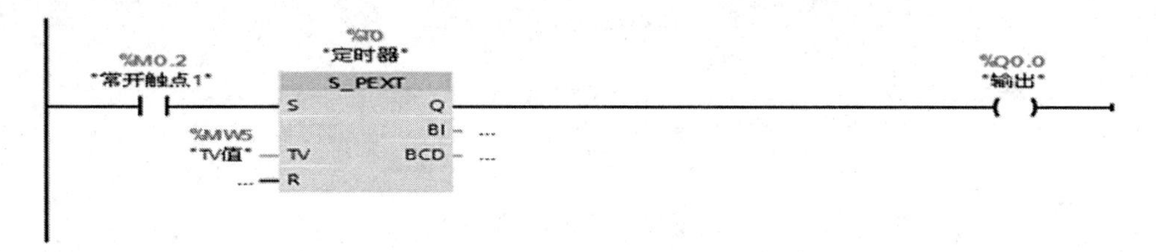

图 2–15　分配参数并启动扩展脉冲定时器图

（6）分配参数并启动接通延时定时器：

①指令：分配参数并启动接通延时定时器。

②功能描述：分配参数并启动接通延时定时器，其中，S 为启动输入；TV 为预设定时值；R 为复位输入；BI 为 BI 编码的当前值；BCD 为 BCD 编码的当前值；Q 为定时器状态。

③示例：如图 2–16 所示，M0.2 从“0”变为“1”时，将启动定时器 T0，定时器在 TV 值处超时，定时器超时且 M0.2 为“1”时，Q0.0 被置位为“1”。如果定时器超时前 M0.2 从“1”变为“0”，则定时器将停止，此时 Q0.0 为“0”。

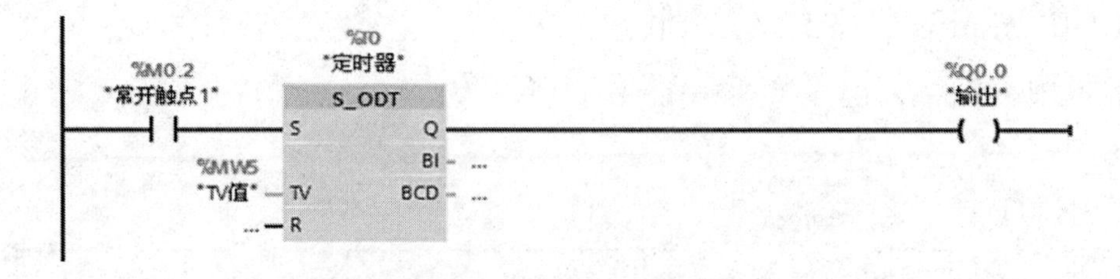

图 2–16　分配参数并启动接通延时定时器图

（7）分配参数并启动保持型接通延时定时器：

①指令：分配参数并启动保持型接通延时定时器。

②功能描述：分配参数并启动保持型接通延时定时器，其中，S 为启动输入；TV 为预设定时值；R 为复位输入；BI 为 BI 编码的当前值；BCD 为 BCD 编码的当前值；Q 为定时器状态。

③示例：如图 2–17 所示，M0.2 从“0”变为“1” 时，将启动定时器 T0，即使 M0.2 变为“0”，定时器还是会在 TV 值处超时，定时器超时后，Q0.0 将被置位为“1”，定时器计时期间 M0.2 从“0” 变为 1”，定时器将重启。

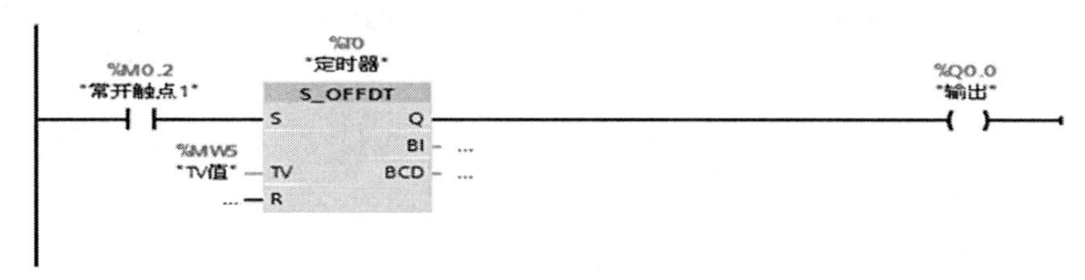

图 2–17　分配参数并启动保持型接通延时定时器图

（8）分配参数并启动关断延迟定时器：

①指令：分配参数并启动关断延迟定时器。

②功能描述：分配参数并启动关断延迟定时器，其中，S 为启动输入；TV 为预设定时值；R 为复位输入；BI 为 BI 编码的当前值；BCD 为 BCD 编码的当前值；Q 为定时器状态。

③示例：如图 2–18 所示，M0.2 从“1”变为“0” 时，将启动定时器 T0，定时器在TV值处超时。定时器计时期间如果M0.2为“0”，则Q0.0将被置位为“1”。如果定时器计时期间 M0.2 从“0” 变为“1”，定时器将被复位。

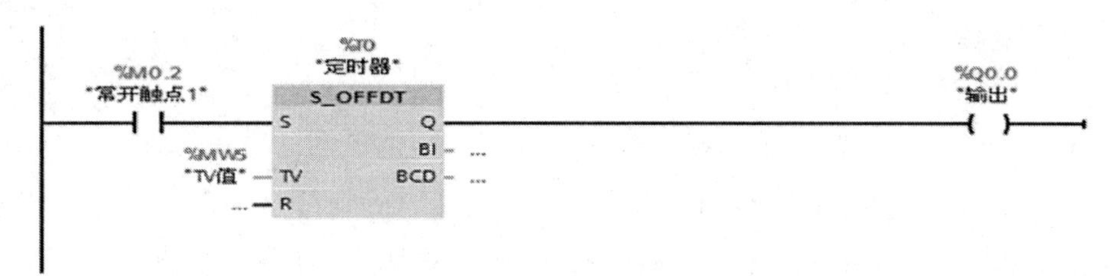

图 2–18　分配参数并启动关断延时定时器图

（9）启动脉冲定时器：

①指令：启动脉冲定时器

②功能描述：信号从“0”变为 “1” 时，如果逻辑运算结果为“1”，定时器

状态为“1”，在超出定时器值前，逻辑运算结果由“1”变为“0”，定时器状态为“0”。

③示例：如图 2-19 所示，M0.2 从“0”变为“1”时，启动定时器 T0，只要 M0.2 为“1”，定时器 T0 便会在 TV 值处超时，在定时器 T0 超时前 M0.2 从“1”变为“0”，定时器 T0 将停止，只要定时器 T0 在运行，Q0.0 便为“1”，M0.2 从“1”变为“0”时复位定时器 T0。

图 2-19　启动脉冲定时器图

（10）启动扩展脉冲定时器：

①指令：启动扩展脉冲定时器

②功能描述：信号从“0”变为“1”时，即使逻辑运算结果为“0”，定时器也会在 TV 值处超时，定时器在运行时，输出状态为“1”，定时器计时时，如果逻辑运算结果从“0”变为“1”，定时器将在设定的 TV 值处重启，定时器超时时，定时器状态为“0”。

（11）启动接通延迟定时器：

①指令：启动接通延迟定时器。

②功能描述：信号从“0”到“1”时，只要逻辑运算结果为“1”，定时器便会在指定持续时间 TV 中运行。当定时器超时并且逻辑运算结果为“1”，定时器状态为“1”，如果定时器计时过程中逻辑运算结果从“1”变为“0”，则定时器停止，此时定时器状态为“0”。

（12）启动保持型接通延时定时器：

①指令：启动保持型接通延时定时器。

②功能描述：信号从“0”到“1”时，即使逻辑运算结果变为“0”，定时

器也会在指定持续时间处超时，定时器超时后，定时器状态为“1”。

③示例：M0.2 从“0”变为“1”时，启动定时器 T0，定时器 T0 超时后，操作数 Q0.0 将被置位为“1”，如果定时器计时期间 M0.2 从“0”变为“1”，定时器将重启。

（13）启动关断延时定时器：

①指令：启动关断延时定时器。

②功能描述：信号从“1”到“0”时，定时器在指定的持续时间后超时，只要定时器在运行，定时器状态为“1”，如果在定时器计时期间逻辑运算结果从“0”变为“1”，则将复位定时器。

③示例：M0.2 从“1”变为“0”时，将启动定时器 T0，定时器在 TV 值处超时，只要定时器在运行，Q0.0 便被置位为“1”，如果定时器计时期间 M0.2 从“1”变为“0”，定时器将重启。

4. 计数器操作指令

S7-300 系列 PLC 集成了计数器功能，在 PLC 基本指令下的计数器操作指令中，使用者可以进行加、减计数和加减计数。

（1）加计数：

①指令：加计数。

②功能描述：加计数，其中，CU 为计数输入；R 为复位输入；PV 为限值；Q 为计数器状态；CV 为当前计数值。

③示例：如图 2-20 所示，M0.2 从“0”变为“1”时，执行“加计数”指令，同时 CV 值加 1，每出现一个信号上升沿，计数值便加 1，直到达到数据类型的上限值（32767）为止，当前计数值大于或等于 PV 的值，Q0.0 便为“1”，在其他任何情况下，Q0.0 均为“0”。

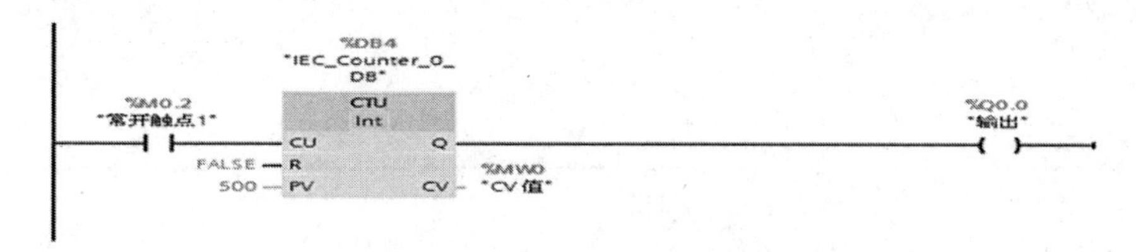

图 2-20　加计数器图

（2）减计数：

①指令：减计数。

②功能描述：减计数，其中，CD 为计数输入；LD 为装载输入；PV 为限值；

Q 为计数器状态；CV 为当前计数值。

③示例：如图 2-21 所示，M0.2 从“0”变为“1”时，执行“减计数”指令，且 CV 值减 1，每出现一个上升沿，计数值便减 1，直到达到数据类型的下限值（-32768）为止，当前计数值小于或等于 0，Q0.0 就为“1”，在其他任何情况下，Q0.0 均为“0”。

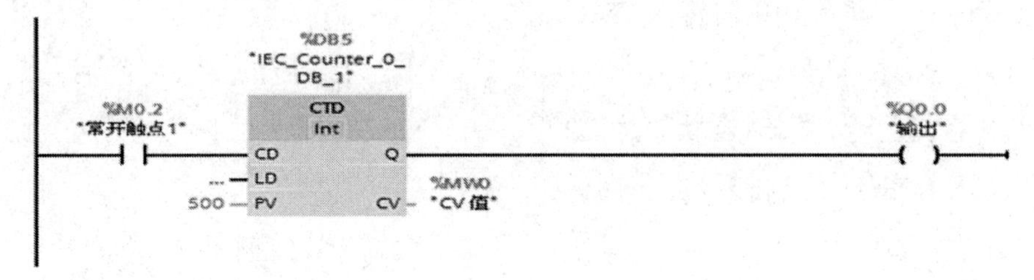

图 2-21　减计数器图

（3）加减计数：

①指令：加减计数。

②功能描述：加减计数，其中，CU 为加计数输入；CD 为减计数输入；R 为复位输入；LD 为装载输入；PV 为限值；QU 为加计数器状态；QD 为减计数器状态；CV 为当前计数值。

③示例：如图 2-22 所示，M0.2 或 M0.3 从“0”变为“1”时，则执行“加减计数”指令，M0.2 出现上升沿时，当前计数值加 1 并存储在 CV 中，M0.3 出现信号上升沿时，当前计数值减 1 并存储在 CV 中，当输入 CU 出现信号上升沿时，计数值将递增，直至达到上限 32767，输入 CD 出现信号上升沿，计数值将递减，直至达到下限 -32768。当前计数值大于或等于 PV 值 500，Q0.0 就为“1”，在其他任何情况下，Q0.0 均为“0”；当前计数值小于或等于 0，Q0.1 就为“1”，在其他任何情况下，Q0.1 均为“0”。

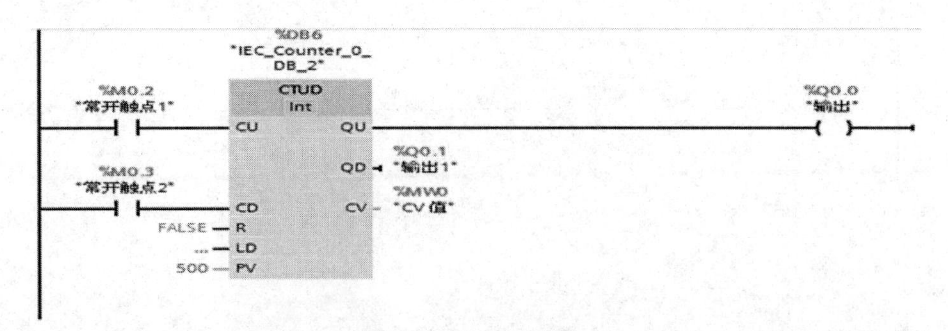

图 2-22　加减计数器图

（4）分配参数并运行加计数：

①指令：分配参数并运行加计数。

②功能描述：分配参数并运行加计数，其中，CU 为加计数输入；S 用于干预计数值；PV 为预设计数值；R 为复位输入；CV 为十六进制当前值；CV_BCD 为 BCD 编码当前值；Q 为计数器状态。

③示例：如图 2–23 所示，M0.2 从“0”变为“1”且当前计数值小于“999”，则计数值加 1，M0.3 从“0”变为“1”时，计数值会被设置为 PV 值，当 M0.6 为“1”时，计数值复位为“0”，只要当前计数值不等于“0”，Q0.0 便为“1”。

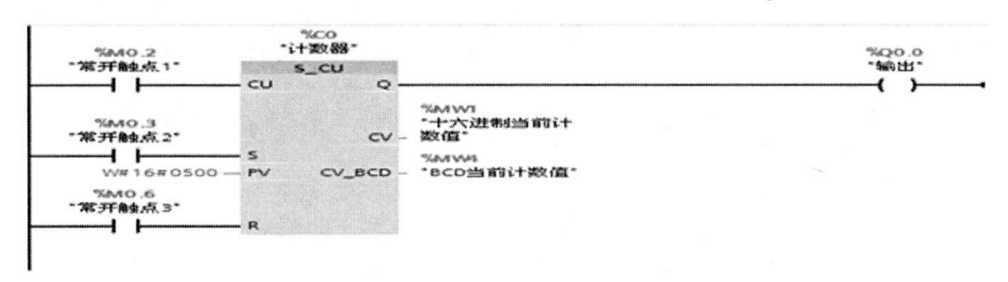

图 2–23　分配参数并运行加计数器图

（5）分配参数并运行减计数：

①指令：分配参数并运行减计数。

②功能描述：分配参数并运行减计数，其中，CD 为减计数输入；S 用于干预计数值；PV 为预设计数值；R 为复位输入；CV 为十六进制当前值；CV_BCD 为 BCD 编码当前值；Q 为计数器状态。

③示例：如图 2–24 所示，M0.2 从“0”变为“1”且当前计数值大于“0”时，计数值减 1，M0.3“0”变为“1”时，计数值会被设置为 PV 值，M0.6 为“1”时，计数值复位为“0”，当前计数值以十六进制值的形式保存在 CV 中，以 BCD 编码的形式保存在 CV_BCD 中，只要当前计数值不等于“0”，输出 Q0.0 便为“1”。

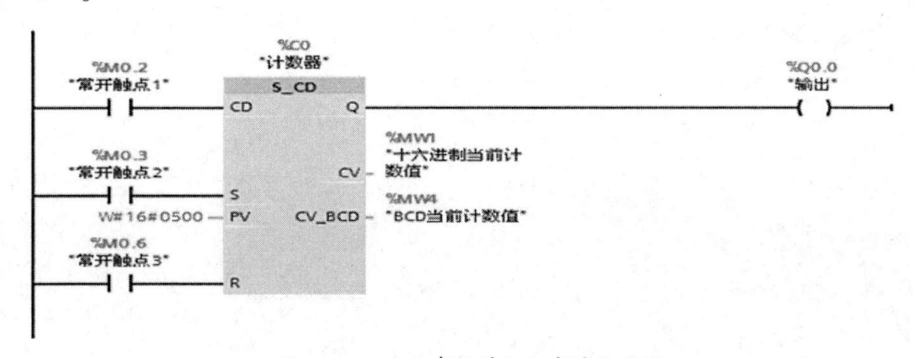

图 2–24　分配参数并运行减计数器图

（6）分配参数并运行加减计数：

①指令：分配参数并运行加减计数。

②功能描述：分配参数并运行加减计数，CU 为加计数输入；CD 为减计数输入；S 用于干预计数值；PV 为预设计数值；R 为复位输入；CV 为十六进制当前值；CV_BCD 为 BCD 编码当前值；Q 为计数器状态。

③示例：如图 2–25 所示，M0.2 出现上升沿并且当前计数值小于“999”时，计数值加“1”，M0.7 出现上升沿并且当前计数值大于“0”时，计数值减“1”，M0.3 从“0”变为“1”时，计数值会被设置为 PV 值，M0.6 为“1”时，计数值复位为“0”，当前计数值不等于“0”，Q0.0 为“1”。

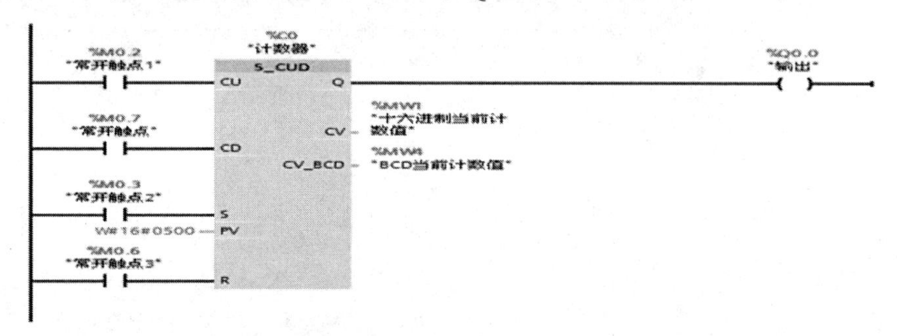

图 2–25　分配参数并运行加减计数器图

（7）设置计数器值：

①指令：设置计数器值。

②功能描述：当逻辑运算结果从“0”变为“1”时，计数器被设置为指定计数值。

（8）向上计数：

①指令：向上计数。

②功能描述：逻辑运算结果出现信号上升沿，计数器加 1，达到上限“999”后，计数值不再递增。

（9）向下计数：

①指令：向下计数。

②功能描述：逻辑运算结果出现信号上升沿，计数器减 1，达到下限“0”，计数值也不再递减。

5. 比较器操作指令

在 PLC 基本指令下的比较器操作指令中，使用者可以对操作数进行等于、不等于、大于或等于、小于或等于、大于和小于比较操作。

（1）等于：

①指令：等于。

②功能描述：如果第一个比较值等于第二个比较值，指令的逻辑运算结果“1”，否则“为0”。

③示例：如图2–26所示，M0.2为1时，比较值1等于比较值2，Q0.0为1。

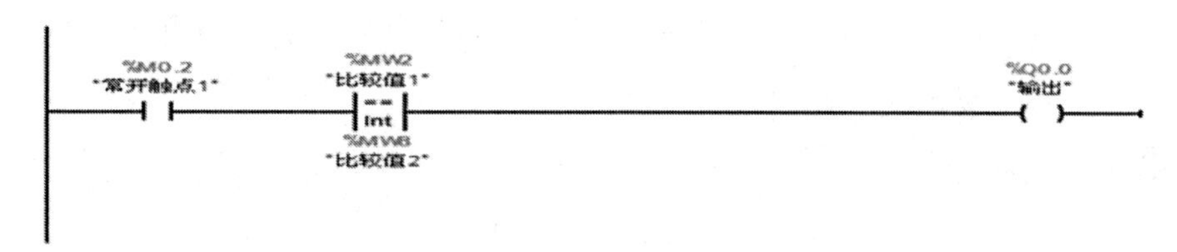

图2–26 等于图

（2）不等于：

①指令：不等于。

②功能描述：如果第一个比较值不等于第二个比较值，指令的逻辑运算结果为“1”，否则为“0”。

（3）大于或等于：

①指令：大于或等于。

②功能描述：如果第一个比较值大于或等于第二个比较值，指令的逻辑运算结果为“1”，否则为“0”。

（4）小于或等于：

①指令：小于或等于。

②功能描述：如果第一个比较值小于或等于第二个比较值，指令的逻辑运算结果为“1”，否则为“0”。

（5）大于：

①指令：大于

②功能描述：如果第一个比较值大于第二个比较值，指令的逻辑运算结果为“1”，否则为“0”。

（6）小于：

①指令：小于。

②功能描述：如果第一个比较值小于第二个比较值，指令的逻辑运算结果为“1”，否则为“0”。

6. 数学函数指令

在PLC基本指令下的数学函数操作指令中，使用者可以对操作数进行加、减、乘、除等各种数学函数操作。

（1）加法：

①指令：加法

②功能描述：在输出 OUT（OUT=IN1+IN2）处获得输入 IN1 值与输入 IN2 值的总和。其中 EN 为使能输入；ENO 为使能输出；IN1 为第一个数；IN2 为第二个数；OUT 为总和。

③示例：如图 2-27 所示，M0.2 为 1 时，OUT = IN1+IN2，指令执行成功则 Q0.0 为 1。

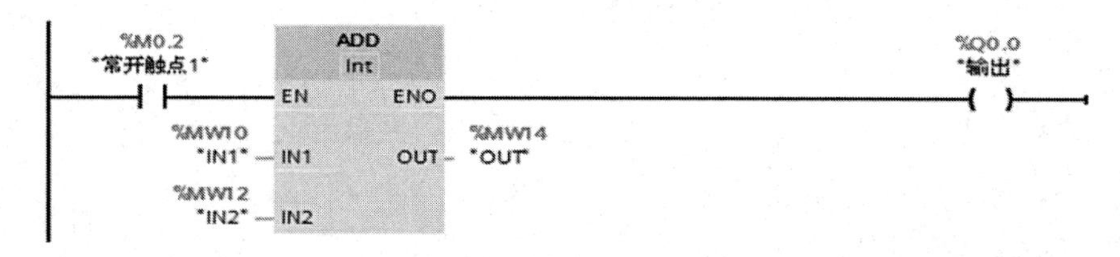

图 2-27　加法图

（2）减法：

①指令：减法。

②功能描述：在输出 OUT（OUT=IN1-IN2）处获得输入 IN1 值与输入 IN2 值的差值。其中 EN 为使能输入；ENO 为使能输出；IN1 为第一个数；IN2 为第二个数；OUT 为差值。

（3）乘法：

①指令：乘法。

②功能描述：在输出 OUT（OUT=IN1*IN2）处获得输入 IN1 值与输入 IN2 值的乘积。其中 EN 为使能输入；ENO 为使能输出；IN1 为第一个数；IN2 为第二个数；OUT 为乘积。

（4）除法：

①指令：除法。

②功能描述：在输出 OUT（OUT=IN1/IN2）处获得输入 IN1 值与输入 IN2 值的商。其中 EN 为使能输入；ENO 为使能输出；IN1 为第一个数；IN2 为第二个数；OUT 为商。

（5）取余：

①指令：取余。

②功能描述：在输出 OUT 处获得输入 IN1 值除以输入 IN2 值的余数。其中 EN 为使能输入；ENO 为使能输出；IN1 为第一个数；IN2 为第二个数；OUT 为余数。

（6）取反：

①指令：取反。

②功能描述：更改输入 IN 值的符号，结果在 OUT 处输出。其中 EN 为使能输入；ENO 为使能输出；IN 输入；OUT 为二进制补码。

（7）计算绝对值：

①指令：计算绝对值。

②功能描述：计算输入 IN 的绝对值，结果在 OUT 处输出。其中 EN 为使能输入；ENO 为使能输出；IN 输入；OUT 为绝对值。

（8）取最大值：

①指令：取最大值。

②功能描述：比较输入 IN1、IN2 和 IN3 的值，最大值在 OUT 处输出。其中，EN 为使能输入；ENO 为使能输出；IN1 为第一个数；IN2 为第二个数；IN3 为第三个数；OUT 为输出结果。

（9）设置限值：

①指令：设置限值。

②功能描述：将输入 IN 限制在 MN 与 MX 之间，当 MN<IN<MX 时，OUT 处输出 IN 值，当 IN<MN 时，OUT 处输出 MN 值，当 IN>MX 时，OUT 处输出 MX 值。其中，EN 为使能输入；ENO 为使能输出；MN 为下限；IN 为输入值；MX 为上限；OUT 为输出结果。

③示例：如图 2–28 所示，M0.2 为 1 时，当 MN<IN<MX 时，OUT 处输出 IN 值，当 IN<MN 时，OUT 处输出 MN 值，当 IN>MX 时，OUT 处输出 MX 值，指令执行成功则 Q0.0 为 1。

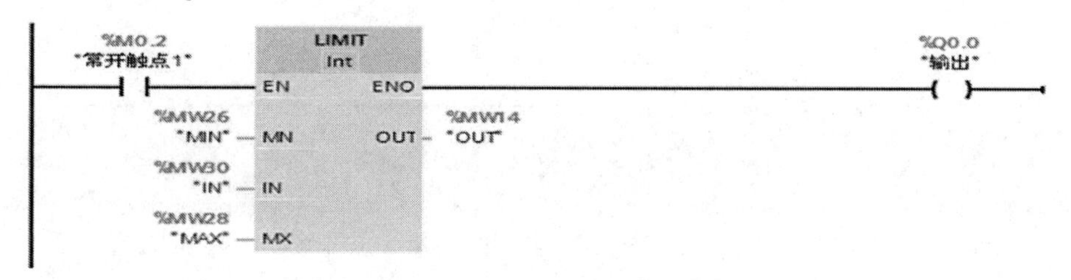

图 2–28 设置限图

（10）取平方：

①指令：取平方。

②功能描述：计算输入 IN 值的平方，在 OUT 处输出结果。其中， EN 为使能输入；ENO 为使能输出；IN 为输入值；OUT 为输出结果。

（11）取平方根：

①指令：取平方根。

②功能描述：计算输入 IN 值的平方根，在 OUT 处输出结果，当输入 IN 值小于零时，OUT 处输出一个无效浮点数。其中，EN 为使能输入；ENO 为使能输出；IN 为输入值；OUT 为输出结果。

（12）取自然对数：

①指令：取自然对数。

②功能描述：计算输入 IN 以 e 为底的自然对数，在 OUT 处输出结果。其中，EN 为使能输入；ENO 为使能输出； IN 为输入值； OUT 为输出结果。

（13）取指数值：

①指令：取指数值。

②功能描述：计算输入 IN 以 e 为底数的幂指数，在 OUT 处输出结果。其中，EN 为使能输入； IN 为输入值；OUT 为输出结果。

7. 移动操作指令

在 PLC 基本指令下的移位操作指令中，使用者可以进行移动值、块移动和填充区域等操作。

（1）移动值：

①指令：移动值。

②功能描述：将输入 IN 的数据，传送到输出 OUT1。指令块如图所示，其中，EN 为使能输入；ENO 为使能输出；IN 为源地址；OUT1 为目标地址。

③示例：如图 2-29 所示，M0.2 为 1 时，MD16 中的数据复制到 MD20 中，指令执行成功则 Q0.0 为 1。

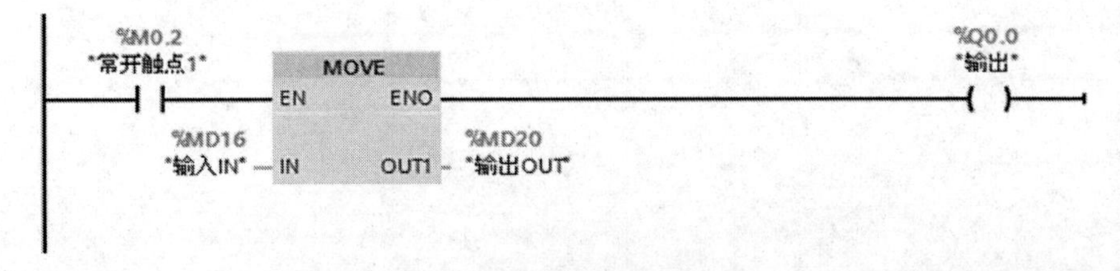

图 2-29　移动值图

（2）块移动：

①指令：块移动。

②功能描述：将数据从一个存储区移动到另一个存储区中。其中 EN 为使能输入；ENO 为使能输出；SRCBLK 为源区域；RET_VAL 为错误代码；DSTBLK 为目标区域。

（3）不可中断的存储区移动：

①指令：不可中断的存储区移动。

②功能描述：将数据从一个存储区的移动到另一个存储区，可使用 ANY 指针来定义源区域和目标区域，此复制操作不会被操作系统的其他任务打断。其中，EN 为使能输入；ENO 为使能输出；SRCBLK 为源区域；RET_VAL 为错误代码；DSTBLK 为目标区域。

8. 程序控制操作指令

在 PLC 基本指令下的程序控制操作指令中，使用者可以进行跳转、插入跳转标签和返回等操作。

（1）若 RLO=“1”，则跳转：

①指令：若 RLO=“1”，则跳转。

②功能描述：中断程序的顺序执行，并从其他程序段继续执行，该指令输入逻辑运算结果为“1”，则将跳转到跳转标签标识的程序段，若输入逻辑运算结果为“0”，则继续执行下一程序段。

③示例：如图 2–30 所示，M0.2 为 1 时，跳转到程序 3，M0.2 为 0 时，顺序执行程序段 2。

图 2-30　若 RLO=“1”则跳转图

（2）若 RLO=“0”，则跳转：

①指令：若 RLO=“0”，则跳转。

②功能描述：中断程序的顺序执行，并从其他程序段继续执行，该指令输入逻辑运算结果为“0”，则将跳转到跳转标签标识的程序段，若逻辑运算结果为“1”，则程序继续执行下一程序段。

（3）跳回标签：

①指令：跳回标签。

②功能描述：标识一个目标程序段。

（4）返回：

①指令：返回。

②功能描述：输入逻辑运算结果为“1”时，在当前被调用块中终止程序执行，当调用块中执行调用功能后可继续执行。

（5）退出程序：

①指令：退出程序。

②功能描述：输入逻辑运算结果为“1”时，CPU 更改为 STOP 模式，终止程序执行，若该指令输入逻辑运算结果为“0”时，不执行该指令。

9. 字逻辑运算指令

在 PLC 基本指令下的字逻辑运算指令中，使用者可以进行“与”运算、“或”运算、“异或”运算和求反码等操作。

（1）“与”运算：

①指令：“与”运算。

②功能描述：将输入 IN1 值与输入 IN2 值逐位进行“与”运算，在 OUT 处输出结果。其中，EN 为使能输入；ENO 为使能输出；IN1 为第一个值；IN2 为第二个值；OUT 为结果。

（2）“或”运算：

①指令："或"运算。

②功能描述：将输入 IN1 值与输入 IN2 值逐位进行"或"运算，在 OUT 处输出结果。其中，EN 为使能输入；ENO 为使能输出；IN1 为第一个值；IN2 为第二个值；OUT 为结果。

（3）"异或"运算：

①指令："异或"运算。

②功能描述：将输入 IN1 值与输入 IN2 值逐位进行"异或"运算，在 OUT 处输出结果。其中，EN 为使能输入；ENO 为使能输出；IN1 为第一个值；IN2 为第二个值；OUT 为结果。

10. 移位和循环移位指令

在 PLC 基本指令下的移位和循环移位指令中，使用者可以进行右移、左移、循环右移和循环左移操作。

（1）右移：

①指令：右移。

②功能描述：将输入 IN 中的内容按位向右移位，在 OUT 处输出结果，无符号值移位时，用零填充左侧区域中空出的位，有符号值移位时，用符号位填充空出的位。其中，EN 为使能输入；ENO 为使能输出；IN 为待移位值；N 为移位位数；OUT 为结果。

③示例：如图 2-31 所示，M0.2 为 1 时，将输入 IN 中的内容按位向右移 5 位，在 OUT 处输出结果，指令执行成功则 Q0.0 为 1

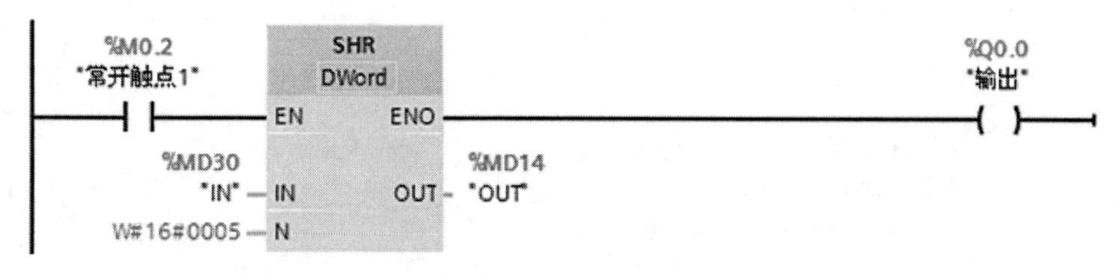

图 2-31　右移图

（2）左移：

①指令：左移。

②功能描述：将输入 IN 中的内容按位向左移位，在 OUT 处输出结果，无符号值移位时，用零填充右侧区域中空出的位，有符号值移位时，用符号位填充空出的位。其中，EN 为使能输入；ENO 为使能输出；IN 为待移位值；N 为移位位数；OUT 为结果。

（3）循环右移：

①指令：循环右移。

②功能描述：将输入 IN 中操作数的内容按位向右循环移位，在 OUT 处输出结果，用移出的位填充循环移位空出的位。其中，EN 为使能输入；ENO 为使能输出；IN 为待移位值；N 为移位位数；OUT 为结果。

③示例：如图 2-32 所示，M0.2 为 1 时，将输入 IN 中的内容按位循环右移 5 位，在 OUT 处输出结果，指令执行成功则 Q0.0 为 1。

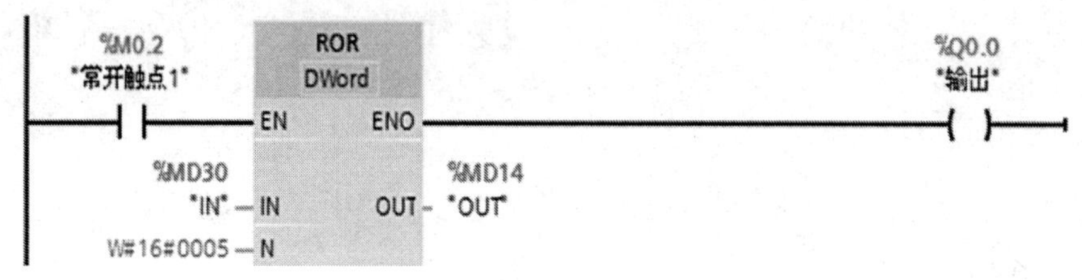

图 2-32　循环右移图

（4）循环左移：

①指令：循环左移。

②功能描述：将输入 IN 中操作数的内容按位向左循环移位，在 OUT 处输出结果，用移出的位填充循环移位空出的位。其中，EN 为使能输入；ENO 为使能输出；IN 为待移位值；N 为移位位数；OUT 为结果。

任务四　直流电机与拖动皮带机电路、程序设计

一、皮带输送机控制系统基本要求

1. 皮带机控制系统组成

（1）由两个皮带机组成：1# 皮带机、2# 皮带机；

（2）1# 皮带机由直流电机拖动，可以正反向传输；

（3）2# 皮带机由交流同步电机拖动，皮带机的传输方向可以改变，传输速度可以按照要求调节，电机启动、制动时间可以调节。

2. 系统控制要求

（1）手动控制：可以手动单独控制测试 1# 皮带机、2# 皮带机的运行情况；

（2）自动控制：在系统复位后，按下“启动”按钮，1# 皮带机、2# 皮带机

按照一定的方式组合运行。

二、电路设计

直流电动机与拖动皮带机电路设计图，如图 2-33 所示。

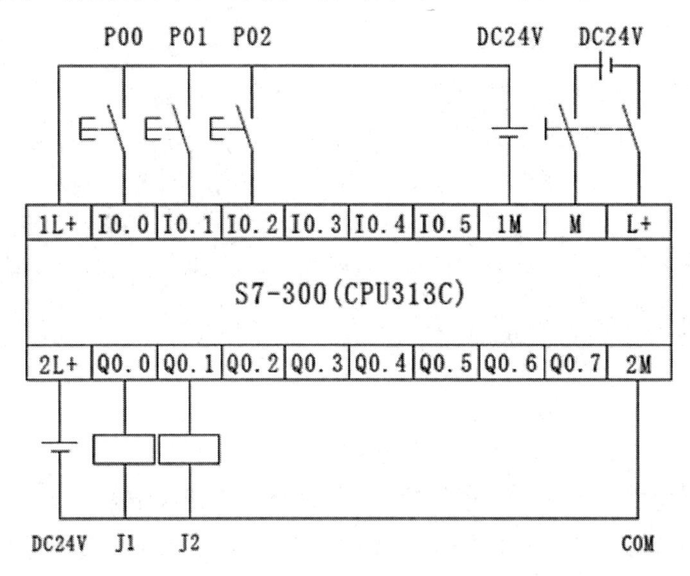

图 2-33　电路设计图

三、PLC 编程

1. 程序编辑器

双击项目树中要编辑的程序块（如 OB1）即可打开程序编辑器。

2. 符号编辑器

双击项目树窗口中的 PLC 变量的“显示所有变量”项目，就进入符号编辑器。编写 PLC 程序之前先创建变量有利于程序的阅读、分析和修改！

3. 程序块

（1）项目中默认只有一个用户程序块 OB1。

（2）要添加程序块，需要在项目树的程序块中，双击“添加新块”，如图 2-34 所示。然后选择块的名称、块的类型、块的编号和编程语言。

（3）可供选择的块类型有四种：组织块（OB）、函数块（FB）、函数（FC）、数据块（DB）。

（4）OB、FC 块可供选择的编程语言有四种：LAD、FBD、STL 和 SCL。

（5）FB 块可供选择的编程语言有五种：LAD、FBD、STL、SCL 和 GRAPH。

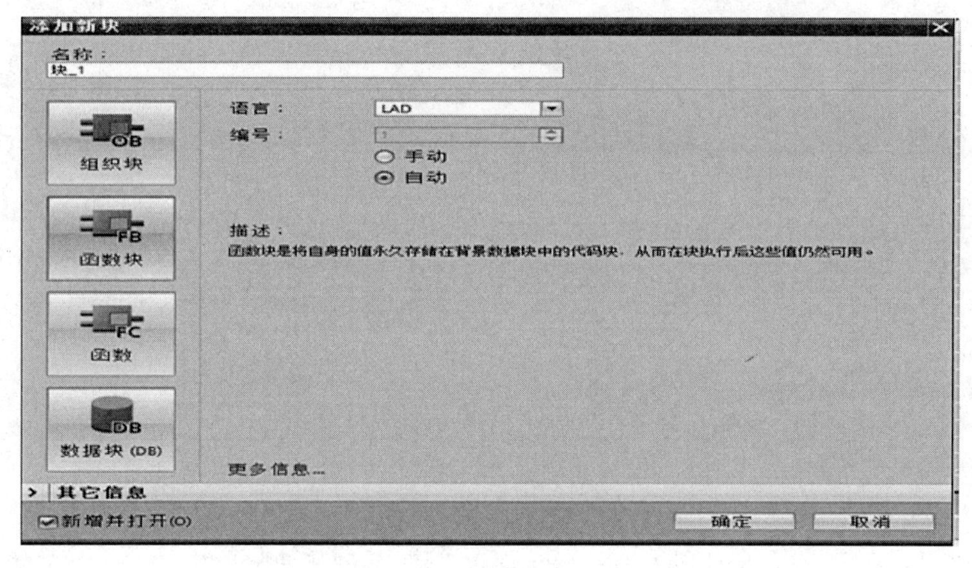

图 2-34 添加新块图

4. 指令

系统提供的指令在右边的指令目录和库目录窗口中选择。其中指令目录包含基本指令模块、扩展指令模块、工艺指令模块和通信指令模块四大类。

5. 调用方法

先在程序段中定位指令模块要插入的位置，再选中要调用的指令，然后双击即可。

本实例所需的变量名称、地址如下所示。

%I30.0 a_yv_home A- 推料气缸原点 CH0-0

%I30.1 a_yv_limit A- 推料气缸限位 PLC1 CH0-1

%I30.2 a_have A- 货物有无 CH0-2

%I30.3 Tag_12 A- 急停 CH0-3

%I30.4 start A- 启动 CH0-4

%I30.5 stop A- 停止 CH0-5

%I30.6 Tag_2 A- 转换开关 CH0-6

%I31.0 b-diangan B- 电感 CH1-0

%I31.1 b-dianrong B- 电容 CH1-1

%I31.2 b-yanse B- 光纤 CH1-2

%I31.3 b-daowei B- 到位 CH1-3

%I31.4 b-man B- 滑槽满 CH1-4

%Q30.0	a-yv	A- 推料气缸	PLC1	CH0-0
%Q30.2	a-hl3	A- 警灯		CH0-1
%Q31.0	b1_f	B- 传送带 1		CH1-0
%Q31.2	b1_yv1	B-YV1		CH1-2
%Q31.3	b1_yv2	B-YV2		CH1-3
%Q31.4	b2_yv3	B-YV3		CH1-4

本例程的程序结构具体包括 OB1(主程序)、函数 FC1，如图 2-35 所示。

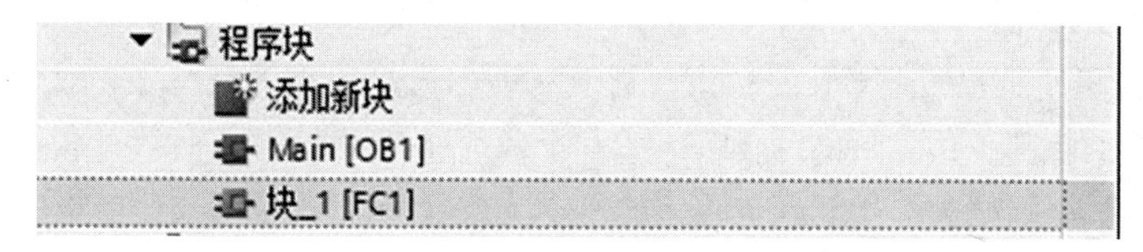

图 2-35　程序结构图

在 OB1 主程序中调用 FC1，如图 2-36 所示。

图 2-36　主程序中调用图

函数 FC1 中的直流电机启动程序，如图 2-37 所示。

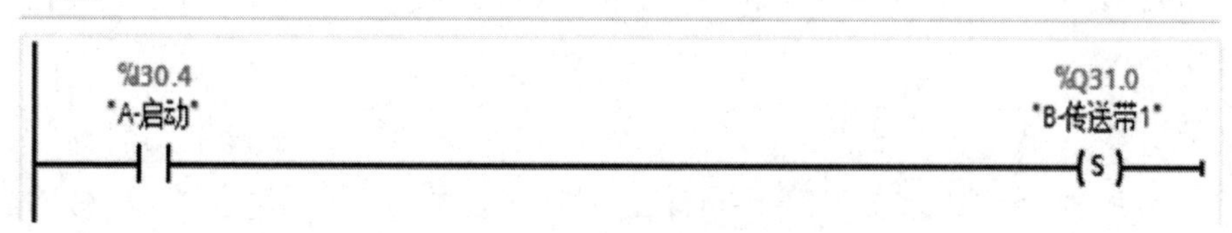

图 2-37　直流电机启动程序图

函数 FC1 中的直流电机停止程序，如图 2-38 所示。

图 2-38　直流电机停止程序图

任务五　Siemens TIA Portal 软件应用及仿真学习

一、Siemens TIA Portal 软件

Siemens TIA porta 是一个软件平台！中文名博图。博图是西门子最新的全集成自动化软件平台，也是未来西门子软件编程的方向，主要包换两个功能软件：

1.STEP 7

这里的 STEP 7 与单独的 STEP 7 有所不同，他能提供最新的西门子 S7 1500 与 S7 1200 已经 S7 300/400 提供编程，包含两个版本。SIMATIC STEP 7 Basic：只能用于最新的 S7 1200 属于基础版 SIMATIC STEP 7 Professional：可用于 S7 1200 1500 300/400。WinAC. 专业版 TIA STEP 7 与以前的 STEP 7 编程方式有所不同！寻址方式上尤为突出。

2.WINCC

（人机界面软件）同样，功能上包含了以前的 WinCC_flexible 与 WINCC 功能，也就是说一个软件可以编程触摸屏和上位机，也提供了几个版本供选择：WinCC Basic：用于组态精简系列面板；WinCC comfort：用于组态所有面板（包括精智面板和移动面板）；WinCC Advance-d：用于通过 WinCC Runtime Advanced 可视化软件组态所有面板和 PC。

3.WinCC Professional

用于使用 WinCC Runtime Advanced 或 SCADA 系统 WinCC Runtime Professional 组态面板和 PC。

由于博图集成特点，在模拟上有一定优势，可以在一个项目中同时模拟人机与 PLC 程序通讯。效果更直观。同样由于集成功能太多，导致其反应较慢，对电脑要求较高。

二、TIA Portal 安装教程

1. 包含的组件

（1）SIMATIC_STEP_7_Professional_V13：

① STEP 7 Basic，用于组态 S7-1200；

② STEP 7 Professional，用于组态 S7-1200、S7-1500、S7-300/400 和

WinAC。

（2）WinCC V13：

① WinCC Basic，用于组态精简系列面板；

② WinCC Professional，用于可视化软件组态所有面板和 PC 或 SCADA 系统。

（3）SIMATIC_TIAP_V13_UPD4：

STEP7 V13 和 WinCC V13 的更新版本四，还有更高版本更新在安装完成 STEP7 V13 后，Automation Software Updater 中可以查找。

（4）Startdrive_Standalone_V13：变频器驱动类组态。

Sim_EKB_Install_2014_03_08：SIEMENS 授权，在安装前先授权。

（5）PLCSim V13：仿真。

2. 安装顺序

（1）Sim_EKB_Install_2014_03_08（选择需要的密钥，选中 - 安装长密钥）

（2）SIMATIC_STEP_7_Professional_V13

（3）WinCC V13

（4）PLCSim V13

（5）SIMATIC_TIAP_V13_UPD4

（6）Startdrive_Standalone_V13

3. 注意事项

（1）如果开始提示重新启动，选择否。然后在开始框中输入：regedit-Enter- 进入注册表编辑器 - HKEY_LOCAL_MACHINE\SYSTEM\ControlSet001\Control\Session Manager 选中 PendingFileRenameOperations 然后删除。

（2）存储软件的文件名和安装目录名都不能有中文字符。

三、S7-PLCSIM 仿真

计算机仿真技术把现代仿真技术 与计算机发展结合起来，通过建立系统的数学模型，以计算机为工具，以数值计算为手段，对存在的或设想中的系统进行实验研究。随着计算机技术的高速发展，仿真技术在自动控制、电气传动、机械制造等工程技术领域也得到了广泛应用。

1. 与传统的经验方法相比，计算机仿真的优点是：

（1）能提供整个计算机域内所有有关变量完整详尽的数据。

（2）可预测某特定工艺的变化过程和最终结果，使人们对过程变化规律有深入的了解。

（3）在测量方法有困难的情况下仿真是唯一的研究方法。此外，数字仿真还具有高效率。

大型企业每年都需要对电气控制人员进行技术培训，每次培训都需要大量的准备工作，购买大量各种不同类型 PIC、变频器、接触器、电缆等。如果采用传统的经验方法：购买大量的控制器件，特别 PLC、变频器等器件昂贵，很容易造成浪费，此外需要专门的培训地点。所以，如果对控制人员进行技术培训能够采用计算机仿真技术，能极大地降低成本。S7-PLCSIM Simulating Modules 由西门子公司推出，可以替代西门子硬件 PIC 的仿真软件，当培训人员设计好控制程序后，无须 PIC 硬件支持，可以直接调用仿真软件来验证。

2. S7-PLCSIM 软件的功能

（1）模拟 PIC 的寄存器：可以模拟 512 个计时器（T0–T511）；可以模拟 131072 位（二进制）M 寄存器可以模拟 131072 位 I/O 寄存器；可以模拟 4095 个数据块；2048 个功能块（FBs）和功能（FCs）；本地数据堆栈 64K 字节；66 个系统功能块（SFBO –SFB65）；128 个系统功能（SFC0–SFB127）；123 个组织块（0B0–0B122）。

（2）对硬件进行诊断：对于 CPU 还可以显示其操作方式，如图 2–39 示。SF （systemfault）表示系统报警：DP（distributed peripherals， or remote 1/0）表示总线或远程模块报警：DC（powersupply）表示 CPU 有直流 24 伏供给；RUN 表示系统在运行状态 STOP 表示系统在停止状态。

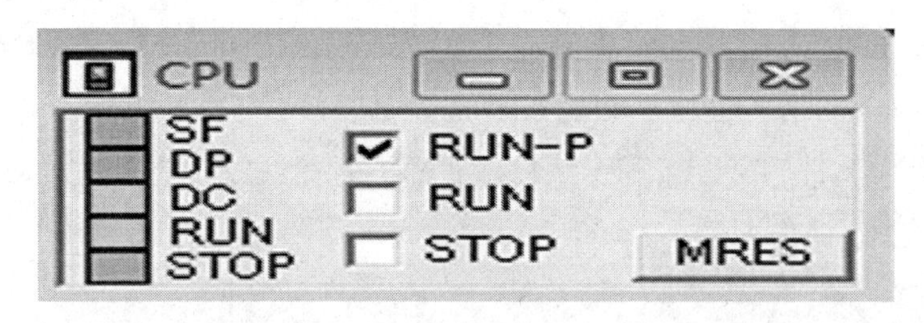

图 2–39　S7–PLCSIM 仿真 CPU 模块图

（3）对变量进行监控：用菜单命令 Insert>input variable 监控输入变量，Insert>output I variable 监控输出变量，Insert>memory variable 监控内部变量，Insert>t imervariable 监控定时器变量，Insert>counter variable 监控计数器变量。如图表示上述变量表。这些变量可以用进制、十进制、十六进制来访问，但是必须注意输出变量 QB 一般不强制修改。

（4）对程序进行调试。设置 / 刑除断点—利用“设置删除断点”可以确定程序执行到何处停止。断点处的指令不执行。断点激活，利用“断点激活”可以激活所有的断点：不仅包括已经设置的，也包括那些要设置的。利用“下条指令”，可以单步执行程序。如果遇到块调用，用“下一条指令”就跳到块后的第一条指令，如图 2–40 所示。

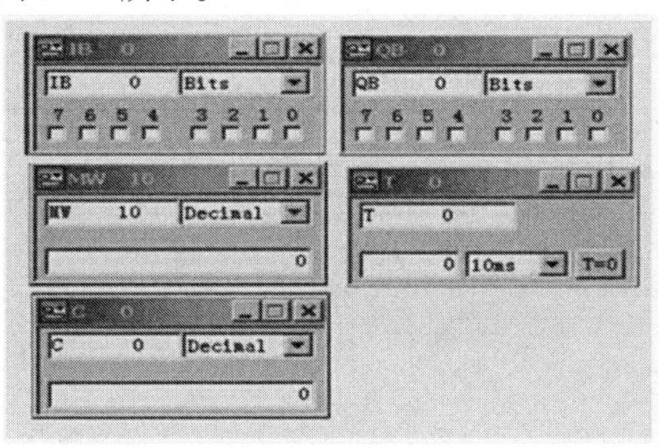

图 2–40　S7–PLCSIM 仿真变量模块图

以实现真实 CPU 和仿真 CPU 之间进行切换通过 SIMATICManager 打开或关闭仿真。为了避免在使用 STEP7 工具时混淆真实 CPU 和仿真 CPU，您只能处于真实模式或仿真模式。您可以将此想象为在“真实”世界与“仿真”世界之间进行切换。因此，如果真实 CPU 可见，则仿真 CPU 就不可见。如果您要从一种类型的 CPU 切换到另一种类型的 CPU，STEP7 会提示您关闭与当前类型的 CPU 的所有连接，关闭后方可进行切换。

选择“开始仿真”后，软件会弹出“启动仿真将禁用所有其他的在线接口”对话框如图 2–41 所示，点击“确定”按钮，出现所示的“S7–PLCSIM”界面和所示的“扩展的下载到设备”对话框如图 2–42 所示。与实际下载程序一样，使用者需要选择“PG/PC 的接口类型”，可用的接口类型在“组态访问节点属于 PLC300”栏中的类型中可见如图 2–43 所示。之后，单击下载，出现“下载预览”对话框，对话框中有消息显示“下载将在仿真 PLC”中进行。如图 2–44 所示，单击“下载”按钮，程序将下载到仿真 PLC 中，并且会出现“下载完成”的信息。

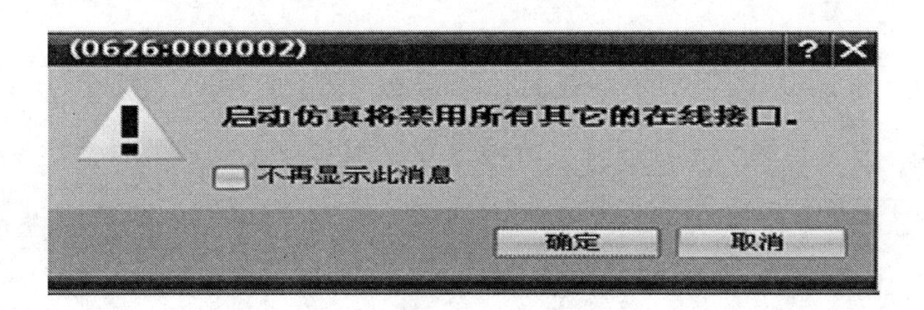

图 2–41　启动 S7–PLCSIM 仿真窗口图

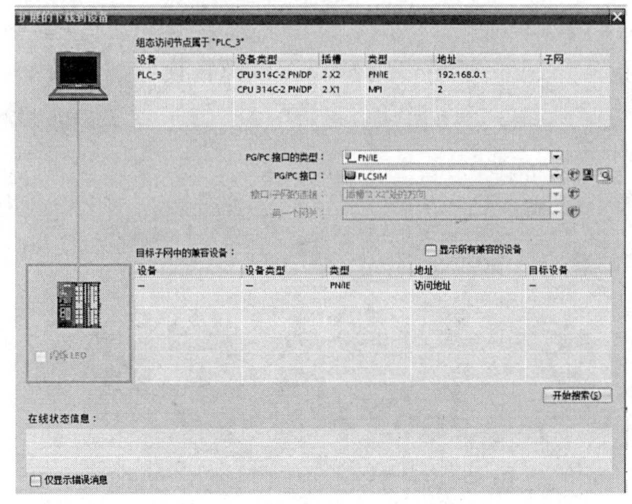

图 2-42　S7-PLCSIM 仿真下载窗口图

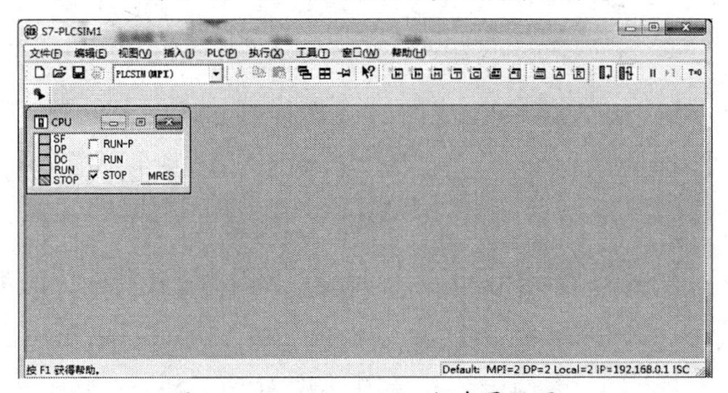

图 2-43　S7-PLCSIM 仿真界面图

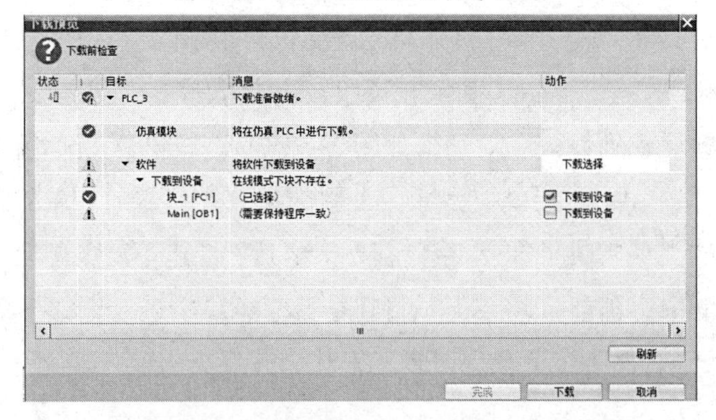

图 2-44　S7-PLCSIM 仿真下载浏览窗口图

对于“S7-PLCSIM”界面，界面中有一个“CPU”窗口，它模拟 CPU 的面板，有状态指示灯和模式选择开关。通过“显示对象工具栏”，使用者可以显示并修改变量的值，各按钮的如图所示。以“插入位存储器”为例，在变量地址中输入位的地址“MB136”，在显示格式中选择“位”，则下方的 8 个选择框，就可以模拟数字量信号的输入，如果把“3”下方的框勾上，则表示“MB136.3”

的当前值为 1，如图 2–45 所示。

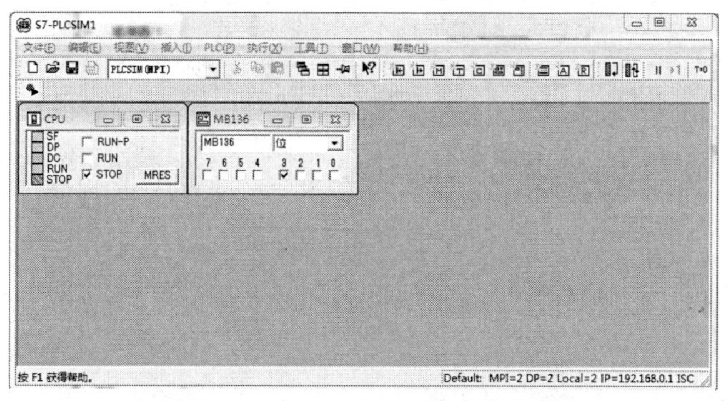

图 2–45　S7–PLCSIM 仿真界面图

虽然 PLCSIM 提供了强大、方便的仿真功能，与真实 PLC 相比，它更安全、方便，灵活性也更高，但它毕竟不能完全仿真实的硬件，例如 PLCSIM 不支持特殊功能模块，只能模拟单机系统，不支持 CPU 网络通讯功能模拟等。

四、软件应用

1.Portal 视图

启动→设备和网络→ PLC 编程→运动控制→可视化→在线与诊断

2. 项目视图

操作界面类似于 WINDOWS 的资源管理器。功能比 Portal 视图强，操作内容更加丰富。因此大多数用户都选择在项目视图模式下进行硬件组态、编程、可视化监控画面系统设计、仿真调试、在线监控等操作。

3. 硬件组态流程

任务要求→添加新的 IO 控制器和 IO 监视器→添加新的 IO 设备→设备组态→组态网络→设置网络参数

五、操作流程

1. 新建项目

（1）Portal 视图：

在“启动”项目中，选中“创建新项目”功能。在右边栏目中输入项目名称、保存路径、作者、注释等信息后，单击“创建”按钮，如图 2–46 所示。

（2）项目视图：

打开“项目”菜单，选择“新建”菜单项。

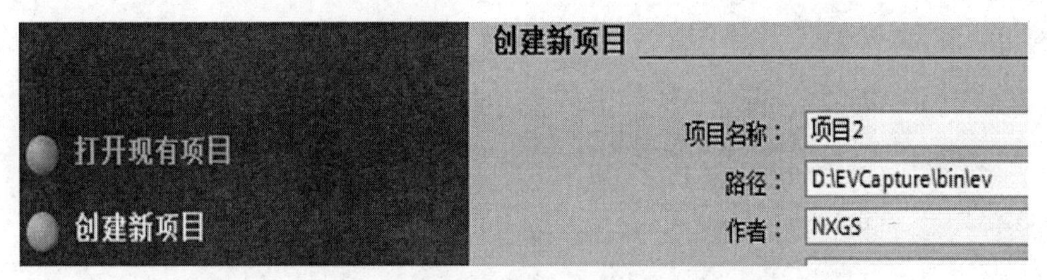

图 2-46 创建新项目图

在创建新项目的对话框中，输入项目名称、保存路径、作者、注释等信息后，单击“创建”按钮。

2. 添加新的 IO 控制器和 IO 监视器

（1）Portal 视图：

在“设备与网络”项目中，选中“添加新设备”功能。

在右边栏目所示的三个设备类型中，选中要添加的设备后。单击“添加”按钮。

（2）项目视图：

双击项目树中的“添加新设备”功能，打开“添加新设备”对话框。

在对话框的控制器和 HMI 目录中，选中要添加的设备后。单击“确定”按钮。

3. 添加新的 IO 设备

在项目视图状态下，双击项目树中的“设备与网络”功能，进入设备与网络的组态界面。

在最右侧的硬件目录中选择要添加的 IO 设备，然后双击即可。

4. 设备组态

（1）组态 PLC：

添加电源模块 PS307 5A，订货号：307-1EA01-0AA0。修改 CPU314C-2PN/DP 的 I/O 地址，如图 2-47 所示。

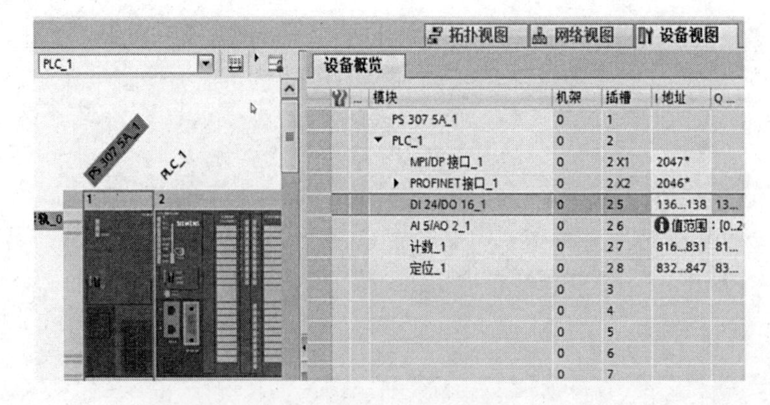

图 2-47 修改 CPU314C-2PN/DP 的 I/O 地址

（2）组态 HMI：

修改 TP700 的背景色、画面及数量（只要根画面）。

5. 组态网络

（1）方法一（鼠标拖放操作）：

选中某个设备的 PN 端口（绿色方框），按住鼠标左键不放。

拖动鼠标移动到其他设备的 PN 端口，然后释放鼠标左键。

（2）方法二（右键菜单操作）：

选中某个设备的 PN 端口，单击鼠标右键调出右键菜单，选择“添加子网”。

选中其他设备的PN端口，单击鼠标右键调出右键菜单，选择“分配到新子网”。

（3）设置网络参数：

分别给 IO 控制器、IO 监视器、IO 设备分配 IP 地址和设备名称。另外还要给 IO 设备分配 I/O 端口地址。具体操作方法如下：

选中要设置参数的设备，双击选择“组态设备”。选择“属性” – “常规” – “PROFINET 接口” – “以太网地址”，输入要设定的 IP 地址和设备名称。

任务六　直流电机拖动皮带机安装、调试与维护

输送机是使用非常广泛的机电设备，皮带输送机在物料输送，产品生产线，物件分拣是不可缺少的设备。

一、拆装皮带输送机机架

输送机机架及各部分的名称如图 2–48 所示。

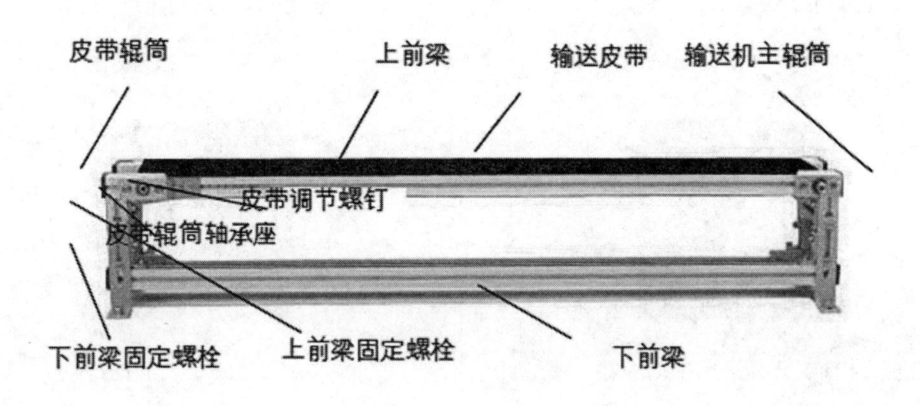

图 2–48　皮带输送机结构图

请你拆卸皮带输送机机架，取下输送皮带和输送机主轴、副轴。请你组装皮带输送机机架，并满足：

1. 皮带输送机主动轴与支撑轴应在同一平面，两轴的不平行度应不超过 3mm。

2. 调节两轴之间的距离，使皮带的松紧适度。

3. 转动皮带输送机主动轴时，皮带应能运动，无卡阻、无打滑。

输送机是一种物料输送设备。输送机按其输送能力可分为重型输送机如矿用输送机，轻型皮带机如用在电子、塑料、食品轻工、化工医药等行业。

按输送机的结构，有皮带输送机、板式输送机、螺旋输送机、链中式输送机和筒武输送机等几种，常见的皮带输送机如图 2–49。皮带输送机的输送带有橡胶、帆布、PVC、NPU 等多种材质，除用于普通物料的输送外，还可满足耐油、耐腐蚀、防静电等有特殊要求物料的输送。常用的皮带输送机可分为普通帆布芯胶带输送机、运胶带输送机、可逆移动式胶带输送机、耐寒胶带输送机、钢

用于输送物料的皮带输送机

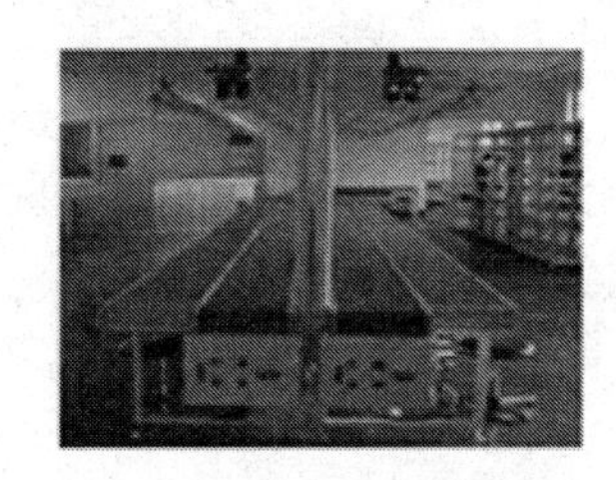

电子产品生产线的皮带输送机

化工生产线上使用的输送机

饮料生产线上的输送机

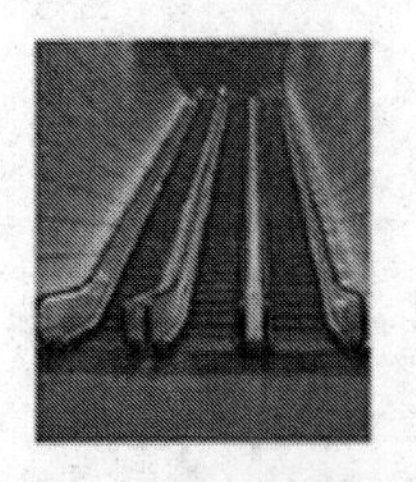

机场、商场等公共场所使用的载人输送机

烟草生产线上的输送机

图 2–49　常见的输送机图

绳芯高强度胶带输机、全防爆下运胶带输送机、难燃型胶带输送机等。

电动机带动输送机主轴转动，输送皮带与主轴辊筒之间的静摩擦力使输送皮带运动；依靠输送皮带与物料之间的静摩擦力使物料与输送皮带一起，向同方向运动，这是皮带输送机能够输送物料的原理。

皮带输送机具有输送能力强、输送距离远、输送平稳、噪音较小，结构简单、维修方便、能量消耗少、零部件便于标准化、能方便地实行程序化控制和自动化操作等优点。皮带机可输送的物料种类繁多，既可输送各种散料，也可输送各种纸箱、包装袋等单件重量不大的件货。

皮带输送机可单机应用，亦可与机械手、提升机和装配线等其他设备组成自动化生产线，以满足零部件加工、各种物品的生产的需要。在工业生产中，皮带输送机常用作生产机械设备之间构成连续生产的纽带，以实现生产环节的连续性和自动化，提高生产率和减轻劳动强度。

皮带输送机的主要结构如图 2-50 所示，由机架、输送皮带、皮带辊筒、张紧装置、主轴和传动装置等。机身采用优质钢材连接而成，由前后支腿形成机架，机架上装有皮带辊筒、托辊等，用于带动和支承输送皮带。

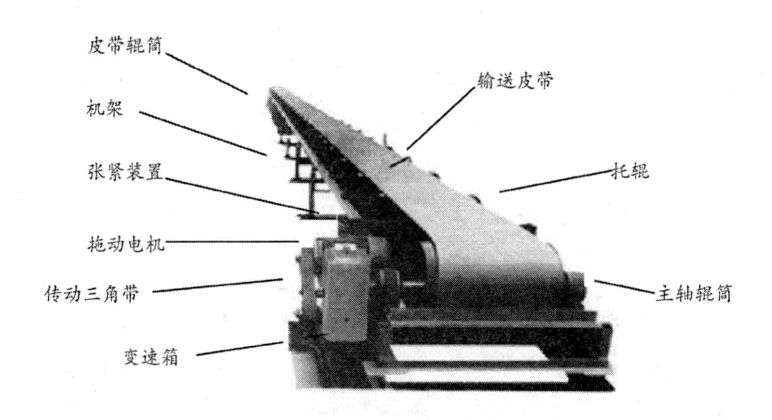

图 2-50 远距离皮带输送机结构图

二、皮带输送机的安装

1. 按尺寸要求，在实训台上完成皮带输送机的安装并通过静态调整与动态调试，使皮带输送机满足如下要求

（1）传送皮带应呈水平状态用水平尺确认。

（2）安装在皮带输送机主轴辊筒上的联轴器与机架间隙应为 0.5mm。

（3）应保证传送皮带运行平稳，皮带无打滑动与跳动现象。

（4）应保证电动机运行时无发热、振动现象，运行噪声应在正常范围内。

2. 皮带输送机运行中作以下检查

（1）观察皮带输送机的运行：

正常状态是皮带输送机的机架与传送皮带在运行中应无振动与噪音，传送皮带运行，应畅顺，无打滑或跳动的现象。

若出现不正常状况，可检查机架框架的连接螺丝与机架固定螺丝有无松动？检查联轴器有无松动？发现问题后停机进行调试。

（2）观察电动机的运行：

正常状态是电动机（含变速箱）在运行中无振动与噪音，电动机无发热现象。

若出现振动与噪音，可检查电动机减震胶片有无装好，电动机固定螺丝有无松动。

若电动机运行中发热，可检查电动机运行有无堵转，并在停机后检查电动机接线是否正确，电动机电源电压是否正常。

三、直流电机

直流电机是将直流电能与机械能相互转换的旋转电机，它具有优良的调速特性，调速平滑、方便、用途十分范围宽门它具有过载能力大，能承受频繁的冲击负载：它具有能实现频繁的无级快速启动、制动和反转，能满足各种生产过程自动化系统不同的特殊运行特点的要求。它广泛用于冶金、矿山、交通运输、纺织、印染、造纸、印刷、水泥、化工、机床、风机等行业。

1.Z2系列使用于恒速或调速范围不大于2的电力拖动系统中，为自扇冷结构。

2.Z02 系列用于多尘埃及金属切削等场合，为全封闭结构。

3.ZT2 系列用削弱磁场向上恒功率调速，调速范围为 1∶3 及 1∶4 的电力拖动中。

4.Z2C 系列用于船舶恒速电力拖动系统中，也可作为海洋或内河船舶各种辅机电力拖动和供电电源之用。

5.Z3 系列用于恒速或转速调节范围不大于 3∶1 的电力拖动系统中，有自扇冷却和强迫通风结构两种。

6.Z4 系列采用全迭片结构，适用于静止整流电源供电，具有转动惯量小，有较好的动态性能，为强迫通风结构，也可以用作管道通风或空水冷结构。

7.ZSL4 系列为自扇冷结构，可弱磁恒功率向上调速，达额定转速的 1 至 2 倍。

已生产电机的机座号 132 200，共 3 个机座号。

8.ZBL4、ZLZ4 系列采用全封闭结构，机座带散热片。用于多尘埃的场合。ZZJ–800 系列能承受频繁的启动、制动、正反转，过载能力大，用于金属轧机的辅传动机械及冶金起重，有全封闭结构，有强迫通风结构和空水冷结构。过载能力为 3 倍左右。

9.ZZJ–800 系列能承受频繁的启动、制动、正反转，过载能力大，用于金属轧机的辅传动机械及冶金起重，有全封闭结构，有强迫通风结构和空水冷结构。过载能力为 3 倍左右。

10.ZZJ–900 系列具有 ZZJ–800 系列的特点，且转动惯量为 ZZJ–800 系列的 60%。Z 系列中型直流电动机可用于普通工业和传动金属轧机及其辅助机械，有强迫通风结构和空水冷结构。

11.ZSN4 系列为水泥回转窑主传动专用直流电机，有强迫通风结构和管道通风结构。常见故障如表 2–4 所示。

表 2–4　直流电机常见故障表

故障	原因	排除措施
电刷火花过大	电刷接触面小	研磨电刷
	电刷磨损过度	更换新电刷
	电刷压力太大或太小	调整弹簧压力
	换向器云母突出	下刻云母片
	换向器表面有油污	清除换向器表面
	换向器偏心或换向片突出	加工换向器外圆
	电动机过负载	限制过负载
	机械振动大	清除振源
	换向极、补偿绕组接反或短路	改变接法或清除短路
	电枢绕组焊接不良戒开焊	补焊
	电枢绕组匝间短路或换向片片间短路	消除短路

续表

<table>
<tr><th>故障</th><th>原因</th><th>排除措施</th></tr>
<tr><td rowspan="4">转速不正常</td><td>负载力矩大</td><td>减少负载力矩</td></tr>
<tr><td>起动器接触不良，电阻不适当</td><td>更换适当起动器</td></tr>
<tr><td>电刷不在中性位置</td><td>调整电刷到中性位置</td></tr>
<tr><td>励磁线圈断路、短断，接线错误</td><td>消除断路、短路，纠正接线</td></tr>
<tr><td rowspan="4">线圈过热</td><td>超负载运行</td><td>减小负载</td></tr>
<tr><td>电枢绕组短路</td><td>消除短路、加强绝缘</td></tr>
<tr><td>励磁线圈短路</td><td>消除短路、加强绝缘</td></tr>
<tr><td>冷却空气不足</td><td>增大通风量</td></tr>
<tr><td rowspan="2">轴承过热</td><td>轴承内润滑脂太多</td><td>减少润滑脂更换轴承</td></tr>
<tr><td>滚珠或滚柱磨损</td><td>更换轴承</td></tr>
<tr><td rowspan="4">机械振动大</td><td>基础不坚固或电动机在基础上固定不牢固</td><td>加强基础坚实性，牢固固定电动机</td></tr>
<tr><td>机组轴线不同心</td><td>调整同心度</td></tr>
<tr><td>电枢不平衡</td><td>重新校好电枢平衡</td></tr>
<tr><td>过载或过速</td><td>减少负载力矩或降低转速</td></tr>
</table>

列出工具清单，按照工具清单表 2–5 领取工具

表 2–5　安装工具清单表

<table>
<tr><th>序号</th><th>名称</th><th>型号规格</th><th>数量</th><th>单位</th><th>备注</th></tr>
<tr><td>1</td><td>内六角扳手（套）</td><td>PM−C9</td><td>1</td><td>套</td><td></td></tr>
<tr><td>2</td><td>钟表螺丝刀（套）</td><td></td><td>1</td><td>套</td><td></td></tr>
<tr><td>3</td><td>尖嘴钳</td><td>150mm</td><td>1</td><td>把</td><td></td></tr>
<tr><td>4</td><td>剥线钳</td><td></td><td>1</td><td>把</td><td></td></tr>
<tr><td>5</td><td>斜口钳</td><td>150mm</td><td>1</td><td>把</td><td></td></tr>
<tr><td rowspan="4">6</td><td rowspan="4">螺丝刀</td><td>一字，100 mm</td><td>1</td><td>把</td><td></td></tr>
<tr><td>一字，150 mm</td><td>1</td><td>把</td><td></td></tr>
<tr><td>十字，100 mm</td><td>1</td><td>把</td><td></td></tr>
<tr><td>十字，150 mm</td><td>1</td><td>把</td><td></td></tr>
</table>

续表

序号	名称	型号规格	数量	单位	备注
7	记号笔		1	支	
8	万用表		1	个	
9	工具箱		1	支	

五、输送带设备组装

机械装配前，应按要求清理工作现场，准备安装图纸及工具，安排装配流程。

组装输送带设备分两步，首先完成皮带输送机的组装，然后再组装终端设备。

1. 电动机安装注意事项

不断调整电动机的高度、垂直度，直到电动机与输送带同轴，安装完成后，用手转动连接轴，看是否有卡住现象。

机械组装完成后，应清理工作台面，保持台面无杂物及多余部件。

2. 电气接线

电气接线前，必须按照要求检查电源，确保电源在断开状态下，才能开始接线。准备好接线图、工具、线号管，计划电气连接流程，按照流程完成电气接线工作。

接线过程每一根接线应套有线号管，线号管的标注应朝向一个方向。严格按照接线图接线，完成后用万用表检查接线，重点检查电源接线，确保没有短路现象。

安装完成后，清理工作台面，保证工作台上无多余部件，没有螺丝刀等安装工具，工具应放入工具箱内。

六、输送带设备调试

设备调试前，按照要求清理工作台面，保证无多余工具、部件，无裸露线头，检查机械装配、电气连线，确认其正确性、可靠性。计划调试流程，按照调试流程完成调试工作。

1.PLC 静态调试

只给 PLC 模块供电，断开变频器模块电源。输入 PLC 程序，编译后下载到 PLC 中，将 PLC 拨动开关打到运行状态，观察 PLC 上输入、输出指示灯变化，分析与工作任务是否一致。

2. 联机调试

接通 PLC、模块电源，按照任务书要求逐条检查。发现问题，判断是硬件故障还是软件问题，进行检修处理，重新调试，直到实现任务书全部功能。

任务七 G120 变频器与交流电机接线及参数设定与调试

一、变频器硬件

1.CU240 控制单元

CU240 控制单元型号，如表 2-6 所示。

表 2-6 CU240 控制单元型号

<table>
<tr><td rowspan="3"></td><td colspan="4"></td><td colspan="2">带集成的安全保护功能的控制单元</td></tr>
<tr><td colspan="2"></td><td colspan="4">带集成的现场总线的控制单元</td></tr>
<tr><td>CU240E</td><td>CU240S</td><td>CU240S DP</td><td>CU240S PN</td><td>CU240S DP−F</td><td>CU240S PN−F</td></tr>
<tr><td></td><td>经济型
在功能上与CU240S相网，但是没有编码器接口，网时1/0也更少。</td><td>控制单元CU240S支持基于15485的U5通讯。</td><td>基于控制单元CUR40S并集成了PROFIBUSDP通讯接口。</td><td>基于控制单元CU240S并集成了PROFINET通讯楼口。</td><td>基于控制单元CU240S并集成了PROFIBUSDP通讯接口，并且内置了由端子或PROFIisafe控制的安全保护功能。</td><td>基于控制单元CU24OS并集成了PROFINEr通讯接口，并且内置了由端子或PROFisafo控制的安全保护功能。，</td></tr>
</table>

2.PM240 功率单元

PM240 功率单元，如图 2-51 所示。

对于不同的电源电压,在0.37 kW和250 kW的功率范围内有多种可选的功率模块。根据功率模块所采用的再生能量释放模式又可以分为

- 回馈给电网 (高效馈电技术) 或
- 直流母线存储或者释放到外部的制动电阻。

可选的功率模块概述

根据输出功率的不同，功率模块分为不同的外形尺寸，可能的外形尺寸从FSA到FSGX。

		FSA	FSB	FSC	FSD	FSE	FSF	FSGX
PM240 3相，400V AC		0.37 kW … 1.5 kW	2.2 kW … 4kW	7.5 kW … 15 kW	18.5 kW … 30 kW	37 kW … 45 kW	55 kW … 132 kW	160 kW … 250 kW
	带内置A级进线滤波器	○	●	●	●	●	◑ 1)	◑ 2)
	带内置制动单元	●	●	●	●	●	●	◑ 2)

● = 可选; ○ = 不可选; ◑ = 部分可选;

1) PM240 功率模块, 110 kW级以上, 只有不带内置A级滤波器的选型。但是您可以选配一个外置的 A 级滤波器选件。

2) PM240 FSGX 功率模块不提供任何内置的选件，但是提供包括进线电抗器, 进线滤波器, 输出电抗器, 正弦波滤波器, 制动单元, 制动电阻和抱闸继电器等的外置可选件。

图 2-51 PM240 功率单元图

二、预定义接口宏概述

SINAMICS G120 为满足不同的接口定义提供了多种预定义接口宏，每种宏对应着一种接线方式。选择其中一种宏后变频器会自动设置与其接线方式相对应的一些参数，这样方便了用户的快速调试。

1. 在选用宏功能时请注意以下两点

（1）如果其中一种宏定义的接口方式完全符合您的应用，那么按照该宏的接线方式设计原理图，并在调试时选择相应的宏功能即可方便的实现控制要求。

（2）如果所有宏定义的接口方式都不能完全符合您的应用，那么请选择与您的布线比较相近的接口宏，然后根据需要来调整输入 / 输出的配置。通过参数 P0015 修改宏，修改 P0015 参数步骤：一是设置 P0010=1；二是修改 P0015；三是设置 P0010=0。

> **注意:** 只有在设置 P0010=1 时才能更改 P0015 参数。

CU240E-2 定义了 18 种宏：宏值表如表 2-7 所示。

表 2-7 CU240E-2 宏值表

宏编号	宏功能	CU240E -2	CU240E -2F	CU240E -2DP	CU240E -2DPF
1	双方向两线控制，两个固定转速	X	X	X	X
2	单方向两个固定转速，预留安全功能	X	X	X	X
3	单方向四个固定转速	X	X	X	X
4	现场总线 PROFIBUS	--	--	X	X
5	现场总线 PROFIBUS，预留安全功能	--	--	X	X
6	现场总线 PROFIBUS，预留两项安全功能	--	--	--	X
7	现场总线 PROFIBUS，控制和点动切换	--	--	X(默认)	X(默认)
8	电动电位器（MOP）	X	X	X	X
9	电动电位器（MOP）	X	X	X	X
13	端子启动模拟量调速，预留安全功能	X	X	X	X
14	现场总线 PROFIBUS 控制和电动电位器（MOP）切换	--	--	X	X
15	模拟给定和电动电位器（MOP）切换	X	X	X	X
12	端子启动模拟量调速	X（默认）	X（默认）	X	X
17	双方向两线制控制，模拟量调速（方法 2）	X	X	X	X
18	双方向两线制控制，模拟量调速（方法 3）	X	X	X	X
19	双方向两线制控制，模拟量调速（方法 1）	X	X	X	X
20	双方向两线制控制，模拟量调速（方法 2）	X	X	X	X
21	现场总线 USS 控制	X	X	--	--

X：支持；--：支持

2. 宏程序 1- 双方向两线制控制两个固定转速

（1）起停控制：变频器采用两线制控制方式，电机的起停、旋转方向通过数字量输入控制，接线图如图 2-52 所示。

（2）速度调节：通过数字量输入选择，可以设置两个固定转速，数字量输入 DI4 接通时采用固定转速 1，数字量输入 DI5 接通时采用固定转速 2。DI4 与 DI5 同时接通时采用固定转速 1+ 固定转速 2。P1003 参数设置固定转速 1，P1004 参数设置固定转速 2。

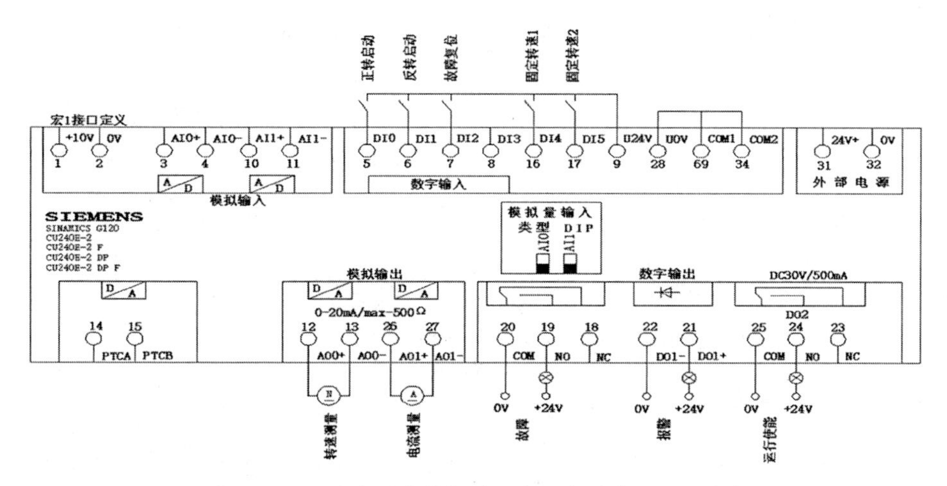

图 2-52　双方向两线制控制两个固定转速变频器接线图

与宏 1 相关需要手动设置的参数如表 2-8 所列：

表 2-8　设置宏 1 变频器自动设置的参数表

参数号	参数值	说明	参数组
P840[01]	3333.0	由 2 线制信号启动变频器	CDSO
P11130]	3333.1	由 2 线制信号反转	CDSO
P3330001	r722.0	数字最输入 DI0 作为 2 线制 – 止转启动命，	CDSO
P3331[0]	r722.1	数字量输入 DI1 作为 2 线制反转启动命念	CIDSO
P2103[01]	r722.2	数字量输入 DI2 作为故障复位命令	CDSO
P1022[01]	r722.4	数字量输入 DI4 作为固定转速 1 选择	CDSO
P1023[01]	r722.5	数字最输入 D15 作为固定转速 2 选择	CDSO
P1070001	r1024	转速固定设定值作为工设定值	CDSO

3. 宏程序 2- 单方向两个固定转速预留安全功能，参数表如表 2-9 所示。

表 2-9　与宏 1 相关需要手动设置的参数表

参数号	缺省值	说明	单位
P1003[0]	0.0	固定转速 1	rpm
P1004[0]	0.0	固定转速 2	rpm

（1）起停控制：电机的起停通过数字量输入 DI0 控制，接线图如图 2-53 所示。

（2）速度调节：转速通过数字量输入选择，可以设置两个固定转速，数字量输入 DI0 接通时选择固定转速 1；数字量输入 DI1 接通时选择固定转速 2；多个 DI 同时接通将多个固定转速相加。P1001 参数设置固定转速 1，P1002 参数设置固定转速。

> **注意**：DI0 同时作为起停命令和固定转速 1 选择命令，也就是任何时刻固定转速 1 都会被选择。

安全功能：DI4 和 DI5 预留用于安全功能。

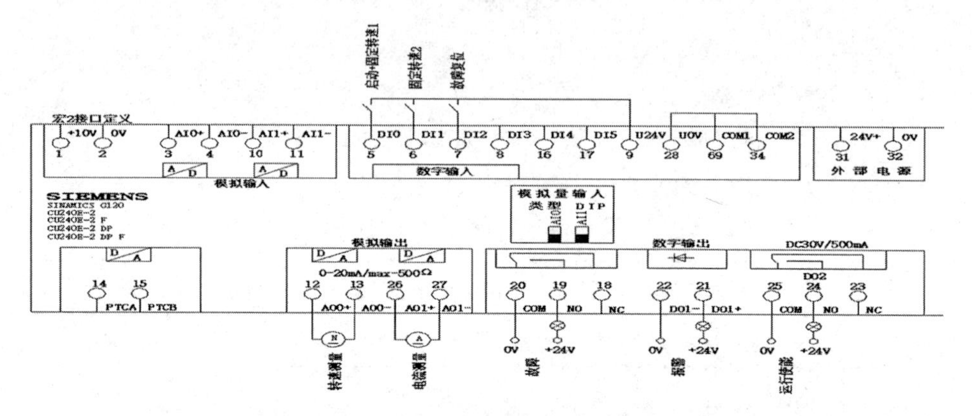

图 2–53　单方向两个固定转速预留安全功能接线图

设置宏 2 变频器自动设置的参数如表 2–10 所列：

表 2–10　设置宏 2 变频器自动设置的参数表

参数号	参数值	说明	参数组
P840[0]	r722.0	数字量输入 DI0 作为启动命令	CDSO
P1020[0]	r722.0	数字量输入 DI0 作为固定转速 1 选择	CDSO
P1021[01	r722.1	数字量输入 DI1 作为固定转速 2 选择	CDSO
P2103[01	r722.2	数字量输入 DI2 作为故障复位命令	CDSO
P1070[0]	r1024	转速固定设定值作为主设定值	CDSO

与宏 2 相关需要手动设置的参数如表 2–11 所列：

表 2–11　与宏 2 相关需要手动设置的参数表

参数号	缺省值	说明	单位
P1001[0]	0.0	固定转速 1	rpm
P1002[0]	0.0	固定转速 2	rpm

4. 宏程序 3- 单方向四个固定转速

（1）起停控制：电机的起停通过数字量输入 DI0 控制。

（2）速度调节：转速通过数字量输入选择，可以设置四个固定转速，数字量输入 DI0 接通时采用固定转速。

①数字量输入 DI1 接通时采用固定转速

②数字量输入 DI4 接通时采用固定转速

③数字量输入 DI5 接通时采用固定转速

④多个 DI 同时接通将多个固定转速相加。

P1001 参数设置固定转速

① P1002 参数设置固定转速

② P1003 参数设置固定转速

③ P1004 参数设置固定转速

④注意：DI0 同时作为起停命令和固定转速 1 选择命令，也就是任何时刻固定转速 1 都会被选择。

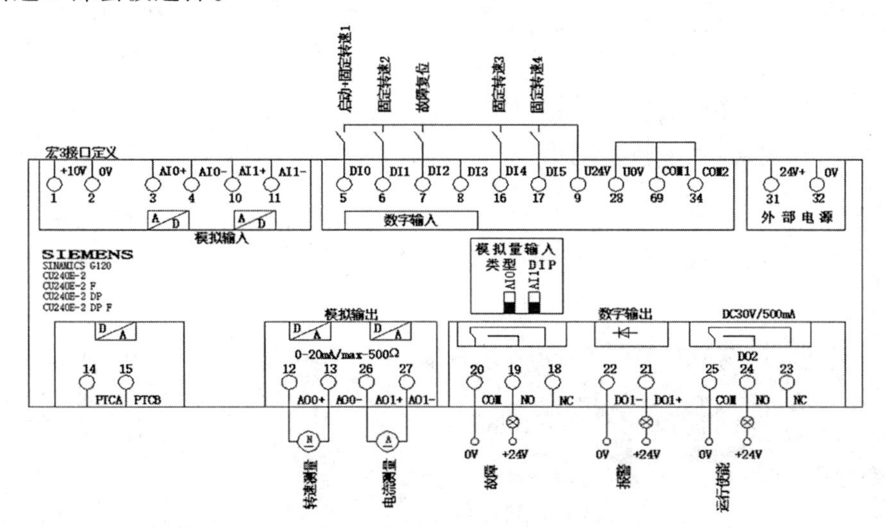

图 2-54　单方向四个固定转速接线图

设置宏 3 变频器自动设置的参数如表 2-12 所列：

表 2-12　设置宏 3 变频器自动设置的参数表

参数号	参数值	说明	参数组
P840[0]	r722.0	数字量输入 DI0 作为启动命令	CDSO
P102001	r722.0	数字量输入 DI0 作为固定转速 1 选择	CDSO
P1021[01	r722.1	数字最输入 DI1 作为固定转速 2 选择	CDSO

续表

参数号	参数值	说明	参数组
P1022（0]	r722.4	数字量输入 DI4 作为固定转速 3 选择	CDSO
P1023[01	r722.5	数字量输入 DI5 作为固定转速 4 选择	CDSO
P2103[0]	r722.2	数字量输入 DI2 作为故障复位命令	CDSO
P1070[0	r1024	转速固定设定值作为主设定值	CDSO

与宏 3 相关需要手动设置的参数如表 2–13 所列：

表 2–13　与宏 3 相关需要手动设置的参数表

参数号	缺省值	说明	单位
P1001（0]	0.0	固定转速 1	rpm
P1002[0]	0.0	固定转速 2	rpm
LrIUU5I[Uj	0.0	固疋转遇 3	rpm
[P1004[0]	0.0	固定转速 4	rpm

5. 宏程序 4– 现场总线 PROFIBUS 控制

（1）起停控制：电机的起停、旋转方向通过 PROFIBUS 通讯控制字控制，接线图如图 2–55 所示。

（2）速度调节：转速通过 PROFIBUS 通讯控制。

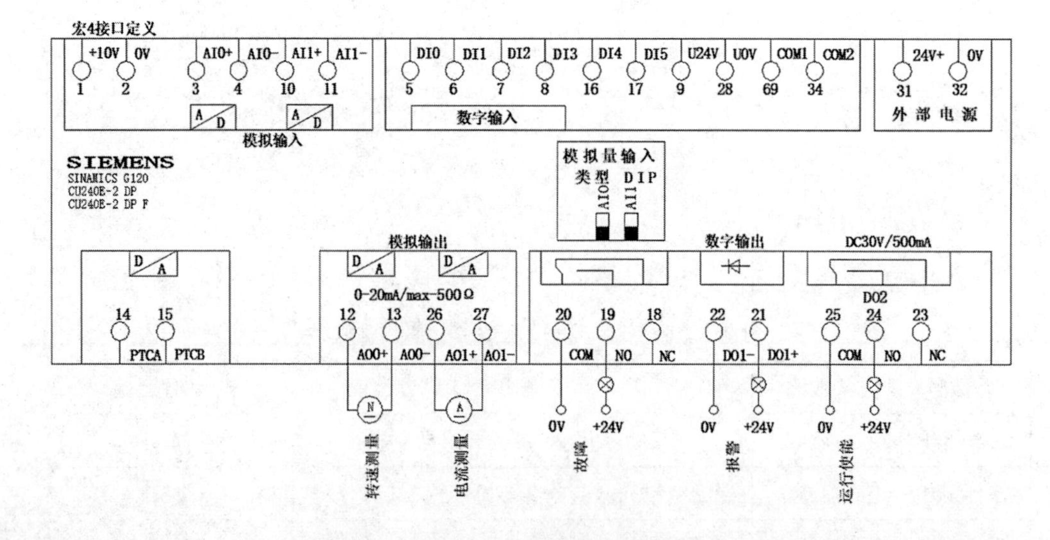

图 2–55　现场总线 PROFIBUS 控制接线图

设置宏 4 变频器自动设置的参数如表 2–14 所列：

表 2–14 设置宏 4 变频器自动设置的参数表

参数号	参数值	说明	参数组
P922	352	PLC 与变频器通讯采用 352 报文	
P1070[0]	r2050.1	变频器接收的第 2 个过程值作为速度设定值	CDSO
P2051[0]	r2089.0	变频器发送第 1 个过程值为状态字	
P2051[1]	r63.1	变频器发送第 2 个过程值为转速实际值	
P2051[2]	r68.1	变频器发送第 3 个过程值为电流实际值	
P2051[3]	r80.1	变频器发送第 4 个过程值为转矩实际值	
P2051[4]	r2132	变频器发送第 5 个过程值为报警编号	
P2051[5]	r2131	变频器发送第 6 个过程值为故障编号	

6. 宏程序 5- 现场总线 PROFIBUS 控制预留安全功能

（1）起停控制：电机的起停、旋转方向通过 PROFIBUS 通讯控制字控制，接线图如图 2–56 所示。

（2）速度调节：转速通过 PROFIBUS 通讯控制。

（3）安全功能：DI4 和 DI5 预留用于安全功能。

设置宏 5 变频器自动设置的参数如表 2–15 所列。

表 2–15 设置宏 5 变频器自动设置的参数表

参数号	参数值	说明	参数组
P922	352	PLC 与变频器通讯采用 352 报文	
P1070[0]	r2050.1	变频器接收的第 2 个过程值作为速度设定值	CDSO
P2051[0]	r2089.0	变频器发送第 1 个过程值为状态字	
P2051[1]	r63.1	变频器发送第 2 个过程值为转速实际值	
P2051[2]	r68.1;	变频器发送第 3 个过程值为电流实际值	
P20513]	r80.1	变频器发送第 4 个过程值为转矩实际值	
P2051[4]	r2132	变频器发送第 5 个过程值为报警编号	
P2051[5]	r2131	变频器发送第 6 个过程值为故障编号	

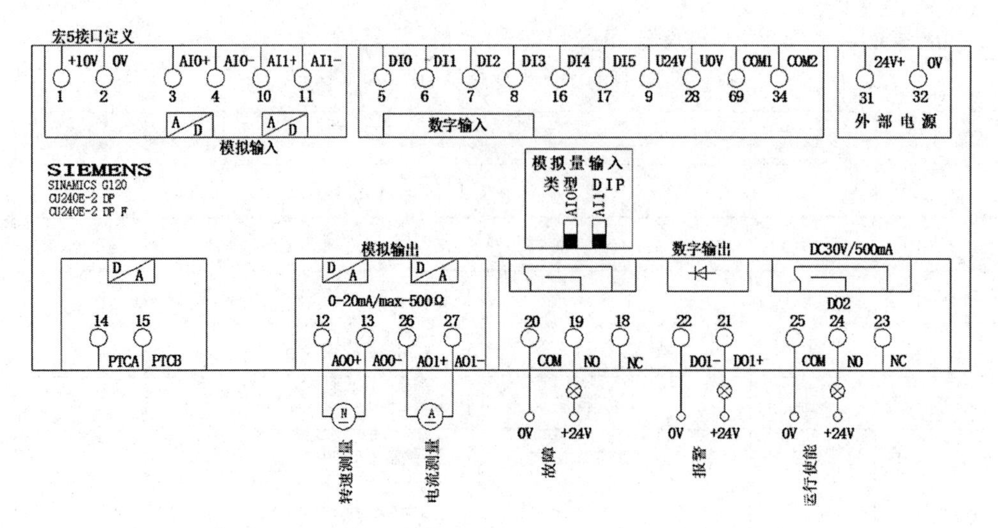

图 2-56　现场总线 PROFIBUS 控制预留安全功能接线图

7. 宏程序 6- 现场总线 PROFIBUS 控制预留两项安全功能

（1）起停控制：电机的起停、旋转方向通过 PROFIBUS 通讯控制字控制，接线图如图 2-57 所示。

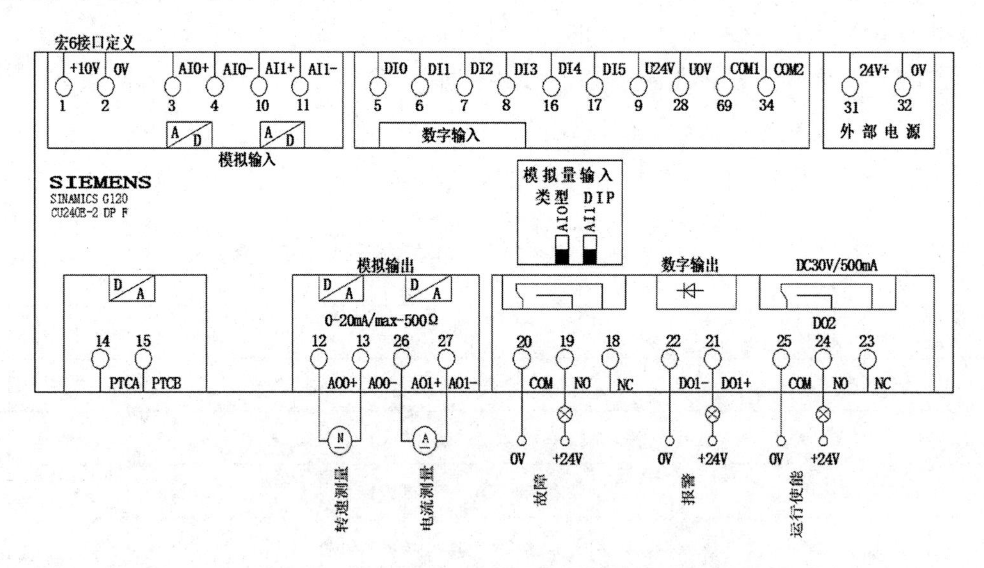

图 2-57　现场总线 PROFIBUS 控制预留两项安全功能接线图

（2）速度调节：转速通过 PROFIBUS 通讯控制。

（3）安全功能：DI0 和 DI1、DI4 和 DI5 预留用于安全功能。

设置宏 6 变频器自动设置的参数如表 2-16 所列：

表 2–16　设置宏 6 变频器自动设置的参数表

参数号	参数值	说明	参数组
P922	1	PLC 与变频器通讯采用标准报文 1	
P1070[（0]	r2050.1	变频器接收的第 2 个过程值作为速度设定值	CDSO
P2051[0]	r2089.0	变频器发送第 1 个过程值为状态字	
P2051[1]	r63.0	变频器发送第 2 个过程值为转速实际值	

8. 宏程序 7– 现场总线 PROFIBUS 控制和点动切换

（1）描述：变频器提供两种控制方式，通过数字量输入 DI3 切换控制方式，DI3 断开为远程控制，DI3 接通为本地控制，接线图如图 2–58 所示。

（2）远程控制：电机的起停、旋转方向、速度设定值通过 PROFIBUS 总线控制。

（3）本地控制：数字量输入 DI0、DI1 控制点动 JOG1 和点动 JOG2，点动速度在 P1058、P1059 中设置。

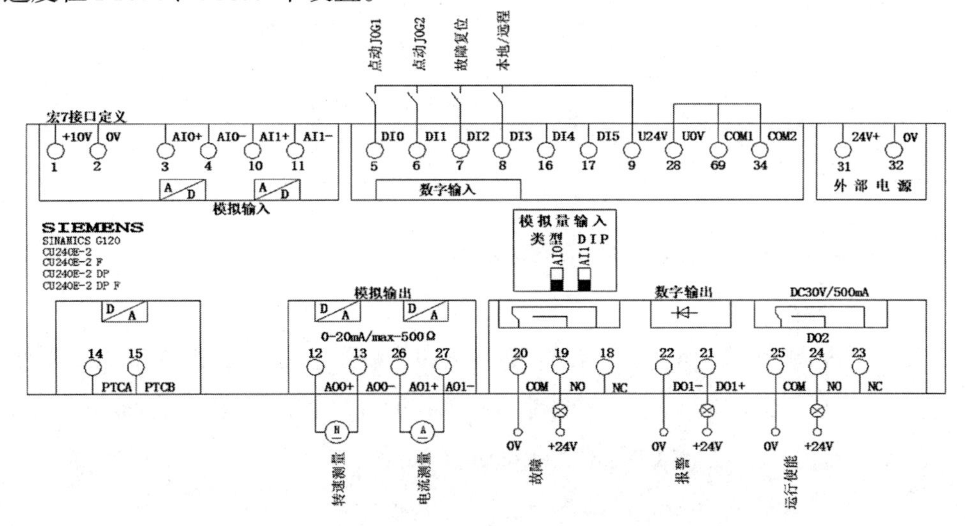

图 2–58　现场总线 PROFIBUS 控制和点动切换接线图

设置宏 7 变频器自动设置的参数如表 2–17 所列：

表 2–17　设置宏 7 变频器自动设置的参数表

参数号	参数值	说明	备注
P922	1	PLC 与变频湘通讯采用标准报文 1	
P1070[01]	r2050.1	远程控制：交频器接收的第 2 个过程值作为速度设定值	CDSO

续表

参数号	参数值	说明	备注
P10701	0	不地控制，术定义	CDS1
P2103[01]	r2090.7_	远程控制，PROFIBUS 控制字第 7 位作为故障复位命令	CDSO
P2103[1]	r722.2	本地控制。数字量输入 DI2 作为故障复位命令	CDS1
P2014[01]	r722.2	远程控制：数字最输入 DI2 作为故障复位命令	CDSO
P1055[01]	0	远程控制。定义	CDSO
P1055[11]	r722.0	本地控制：数字最输入 DI0 作为人动 JOG1 命令	CDS1
P1056[01]	0	远程控制：术定 Z	CDSO
P1056[11]	r722.1	本地控制：数字量输入 DI1 作为点动 JOG2 命令	CDS1
P810	r722.3	数字量输入 DI3 作为本地 / 远程切换命令	

与宏 7 相关需要手动设置的参数如表 2–18 所列：

表 2–18　与宏 7 相关需要手动设置的参数表

参数号	缺省直	说明	单位
P1058	150.0	点动 JOG1 速度	rpm
P1059	−150.0	点动 JOG2 速度	rpm

9. 宏程序 8– 电动电位器（MOP）预留安全功能

（1）起停控制：电机的起停通过数字量输入 DI0 控制。

（2）速度调节：转速通过电动电位器（MOP）调节，数字量输入 DI1 接通电机正向升速（或反向降速），数字量输入 DI2 接通电机正向降速（或反向升速）。

（3）安全功能：DI4 和 DI5 预留用于安全功能。

设置宏 8 变频器自动设置的参数如表 2–19 所列：

表 2–19　设置宏 8 变频器自动设置的参数表

参数号	参数值	说明	参数组
P840[0]	r722.0	数字量输入 DI0 作为启动命令	CDSO
P1035[0]	r722.1	数字量输入 DI1 作为 MOP 正向升速命令（或反向降速）	CDSO
P1036[0]	r722.2	数字量输入 DI2 作为 MOP 反向降速命令（或正向升速）	CDSO
P2103[0]	r722.3	数字量输入 DI3 作为故障复位命令	CDSO

续表

参数号	参数值	说明	参数组
P1070[0]	r1050	电动电位器（MOP）设定值作为主设定值	CDSO

与宏 8 相关需要手动设置的参数如表 2–20 所列：

表 2–20　与宏 8 相关需要手动设置的参数表

参数号	缺省值	说明	单位
P1037	1500.0	电动电位器（MOP）正向最大转速	rpm
P1038	−1500.0	电动电位器（MOP）反向最大转速	rpm
P1040	0.0	电动电位器（MOP）初始转速	rpm

10. 宏程序 9– 电动电位器（MOP）如表 2–21 所示

（1）起停控制：电机的起停通过数字量输入 DI0 控制。

（2）速度调节：转速通过电动电位器（MOP）调节，数字量输入 DI1 接通电机正向升速（或反向降速），数字量输入 DI2 接通电机正向降速（或反向升速）。

表 2–21　设置宏 9 变频器自动设置的参数表

参数号	参数值	说明	参数组
P840[0]	r722.0	数字量输入 DI0 作为启动命令	CDSO
P1035[0]	r722.1	数字量输入 DI1 作为 MOP 正向升速命令（或反向降速）	CDSO
P1036[0]	r722.2	数字量输入 DI2 作为 MOP 反向降速命令（或正向升速）	CDSO
P2103[0]	r722.3	数字量输入 DI3 作为故障复位命令	CDSO
P1070[0]	r1050	电动电位器（MOP）设定值作为主设定值	CDS0

与宏 9 相关需要手动设置的参数如表 2–22 所列：

表 2–22　与宏 9 相关需要手动设置的参数表

参数号	缺省值	说明	单位
P1037	1500.0	电动电位器（MOP）正向最大转速	rpm
P1038	−1500.0	电动电位器（MOP）反向最大转速	rpm
P1040	0.0	电动电位器（MOP）初始转速	rpm

11. 宏程序 12- 端子启动模拟量调速

（1）起停控制：电机的起停通过数字量输入 DI0 控制，数字量输入 DI1 用于电机反向。

（2）速度调节：转速通过模拟量输入 AI0 调节，AI0 默认为 -10V~+10V 输入方式。

设置宏 12 变频器自动设置的参数如表 2-23 所列：

表 2-23 设置宏 12 变频器自动设置的参数表

参数号	参数值	说明	参数组
P840[0]	r722.0	数字量输入 DI0 作为启动命令	CDSO
P1113[0]	r722.1	数字量输入 DI1 作为电机反向命令	CDSO
P2103[0]	r722.2	数字量输入 DI3 作为故障复位命令	CDSO
P1070[0]	r755.0	模拟量 AI0 作为主设定值	CDSO

与宏 12 相关需要手动设置的参数如表 2-24 所列：

表 2-24 与宏 12 相关需要手动设置的参数表

参数号	缺省值	说明	单位
P756[0]	4	模拟量输入 AI0：类型 -10V~+10V	
P757[0]	0.0	模拟量输入 AI0：标定 X1 值	V
P758[0]	0.0	模拟量输入 AI0：标定 Y1 值	%
P759[0]	10.0	模拟量输入 Al0：标定 X2 值	V
P760[0]	100.0	模拟量输入 AI0：标定 Y2 值	%

12. 宏程序 13- 端子启动模拟量调速预留安全功能

（1）起停控制：电机的起停通过数字量输入 DI0 控制，数字量输入 DI1 用于电机反向。

（2）速度调节：转速通过模拟量输入 AI0 调节，AI0 默认为 -10V~+10V 输入方式。

（3）安全功能：DI4 和 DI5 预留用于安全功能。

设置宏 13 变频器自动设置的参数如表 2-25 所列：

表 2-25 与宏 13 相关需要手动设置的参数表

参数号	参数值	说明	参数组
P840[0]	r722.0	数字量输入 DI0 作为启动命令	CDSO
P1113[0]	r722.1	数字量输入 DI1 作为电机反向命令	CDSO
P2103[0]	r722.2	数字量输入 DI2 作为故障复位命令	CDSO

续表

参数号	参数值	说明	参数组
P1070[0]	r755.0	模拟量 AI0 作为主设定值	CDSO

与宏 13 相关需要手动设置的参数如表 2–26 所列：

表 2–26　设置宏 13 变频器自动设置的参数表

参数号	缺省值	说明	单位
P756[0]	4	模拟量输入 AI0：类型 −10V~+10V	
P757[0]	0.0	模拟量输入 AI0：标定 X1 值	V
P758[0]	0.0	模拟量输入 AI0：标定 Y1 值	%
P759[0]	10.0	模拟量输入 AI0：标定 X2 值	V
P760[0]	100.0	模拟量输入 AI0：标定 Y2 值	%

13. 宏程序 14– 现场总线 PROFIBUS 控制和电动电位器（MOP）切换

（1）描述：变频器提供两种控制方式，通过 PROFIBUS 控制字第 15 位切换控制方式，第 15 位为 0 时为远程控制，第 15 位为 1 时为本地控制。

（2）远程控制：电机的起停、旋转方向、速度设定值通过 PROFIBUS 总线控制。

（3）本地控制：电机的起停通过数字量输入 DI0 控制。转速通过电动电位器（MOP）调节，数字量输入 DI4 接通电机正向升速（或反向降速），数字量输入 DI5 接通电机正向降速（或反向升速）。

无论远程控制还是本地控制，数字量输入 DI1 断开时都会触发变频器外部故障。

与宏 14 相关需要手动设置的参数如表 2–27 所列：

表 2–27　与宏 14 相关需要手动设置的参数表

参数号	缺省值	说明	单位
P1037	1500.0	电动电位器（MOP）正向最大转速	rpm
P1038	−1500.0	电动电位器（MOP）反向最大转速	rpm
P1040	0.0	电动电位器（MOP）初始转速	rpm
P1035[1]	r722.4	本地控制：数字量输入 DI4 作为 MOP 正向升速命令（或反向降速）	CDS1
P1036[0]	0	远程控制：未定义	CDSO
P1036[1]	r722.5	本地控制：数字量输入 DI5 作为 MOP 正向降速命令（或反向升速）	CDS1
P810	r2090.15	PROFIBUS 控制字第 15 位作为远程 / 本地切换命令	

续表

参数号	缺省值	说明	单位
P2051[0]	r2089.0	变频器发送第 1 个过程值为状态字	
P2051[1]	r63.1	变频器发送第 2 个过程值为转速实际值	
P2051[2]	r68.1	变频器发送第 3 个过程值为电流实际值	
P2051[3]	r80.1	变频器发送第 4 个过程值为转矩实际值	
P2051[4]	r82.1	变频器发送第 5 个过程值为当前有功功率	
P2051[5]	r3113	变频器发送第 6 个过程值为故障字	

设置宏 14 变频器自动设置的参数如表 2–28 所列：

表 2–28　设置宏 14 变频器自动设置的参数表

参数号	参数值	说明	备注
P922	20	PLC 与变频器通讯采用标准报文 20	
P1070[0]	r2050.1	远程控制：变频器接收的第 2 个过程值作为速度设定值	CDSO
P1070[U	r1050	本地控制：电动电位器（MOP）设定值作为主设定值	CDS1
P840[0]	r2090.0	远程控制：PROFIBUS 控制字第 0 位作为启动命令	CDSO
P840[1]	r722.0	本地控制：数字量输入 DI0 作为启动命令	CDS1
P2106[0]	r722.1	远程控制：数字量输入 DI1 断开触发外部故障	CDSO
P2106[1]	r722.1	本地控制：数字量输入 DI1 断开触发外部故障	CDS1
P2103[0]	r2090.7	远程控制：PROFIBUS 控制字第 7 位作为故障复位命令	CDSO
P2103[1]	r722.2	本地控制：数字量输入 DI2 作为故障复位命令	CDS1
P1035[0]	0	远程控制：未定义	CDSO

14. 宏程序 15– 模拟量给定和电动电位器（MOP）给定切换

（1）描述：变频器提供两种控制方式，通过数字量输入 DI3 切换控制方式，DI3 断开为远程控制，DI3 接通为本地控制。

（2）远程控制：电机的起停通过数字量输入 DI0 控制。转速通过模拟量输入 AI0 调节，AI0 默认为 –10V~+10V 输入方式。

（3）本地控制：电机的起停通过数字量输入 DI0 控制。转速通过电动电位器（MOP）调节，数字量输入 DI4 接通电机正向升速（或反向降速），数字量输入 DI5 接通电机正向降速（或反向升速）。无论远程控制还是本地控制，数字量输入 DI1 断开时都会触发变频器外部故障。

设置宏 15 变频器自动设置的参数如表 2–29 所列：

表 2–29　设置宏 15 变频器自动设置的参数表

参数号	参数值	说明	参数组
P840[0]	r722.0	远程控制：数字量输入 DI0 作为启动命令	CDS0
P840[1]	r722.0	本地控制：数字量输入 DI0 作为启动命令	CDS1
P2106[0]	r722.1	远程控制：数字量输入 DI1 断开触发外部故障	CDSO
P2106[1]	r722.1	本地控制：数字量输入 DI1 断开触发外部故障	CDS1
P2103[0]	r722.2	远程控制：数字量输入 DI2 作为故障复位命令	CDS0
P2103[1]	r722.2	本地控制：数字量输入 DI2 作为故障复位命令	CDS1
P1035[0]	0	远程控制：未定义	CDSO
P1036[1]	r722.5	本地控制：数字量输入 DI5 作为 MOP 反向降速命令（或正向升速）	CDS1
P810	r722.3	数字量输入 DI3 作为本地 / 远程切换命令	
P1070[0]	r755.0	远程控制：模拟量 AI0 作为主设定值	CDSO
P1070[1]	r1050	本地控制：电动电位器（MOP）设定值作为主设定值	CDS1

与宏 15 相关需要手动设置的参数如表 2–30 所列：

表 2–30　与宏 15 相关需要手动设置的参数表

参数号	缺省值	说明	单位
P1037	1500.0	电动电位器（MOP）正向最大转速	rpm
P1038	−1500.0	电动电位器（MOP）反向最大转速	rpm
P1040	0.0	电动电位器（MOP）初始转速	rom

15. 宏程序 17 – 双方向两线制控制模拟量调速（方法 2）

（1）起停控制：电机正转启动通过数字量输入 DI0 控制，电机反转启动通过数字量输入 DI1 控制。

（2）速度调节：转速通过模拟量输入 AI0 调节，AI0 默认为 −10V~+10V 输入方式。

设置宏 17 变频器自动设置的参数如表 2–31 所列：

表 2-31　设置宏 17 变频器自动设置的参数表

参数号	参数值	说明	参数组
P840[0]	r3333.0	由 2 线制信号启动变频器	CDSO
P1113[0]	r3333.1	由 2 线制信号反转	CDSO
P3330[0]	r722.0.	数字量输入 DI0 作为 2 线制 – 正转启动命令	CDSO
P3331[0]	r722.1	数字量输入 DI1 作为 2 线制 – 反转启动命令	CDSO
P2103[0]	r722.2	数字量输入 DI2 作为故障复位命令	CDSO
P1070[0]	r755.0	模拟量 AI0 作为主设定值	CDSO

与宏 17 相关需要手动设置的参数如表 2-32 所列：

表 2-32　与宏 17 相关需要手动设置的参数表

参数号	缺省值	说明	单位
P756[0]	4	模拟量输入 AI0：类型 −10V~+10V	
P757[0]	0.0	模拟量输入 AI0：标定 X1 值	V
P758[01	0.0	模拟量输入 AI0：标定 Y1 值	%
P759[0]	10.0	模拟量输入 AI0：标定 X2 值	V
P760[0]	100.0	模拟量输入 AI0：标定 Y2 值	%

宏 17 两线制控制（方法 2）特点：变频器只能在电机停止时接受新的启动命令，如果正转启动和反转启动同时接通电机按照之前的旋转方向旋转。

16. 宏程序 18 – 双方向两线制控制模拟量调速（方法 3）

（1）起停控制：电机正转启动通过数字量输入 DI0 控制，电机反转启动通过数字量输入 DI1 控制。

（2）速度调节：转速通过模拟量输入 AI0 调节，AI0 默认为 –10V~+10V 输入方式。

宏 18 两线制控制（方法 3）特点：变频器可以在任何时刻接受新的启动命令，如果正转启动和反转启 动同时接通电机将按照 OFF1 斜坡停止。

设置宏 18 变频器自动设置的参数如表 2-32 所列：

表 2-33　设置宏 18 变频器自动设置的参数表

参数号	参数值	说明	参数组
P840[0]	r3333.0	由 2 线制信号启动变频器	CDSO

续表

参数号	参数值	说明	参数组
P1113[0]	r3333.1	由 2 线制信号反转	CDSO
P3330[0]	r722.0	数字量输入 DI0 作为 2 线制 – 正转启动命令	CDSO
P3331[0]	r722.1	数字量输入 DI1 作为 2 线制 – 反转启动命令	CDSO
P2103[0]	r722.2	数字量输入 DI2 作为故障复位命令	CDSO
P1070[0]	r755.0	模拟量 AI0 作为主设定值	CDSO

与宏 18 相关需要手动设置的参数如表 2–34 所列：

表 2–34　与宏 18 相关需要手动设置的参数表

参数号	缺省值	说明	单位
P756[0]	4	模拟量输入 AI0：类型 –10V~+10V	
P757[0]	0.0	模拟量输入 AI0：标定 X1 值	V
P758[0]	0.0	模拟量输入 AI0：标定 Y1 值	%
P759[0]	10.0	模拟量输入 AI0：标定 X2 值	V
P760[0]	100.0	模拟量输入 AI0：标定 Y2 值	%

17. 宏程序 19 – 双方向三线制控制模拟量调速（方法 1）

（1）起停控制：三线制控制方式，电机起停使用不同的信号。数字量输入 DI0 断开时电机停止，数字量输入 DI1（脉冲）正转启动电机，数字量输入 DI2（脉冲）反转启动电机。

（2）速度调节：转速通过模拟量输入 AI0 调节，AI0 默认为 –10V~+10V 输入方式。

设置宏 19 变频器自动设置的参数如表 2–35 所列：

表 2–35　设置宏 19 变频器自动设置的参数表

参数号	参数值	说明	参数组
P840[0]	r3333.0	由 3 线制信号启动变频器	CDSO
P1113[0]	r3333.1	由 2 线制信号反转	CDSO
P3330[01	r722.0	数字量输入 DI0 作为 3 线制 – 断开停止	CDSO
P3331[0]	r722.1	数字量输入 DI1 作为 3 线制 – 脉冲正转启动命令	CDSO

续表

参数号	参数值	说明	参数组
P3332[0]	r722.2	数字量输入 DI2 作为 3 线制 – 脉冲反转启动命令	CDSO
P2103[0]	r722.4	数字量输入 DI4 作为故障复位命令	CDSO
P1070[01	r755.0	模拟量 AI0 作为主设定值	CDSO

与宏 19 相关需要手动设置的参数如表 2–36 所列：

表 2–36　与宏 19 相关需要手动设置的参数表

参数号	缺省值	说明	单位
P756[0]	4	模拟量输入 AI0：类型 –10V~+10V	
P757[0]	0.0	模拟量输入 AI0：标定 X1 值	V
P758[0]	0.0	模拟量输入 AI0：标定 Y1 值	%
P759[0]	10.0	模拟量输入 AI0：标定 X2 值	
P760[0]	100.0	模拟量输入 AI0：标定 Y2 值	%

18. 宏程序 20 – 双方向三线制控制模拟量调速（方法 2）

（1）起停控制：三线制控制方式，电机起停使用不同的信号。数字量输入 DI0 断开时电机停止，数字量输入 DI1（脉冲）正转启动电机，数字量输入 DI2 接通电机反向。

（2）速度调节：转速通过模拟量输入 AI0 调节，AI0 默认为 –10V~+10V 输入方式。

设置宏 20 变频器自动设置的参数如表 2–37 所列：

表 2–37　设置宏 20 变频器自动设置的参数表

参数号	参数值	说明	参数组
P840[0]	r3333.0	由 3 线制信号启动变频器	CDSO
P1113[0]	r3333.1	由 2 线制信号反转	CDSO
P3330[0]	r722.0	数字量输入 DI0 作为 3 线制 – 断开停止	CDSO
P3331[0]	r722.1	数字量输入 DI1 作为 3 线制 – 脉冲正转启动命令	CDS0
P3332[0]	r722.2	数字量输入 DI2 作为 3 线制 – 反向命令	CDSO
P2103[0]	r722.4	数字量输入 DI4 作为故障复位命令	CDSO
P1070[0]	r755.0	模拟量 AI0 作为主设定值	CDSO

与宏 20 相关需要手动设置的参数如表 2–38 所列：

表 2–38　与宏 20 相关需要手动设置的参数表

参数号	缺省值	说明	单位
P756[0]	4	模拟量输入 AI0：类型 −10V–+10V	
P757[0]	0.0	模拟量输入 AI0：标定 X1 值	V
P758[0]	0.0	模拟量输入 AI0：标定 Y1 值	%
P759[0]	10.0	模拟量输入 AI0：标定 X2 值	V
P760[0]	100.0	模拟量输入 AI0：标定 Y2 值	%

19. 宏程序 21 – 现场总线 USS 控制

（1）起停控制：电机的起停、旋转方向通过 USS 总线控制。

（2）速度调节：转速通过 USS 总线控制。

USS 通讯控制字和状态字与 PROFIBUS 通讯控制字和状态字相同。

设置宏 21 变频器自动设置的参数如表 2–39 所列：

表 2–39　设置宏 21 变频器自动设置的参数表

参数号	参数值	说明	参数组
P2104[0]	r722.2	数字量输入 DI2 作为第 2 个故障复位命令	CDSO
P1070[0]	r2050.1	变频器接收的第 2 个过程值作为速度设定值	CDSO
P2051[0]	r2089.0	变顿器发送第 1 个过程值为状态字	
P2051[1]	r63.0	变频器发送第 2 个过程值为转速实际值	

与宏 21 相关需要手动设置的参数如表 2–40 所列：

表 2–40　与宏 21 相关需要手动设置的参数表

参数号	缺省值	说明	单位
P2020	8	USS 通讯速率	
P2021	0	USS 通讯站地址	
P2022	2	USS 通讯 PZD 长度	
P2023	127	USS 通讯 PKW 长度	
P2040	100	总线接口监控时间	ms

三、PROFIBUS 报文结构及控制字和状态字

1. 报文结构（如表 2–41 所示）

表 2–41 报文结构表

报文类型 P922	过程数据					
	PZD1	PZD2	PZD3	PZD4	PZD5	PZD6
报文 1 PZD2/2	控制字	转速设定值				
	状态字	转速实际值				
报文 20 PZD2/6	控制字	转速设定值				
	状态字	转速实际值	电流实际值	转矩实际值	有功功率	故障字
报文 352 PZD6/6	控制字	转速设定值	预留			
	状态字	转速实际值	电流实际值	转矩实际值	报警编号	故障编号

2. 控制字（如表 2–42 所示）

表 2–42 控制字表

控制字位	数值	含义		参数设置
		报文 20	其他报文	
		OFF1 停车（P1121 斜坡）		P840=r2090.0
	1	启动		
1	0	OFF2 停车（自由停车）		P844=r2090.1
2		OFF3 停车（P1135 斜坡）		P848=r2090.2
3	0	脉冲禁止		P852=r2090.3
	1	脉冲使能		
	0	斜坡函数发生器禁止		P1140=r2090.4
	1	斜坡函数发生器使能		
5		斜坡函数发生器冻结		P1141=r2090.5
	1	斜坡函数发生器开始		
6	0	设定值禁止		P1142=r2090.6
	1	设定值使能		
7	1	上升沿故障复位		P2103=r2090.7

续表

控制字位	数值	含义		参数设置
		报文 20	其他报文	
8		未用		
9		未用		
10	1	不由 PLC 控制（过程值被冻结）		P854=r2090.10
		由 PLC 控制（过程值有效）		
11	1		设定值反向	P1113=r2090.11
12		未用		
13	1	--	MOP 升速	P1035=r2090.13
14	1	---	MOP 降速	P1036=r2090.14
15	1	CDS 位 0	未使用	P810=r2090.15

3. 常用控制字

① 047E（16 进制）– OFF1 停车

② 047F（16 进制）– 正转启动

③ 0C7F（16 进制）– 反转启动

④ 04FE（16 进制）– 故障复位

4. 状态字（如表 2–43 所示）

表 2–43 状态字表

状态字位	数值	含义		参数设置
		报文 20	其他报文	
	1	接通就绪		P2080[0]=r899.0
1	1	运行就绪		P2080[1]=r899.1
2	1	运行使能		P2080[2]=r899.2
3	1	变频器故障		P2080[3]=r2139.3
	0	OFF2 激活		P2080[4]=r899.4
5	0	OFF3 激活		P2080[5]=r899.5
6	1	禁止合闸		P2080[6]=r899.6
7	1	变频器报警		P2080[7]=r2139.7

续表

状态字位	数值	含义		参数设置
		报文 20	其他报文	
8	0	设定值 / 实际值在偏差过大		P2080[8]=r2197.7
	1	PZD（过程数据）控制		P2080[9]=r899.9
10	1	达到比较转速（P2141）		P2080[10]=r2199.1

四、变频器调试简单步骤

1. 恢复出厂设定

（1）步骤 1（如表 2–44 所示）：

表 2–44　恢复出厂设定步骤 1 表

参数或操作	描述
P0003=1	1：标准级
P0010=1	1：工厂设定 – 启动工厂设定
P0970=1	1：恢复参数到工厂设定
操作面板显示“BUSY”STARTER 将显示进度条	如果恢复工厂设定完成，P0970 和 P0010 重新设定为 0，并且 BOP 回到标准的显示。

（2）步骤 2（如表 2–45 所示）：

表 2–45　恢复出厂设定步骤 2 表

参数或操作	描述
P0003=3	3：专家级
P0971=1	从 RAM 传输数据到 EEPROM， 0：禁用；1：开始数据传输，RAM → EEPROM 所有的参数的修改都将从 RAM 传输到 EEPROM，在进行数据传输时，操作面板将显示“BUSY”，当传输结束后，P970 将从内部置“0”，并且显示“P0970”。

2. 快速调试流程（如表 2–46 所示）

表 2–46　快速调试流程表

参数或操作	描述
P0003=3	3：专家级

续表

参数或操作	描述
P0010=1	1：快速调试
P0300=1	1：异步电机
P0304=？	电机额定电压（V），必须与电机接线方式匹配
P0305=？	电机额定电流（A）
P0307=？	电机额定功率（KW）
P0308=？	电机额定功率因数
P0310=50	电机额定频率（Hz）
P0311=？	电机额定转速（RPM）
P0335=？	0：自冷方式，安装在电机轴上的风扇同电机转动进行冷却 1：强制风冷：冷却风扇采用独立的供电电源
P0400=？	0：无编码器；1：增量式编码器，无零脉冲； 2：增量式编码器，有零脉冲
P0408=？	编码器每转脉冲数（默认 1024）
P0700=1	命令源的选择 0：工厂默认设置；1：OP 操作面板；2：端子控制； 4：RS232 口上的 USS；5：RS485 口上的 USS；6：现场总线
P0727=1	2/3 线制的选择　　1：2- 线制
P1000=3	设定值来源的选择 0：无主设定值；1：MOP 设定值；2：模拟量设定值；3：固定频率 4：RS232 口上的 USS；5：RS485 口上的 USS；6：现场总线； 7：模拟量设定值 2
P1080=？	最小运行频率
P1082=？	最大运行频率，推荐为电机的额定频率
P1120=？	上升时间（秒）
P1121=？	下降时间（秒）
P1300=？	控制方式　0：线性 V/F 控制；20：无传感器的矢量控制； 21：有传感器的矢量控制；22：无传感器的转矩控制；23：有传感器的转矩控制。
P0971=1	从 RAM 传输数据到 EEPROM，0：禁用 1：开始数据传输，RAM → EEPROM 所有的参数的修改都将从 RAM 传输到 EEPROM，在进行数据传输时，操作面板将显示“BUSY”，当传输结束后，P970 将从内部置“0”，并且显示“P0970”。

续表

参数或操作	描述
P0010=0	准备就绪
P1900=3	选择电机参数识别 3：识别所有禁止状态下的参数及饱和曲线
ON 命令	出现报警 A0541 后，给运行（ON）命令，变频器即开始进行电机参数识别。电机参数识别结束后，A0541 报警消除并且 P1900 自动变零。
P0010=0	准备就绪
P1960=1	速度控制优化使能
ON 命令	出现报警 A0542 后，给运行（ON）命令，变频器即开始进行电机参数识别。电机参数识别结束后，A0542 报警消除并且 P1960 自动变零。

3. 控制命令设定及 IO 口设定（如表 2–47 所示）

（1）控制命令设定：

表 2–47　控制命令设定表

参数或操作	描述
P0700=2	2：端子控制

（2）IO 输入点设定：如表 2–48 所示

表 2–48　IO 输入点设定表

<table>
<tr><th>端子描述</th><th>参数</th><th>参数值含义说明</th></tr>
<tr><td>端子 5：数字量输入 0（DI0）</td><td>P701=1</td><td rowspan="9">0：数字量输入禁用
1：ON/OFF1
2：ON（反向）/OFF1
3：OFF2--- 自由停车
4：OFF3--- 自由停车
9：故障确认
10：点动正向
11：点动反向
12：反向
13：MOP 升速
14：MOP 降速
15：固定频率选择位 0
16：固定频率选择位 1
17：固定频率选择位 2
18：固定频率选择位 3</td></tr>
<tr><td>端子 6：数字量输入 1（DI1）</td><td>P702=2</td></tr>
<tr><td>端子 7：数字量输入 2（DI2）</td><td>P703=16</td></tr>
<tr><td>端子 8：数字量输入 3（DI3）</td><td>P704=17</td></tr>
<tr><td>端子 16：数字量输入 4（DI4）</td><td>P705=18</td></tr>
<tr><td>端子 17：数字量输入 5（DI5）</td><td>P706=9</td></tr>
<tr><td>端子 40：数字量输入 6（DI6）</td><td>P707=0</td></tr>
<tr><td>端子 41：数字量输入 7（DI7）</td><td>P708=0</td></tr>
<tr><td>端子 42：数字量输入 8（DI8）</td><td>P709=0</td></tr>
</table>

（3）IO 输出点设定：如表 2-49 所示

表 2-49　IO 输出点设定表

<table>
<tr><th>端子描述</th><th></th><th></th><th>参数</th><th>参数值含义说明</th></tr>
<tr><td></td><td></td><td></td><td>P0003=2</td><td>扩展参数访问等级</td></tr>
<tr><td>18</td><td>NC</td><td rowspan="3">数字量输出 0</td><td rowspan="3">P0731</td><td rowspan="9">0：数字量输出禁用
52.0：变频器就绪
52.1：变频器运行准备就绪
52.2：变频器运行状态
52.3：变频器故障激活
52.4：OFF2 激活
52.5：OFF3 激活
52.6：禁止启动
52.7：变频器报警激活
52.8：设定值 / 实际值差值超限
52.9：PZD 控制
52.A：f_act>=P1082
52.B：报警：电机电流 / 转矩超限
52.C：抱闸动作
52.D：电机过载
52.E：电机正转
52.F：变频器过载</td></tr>
<tr><td>19</td><td>NO</td></tr>
<tr><td>20</td><td>COM</td></tr>
<tr><td>21</td><td>NO</td><td rowspan="2">数字量输出 1</td><td rowspan="2">P0732=52.3</td></tr>
<tr><td>22</td><td>COM</td></tr>
<tr><td>23</td><td>NC</td><td rowspan="3">数字量输出 2</td><td rowspan="3">P0733=52.C</td></tr>
<tr><td>24</td><td>NO</td></tr>
<tr><td>25</td><td>COM</td></tr>
<tr><td></td><td></td><td></td><td></td></tr>
</table>

4. 固定频率设定（如表 2-50 所示）

表 2-50　控制命令设定表

参数或操作	描述
P1016=1	固定频率方式：1：直接选择；2：二进制码选择
P1020=1	固定频率选择位 0 设定， 固定频率选择位 1. 设定（DI2）　P703=16 固定频率选择位 2. 设定（DI3）　P704=17 固定频率选择位 3. 设定（DI4）　P705=18
P1001= 频率 1（HZ）	固定频率值 1
P1002= 频率 2. 频率 1（HZ）	固定频率值 2
P1003= 频率 3. 频率 2. 频率 1（HZ）	固定频率值 3
P1004= 频率 4. 频率 3. 频率 2. 频率 1（HZ）	固定频率值 4
P1000=3	3：固定频率

续表

参数或操作	描述
P0971=1	从 RAM 传输数据到 EEPROM，0. 禁用；1. 开始数据传输，RAM → EEPROM。 所有的参数的修改都将从 RAM 传输到 EEPROM，在进行数据传输时，操作面板将显示“BUSY”，当传输结束后，P970 将从内部置“0”，并且显示“P0970”。

5. 点动功能及上升、下降时间设定（如果需要更改的话）

（1）点动设定，如表 2–51 所示：

表 2–51　硬件列表

参数或操作	描述
P1057=1	点动使能
P1058= ?	正向点动频率
P1059= ?	反向点动频率
P1060= ?	点动上升时间
P1061= ?	点动下降时间

表 2–52　软件列表

（2）加减速时间设定（如果需要更改的话）如表 2–52 所示。

参数或操作	描述
P1120= ?	上升斜坡时间
P1121= ?	下降斜坡时间
P0971=1	从 RAM 传输数据到 EEPROM，0. 禁用；1. 开始数据传输，RAM → EEPROM。 所有的参数的修改都将从 RAM 传输到 EEPROM，在进行数据传输时，操作面板将显示“BUSY”，当传输结束后，P970 将从内部置“0”，并且显示“P0970”。

任务八　变频器程序设计、调试与维护

一、PROFINET 通讯功能概述

SINAMICS G120 的控制单元 CU250S-2 PN 支持基于 PROFINET 的周期过程数据交换和变频器参数访问。

1. 周期过程数据交换

PROFINET IO 控制器可以将控制字和主给定值等过程数据周期性的发送至变频器，并从变频器周期性的读取状态字和实际转速等过程数据。

2. 变频器参数访问

提供 PROFINET IO 控制器访问变频器参数的接口，有两种方式能够访问变频器的参数：

（1）周期性通讯的 PKW 通道（参数数据区）：通过 PKW 通道 PROFINET IO 控制器可以读写变频器参数，每次只能读或写一个参数，PKW 通道的长度固定为 4 个字。

（2）非周期通讯：PROFINET IO 控制器通过非周期通讯访问变频器数据记录区，每次可以读或写多个参数。

本文通过示例介绍 S7-300 与 G120 CU250S-2 PN 的 PROFINET PZD 通信，以组态标准报文 1 为例介绍通过 S7-300 如何控制变频器的起停、调速以及读取变频器状态字和电机实际转速。

二、S7-300 与 G120 的 PROFINET PZD 通讯实例

1. 硬件列表（如表 2-53 所示）

表 2-53　硬件列表

设备	订货号	版本
S7-1214C DC/DC/DC	6ES7 214-1AE30-0XB0	V2.2
CU250S-2PN	6SL3246-0BA22-1FA0	V4.7
PM240	6SL3224-0BE15-5UA0	

2. 软件列表（如表 2-54 所示）

表 2-54　软件列表

软件名称	版本
TIA Portal	V13
StartDrive	V13

3. 硬件组态

（1）创建 S7-1200 项目：打开 TIA PORTAL 软件。

① 选择创建新项目；

②输入项目名称；

③点击“创建”按钮，创建一个新的项目。

（2）添加 S7-1214C DC/DC/DC（如图 2-59 所示）：

①打开项目视图，点击“添加新设备”，弹出添加新设备对话框；

②设备树中选择 S7-1200 -> CPU -> CPU 1214C DC/DC/DC -> 6ES7 214-1AE30-0XB0;

③ 选择 CPU 版本号；

④点击“确定”按钮。

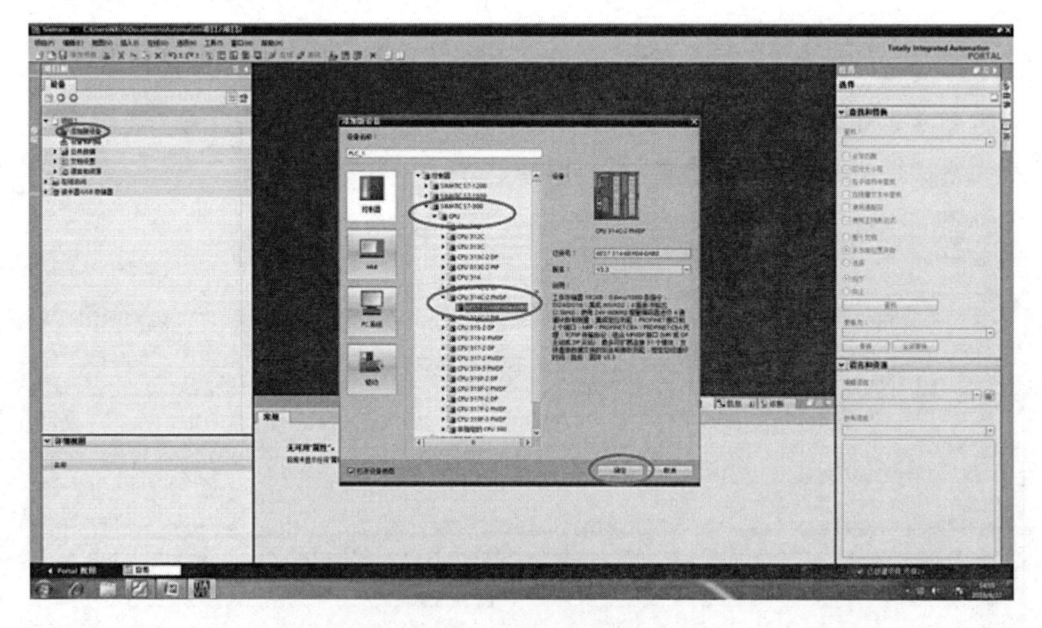

图 2-59　添加 PLC 模块图

（3）添加 G120 站（如图 2-60 所示）：

①点击“设备和网络”，进入网络视图页面；

②将硬件目录中“其他现场设备->PROFINET IO->Drives->Siemens AG->SINAMICS->SINAMICS G120 CU250S-2 PN Vector V4.7”模块拖拽到网络视图空白处；

③点击蓝色提示“未分配”以插入站点，选择主站“PLC_1.PROFINET 接口_1”，完成与 IO 控制器的网络连接。

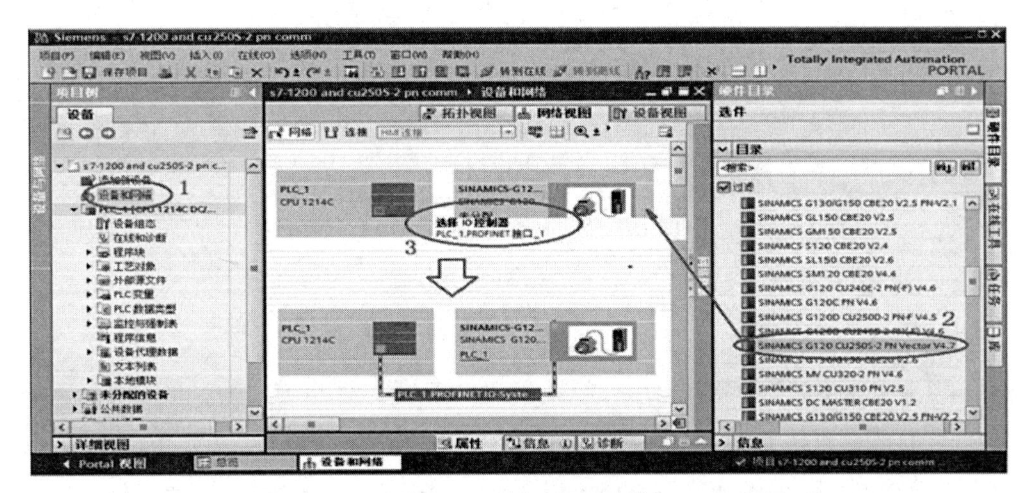

图 2-60　添加 G120 站图

（4）组态 S7-300 的 Device Name 和分配 IP 地址：

①选择 CPU 314-2 PN/DP，点击“以太网地址”；

②分配 IP 地址；

③设置其 Device Name 为“PLC300”。

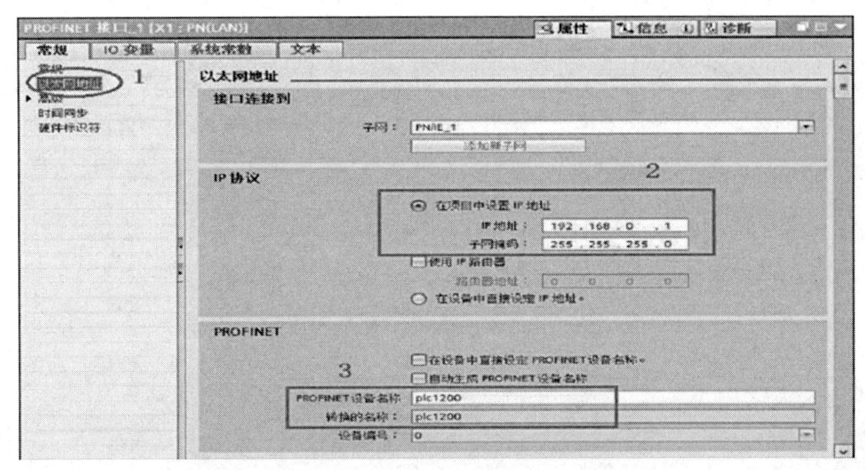

图 2-61　组态 S7-300 的 Device Name 和分配 IP 地址图

（5）组态 G120 的 Device Name 和分配 IP 地址如图 2-62 所示：

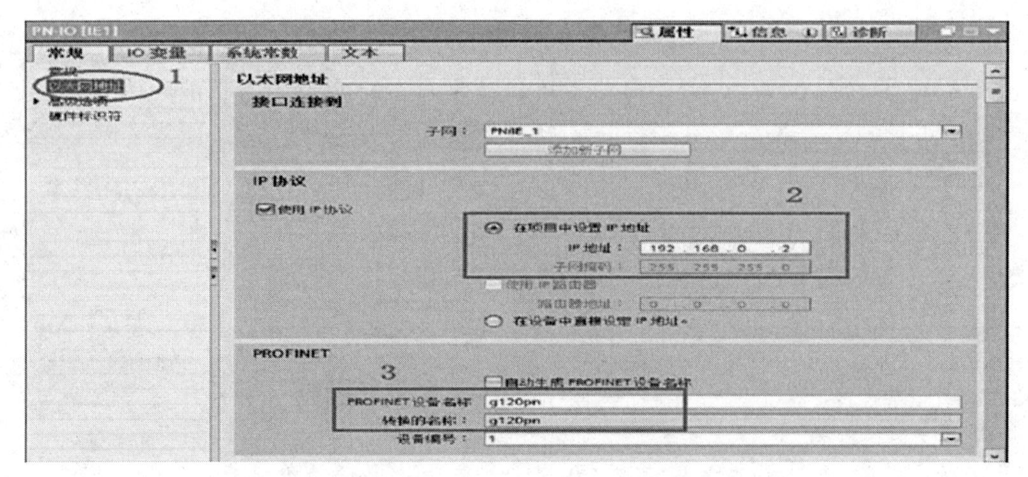

图 2-62　组态 G120 的 Device Name 和分配 IP 地址图

①选择 G120，点击“以太网地址”；

②分配 IP 地址；

③设置其 Device Name 为“g120pn”。

（6）组态 G120 的报文如图 2-63 所示：完成上面的操作后，硬件组态中 S7-300 和 G120 的 IP 地址和 Device Name 就已经设置好了。现在组态 G120 的报文：

①将硬件目录中“Standard telegram1，PZD-2/2”模块拖拽到“设备概览”视图的插槽中，系统自动分配了输入输出地址，本示例中分配的输入地址 IW68、IW70，输出地址 QW64、QW66；

②编译项目。

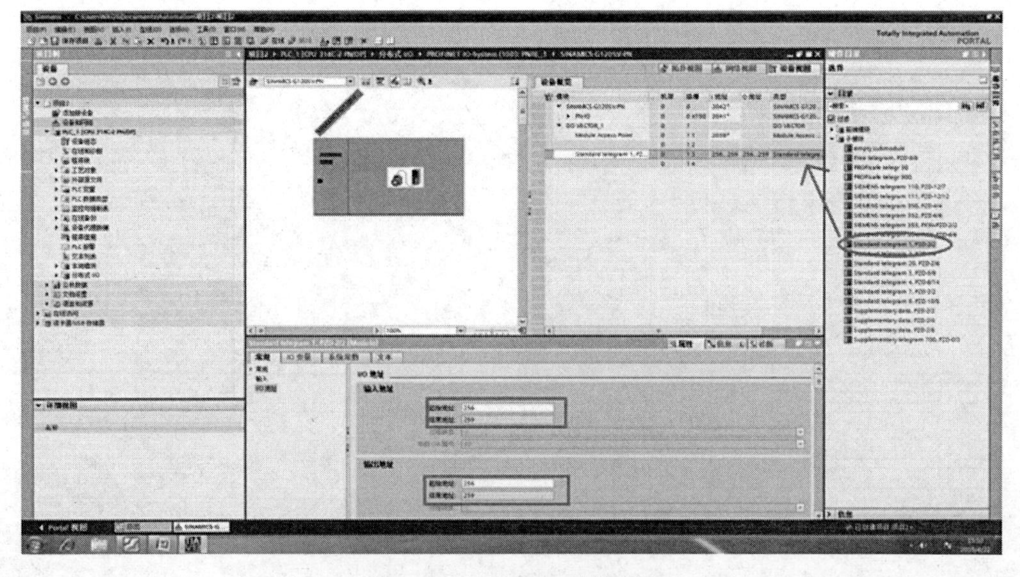

图 2-63　组态 G120 的报文图

（7）下载硬件配置如图 2-64 所示：

①鼠标单击“PLC_1”选项；

②点击“下载到设备”按钮；

③选择 PG/PC 接口类型，PG/PC 接口和子网的链接；

④点击“开始搜索”按钮，选中搜索到的设备“PLC_1”，点击“下载”按钮，完成下载操作。

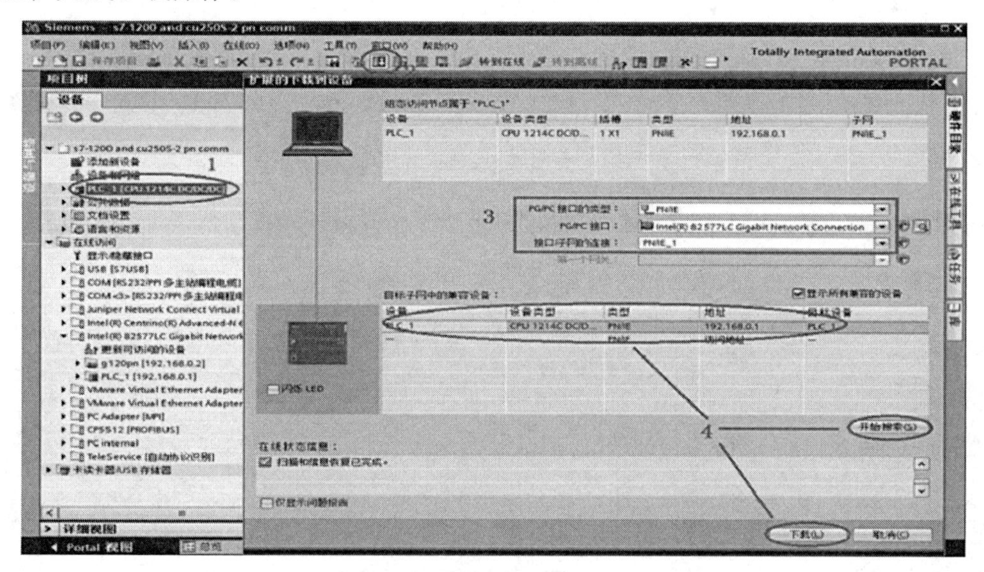

图 2-64　下载硬件配置图

三、SINAMICS G120 的配置

在完成 S7-1200 的硬件配置下载后，S7-1200 与 G120 还无法进行通讯，必须为 G120 分配 Device Name 和 IP 地址，保证为 G120 实际分配的 Device Name 与硬件组态中为 G120 分配的 Device Name 一致。

1. 分配 G120 的设备名称（如图 2-65 所示）

（1）如下图所示选择“更新可访问的设备”，并点击“在线并诊断”；

（2）点击“命名”；

（3）设置 G120 PROFINET 设备名称 g120pn，并点击“分配名称”按钮；

（4）从消息栏中可以看到提示。

2. 分配 G120 的 IP 地址（如图 2-66 所示）

（1）如下图所示选择“更新可访问的设备”，并点击“在线并诊断”；

（2）点击“分配 IP 地址”；

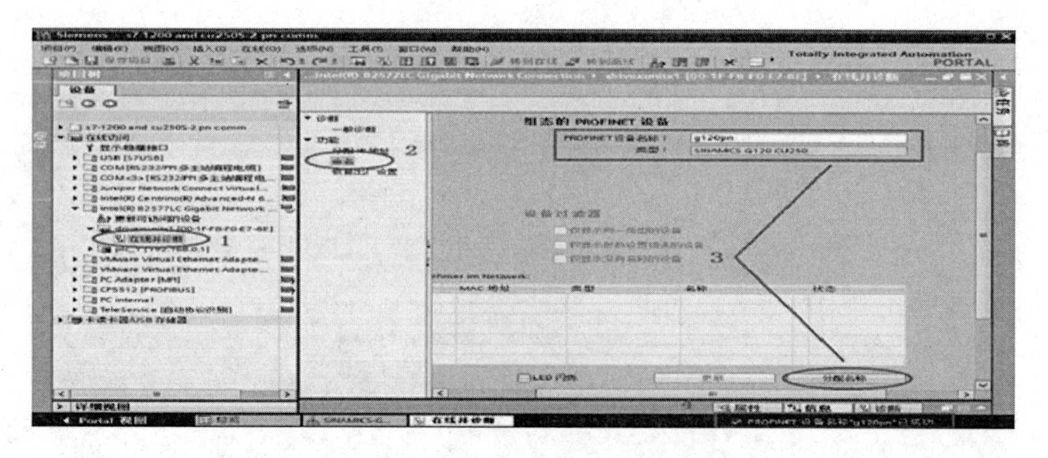

图 2-65　分配 G120 的设备名称图

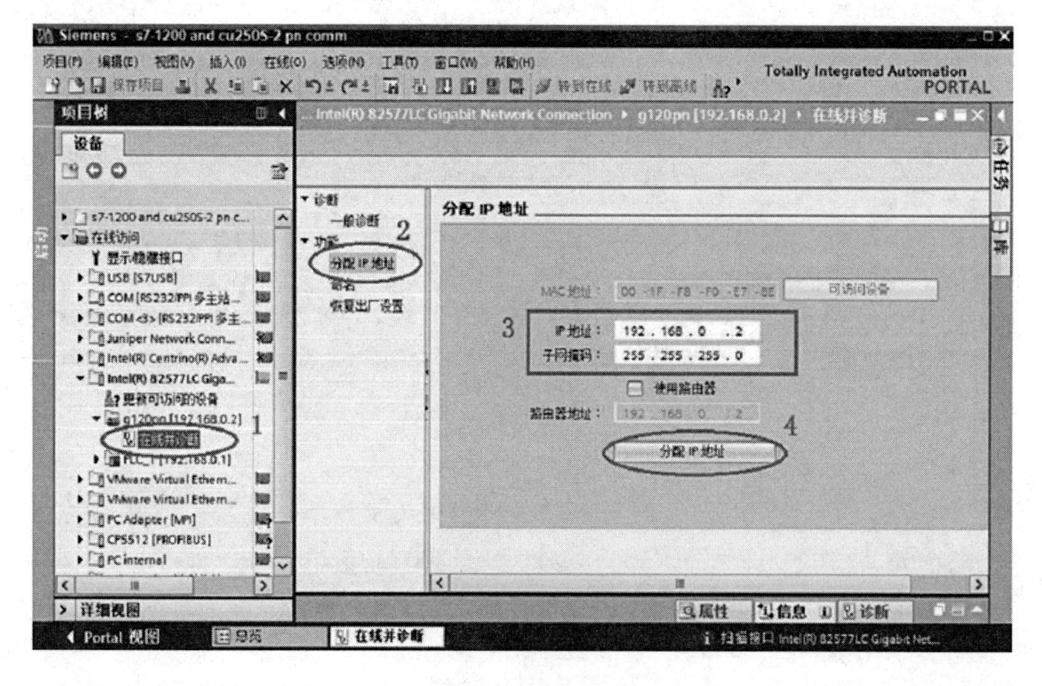

图 2-66　分配 G120 的设备 IP 地址图

（3）设置 G120 IP 地址和子网掩码；

（4）点击“分配 IP 地址”按钮，分配完成后，需重新启动驱动，新配置才生效。

3. 通过标准报文 1 控制电机的起停及速度（如图 2-67 所示）

S7-1200 通过 PROFINET PZD 通讯方式将控制字 1（STW1）和主设定值（NSOLL_A）周期性的发送至变频器，变频器将状态字 1（ZSW1）和实际转速（NIST_A）发送到 S7-1200。

（1）控制字：常用控制字如下，有关控制字 1（STW1）详细定义请参考

《3PROFINET 报文结构及控制字和状态字》章节。

·047E（16 进制）– OFF1 停车

·047F（16 进制）– 正转启动

（2）主设定值：速度设定值要经过标准化，变频器接收十进制有符号整数 16384（4000H 十六进制）对应于 100% 的速度，接收的最大速度为 32767（200%）。参数 P2000 中设置 100% 对应的参考转速。

（3）反馈状态字详细定义请参考《3 PROFINET 报文结构及控制字和状态字》章节。

（4）反馈实际转速同样需要经过标准化，方法同主设定值：

示例：通过 TIA PORTAL 软件“监控表”模拟控制变频器起停、调速和监控变频器运行状态。

表 2–55　PLC I/O 地址与变频器过程值表

数据方向	PLC I/O 地址	变频器过程数据	数据类型
PLC –> 变频器	QW64	PZD1 – 控制字 1（STW1）	16 进制（16Bit）
	QW66	PZD2 – 主设定值（NSOLL_A）	有符号整数（16Bit）
变频器 –> PLC	IW68	PZD1 – 状态字 1（ZSW1）	16 进制（16Bit）
	IW70	PZD2 – 实际转速（NIST_A）	有符号整数（16Bit）

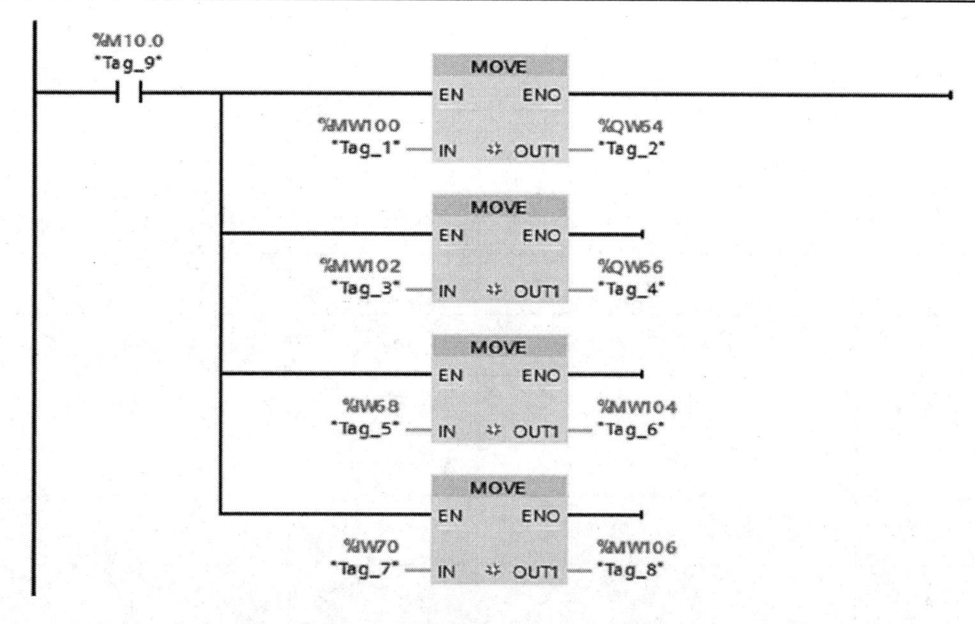

图 2–67　控制电机的起停及速度程序图

（5）启动变频器：首次启动变频器需将控制字 1（STW1）16#047E 写入

QW64 使变频器

运行准备就绪，然后将 16#047F 写入 QW64 启动变频器。

（6）停止变频器：将 16#047E 写入 QW64 停止变频器。

（7）调整电机转速：将主设定值（NSOLL_A）十六进制 2000 写入 QW66，设定电机转速 750rpm。

（8）读取 IW68 和 IW70 分别可以监视变频器状态字和电机实际转速。

s7-1200 and cu250S-2 pn comm ▸ PLC_1 [CPU 1214C DC/DC/DC] ▸ 监控与强制表 ▸ 监控表_1

单击此处创建新设备

	i	名称	地址	显示格式	监视值	修改值	⚡	注释
1		"Tag_9"	%M10.0	布尔型	TRUE	TRUE	☑ !	
2		"Tag_1"	%MW100	十六进制	16#047F	16#047F	☑ !	
3		"Tag_3"	%MW102	十六进制	16#2000	16#2000	☑ !	
4		"Tag_6"	%MW104	十六进制	16#EFB7		☐	
5		"Tag_8"	%MW106	十六进制	16#2000		☐	
6			<添加>				☐	

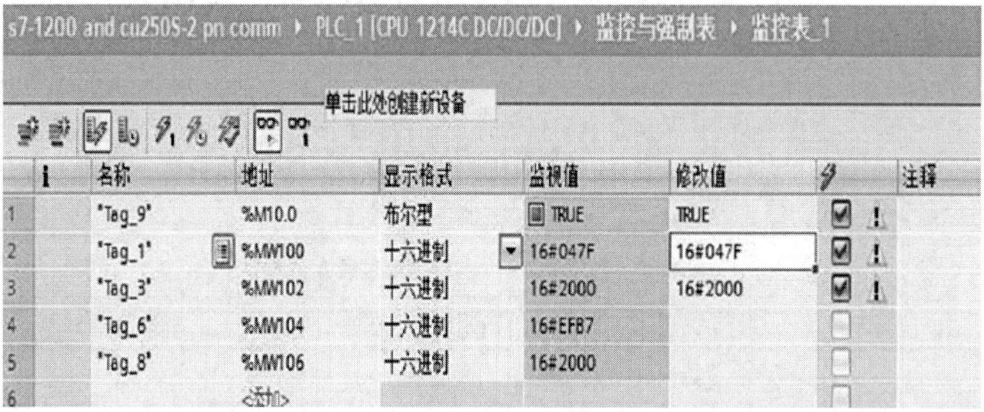

图 2-68　监视变频器状态字和电机实际转速图

四、PROFINET 报文结构及控制字和状态字

1.PROFINET 报文结构（如表 2-56 所示）

表 2-56　PROFZINET 报文结构表

缩写	说明	缩写	说明
STW1	控制字 1	MISTGLATT	经过平滑的转矩实际值
ZSW1	状态字 1	PIST	有功功率实际值
STW3	控制字 3	MLIM	转矩限值
ZSW3	状态字 3	FAULTCODE	故障号
NSOLLA;	转速设定值 16 位	WARN_CODE	警告编号
NSOLLB	转速设定值 32 位	MELDNAMUR	故障字，依据 VIK-NAMUR 定义
NISTA	转速实际值 16 位	G1_STWI	
G2_STW	编码器 1 或编码器 2 的控制字		

续表

缩写	说明	缩写	说明
NIST_B	转速实际值 32 位	G1_ZSWI	
G2_ZSW	编码器 1 或编码器 2 的状态字		
IAIST	电流实际值	G1_XIST11	
G2_XIST1	编码器 1 或编码器 2 的位置实际值 1		
IAIST_GLAT	T 经过滤波的电流实际值	G1_XIST21	
G2_XIST2	编码器 2 的位置实际值 1		

2. 控制字（如表 2–57 所示）

表 2–57　控制字表

控制字位	含义	参数设置
0	ON/OFF1	P840=r2090.0
1	OFF2 停车	P844=r2090.1
2	OFF3 停车	P848=r2090.2
3	脉冲使能	P852=r2090.3
4	使能斜坡函数发生器	P1140=r2090.4
5	继续斜坡函数发生器	P1141=r2090.5
6	使能转速设定值	P1142=r2090.6
7	故障应答	P2103=r2090.7
8，9	预留	
10	通过 PLC 控制，	P854=r2090.10
11	反向	P1113=r2090.11
12	未使用	
13	电动电位计升速	P1035=r2090.13
14	电动电位计降速	P1036=r2090.14
15	CDS 位 0.	P0810=r2090.15，

3. 状态字（如表 2–58 所示）

表 2–58 状态字表

状态字位	含义	参数设置
0	接通就绪	r899.0
1	运行就绪	r899.1
2	运行使能	r899.2
3	故障	r2139.3
4	OFF2 激活	r899.4
5	OFF3 激活	r899.5
6	禁止合闸	r899.6
7	报警	r2139.7
8	转速差在公差范围内	r2197.7
9	控制请求	r899.9
10	达到或超出比较速度	r2199.1
11	1、P、M 比较	r1407.7
12	打开抱闸装置	r899.12
13	报警电机过热	r2135.14
14	正反转	r2197.3
15	CDS	r836.0

任务九 皮带运输机传输系统梯形图控制程序设计与调试

一、皮带运输机传输系统程序设计

1.I/O 分配表（如图 2–69 所示）

1	启动	Bool	%I30.4
2	启动标志	Bool	%M0.0
3	1#传送带	Bool	%Q31.0
4	控制	Word	%QW256
5	频率	Int	%QW258
6	停止	Bool	%I30.5

图 2–69 I/O 分配表

2. 选择 G120 变频器及其型号

在项目视图状态下，双击项目树中的“设备与网络”功能，进入设备与网络的组态界面。

在最右侧的硬件目录中选择要添加的 G120 变频器设备，然后双击即可。

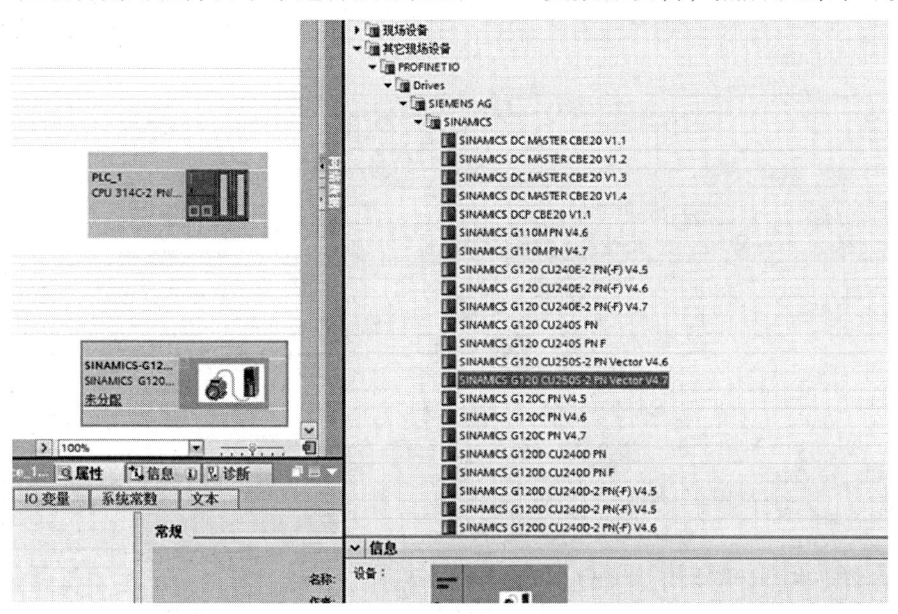

图 2-70　G120 变频器及其型号

3.G120 变频器连接 PLC（如图 2-71 所示）

在项目视图状态下，单击 G120 模块中的“未分配”，选择对应的 PLC 接口进行连接。

4. 皮带运输机传输系统程序（参考程序，如图 2-72 所示）

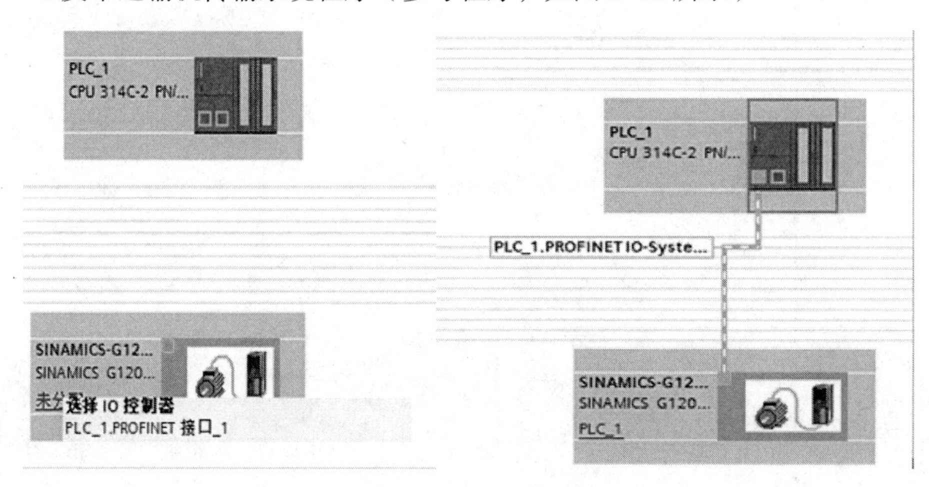

图 2-71　G120 变频器连接 PLC

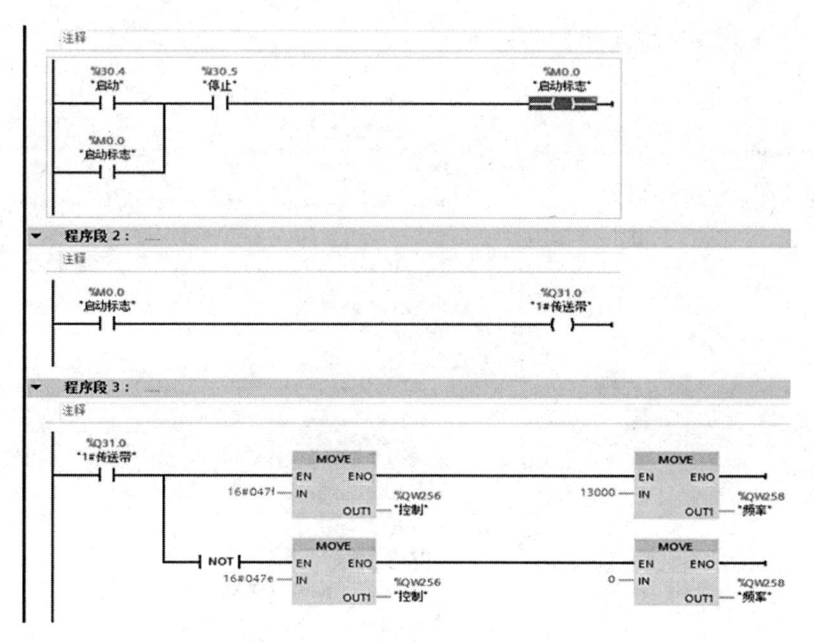

图 2–72　皮带运输机传输系统程序

二、皮带运输机传输系统程序调试

打开 S7–PLCSIM 仿真软件并打开程序监控，图 2–73 为皮带运输机传输系统程序未运行状态，图 2–74 为皮带运输机传输系统程序运行状态。

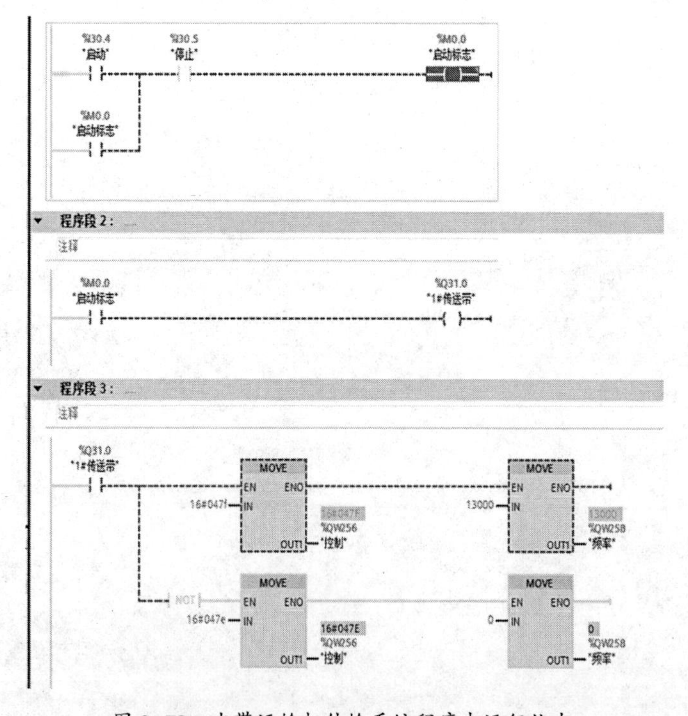

图 2–73　皮带运输机传输系统程序未运行状态

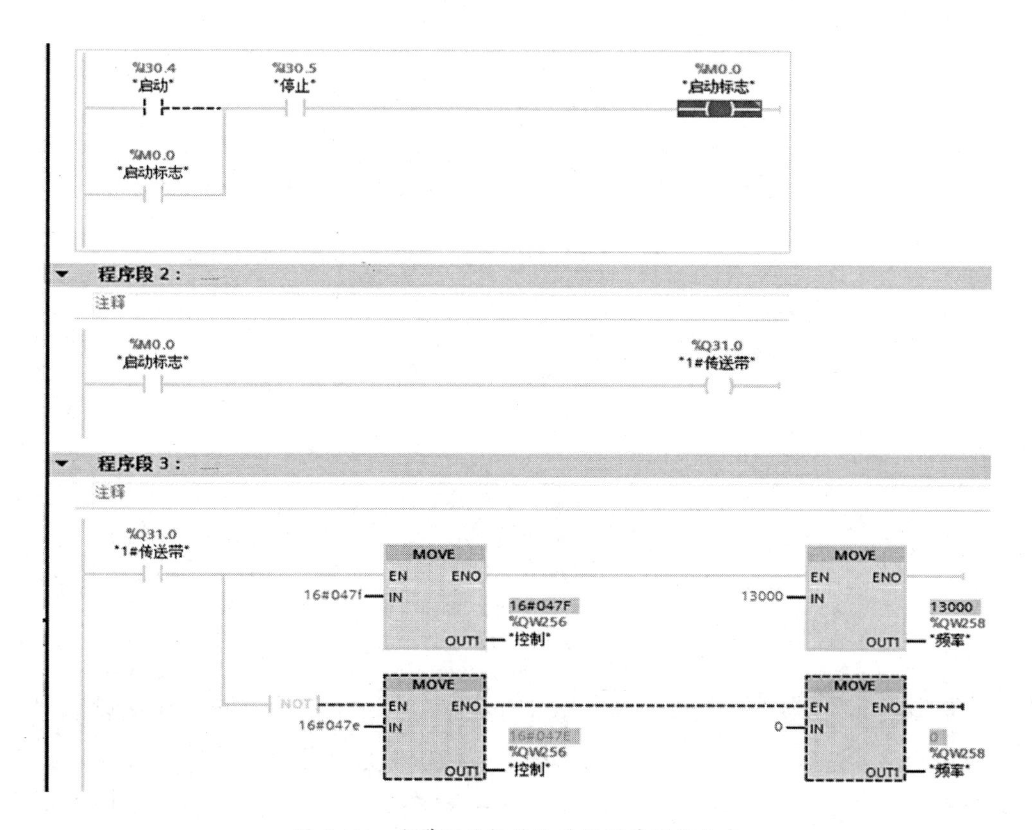

图 2-74　皮带运输机传输系统程序运行状态

项目三　饮料自动灌装生产线装调与维护

任务一　明确饮料自动灌装生产线项目要求

一、饮料自动灌装生产线的应用

随着计算机技术和机电一体化技术的发展，自动化技术在包装机械设计中的使用率已经达到 50% 以上，大大提高了包装机械自动化程度。自动化技术的使用不仅能够提高包装机械的生产率、设备的柔性和灵活性，而且还可以提高包装机械完成复杂动作的能力。

饮料行业的不断发展、生产工艺的不断创新促使饮料灌装生产线得到了迅速发展，从最早的手动灌装到全自动灌装生产线，从简单的灌装设备发展到复杂的灌装系统，从有触点的硬件接线继电器控制的灌装系统发展到以计算机为中心的软件控制的灌装生产线，现代自动化灌装系统生产技术综合应用了计算机、自动控制、电子技术、精密测量等先进技术。

自动化灌装生产线设备优势在于为制造业提供性能优良、稳定可靠的灌装生产线；材料浪费少，在大规模生产中节约成本；根据生产流程进行编程控制，生产效率高；生产过程对环境污染小等。

近年来，饮料工业迅猛发展，碳酸饮料、果汁饮料、瓶装饮用水、茶饮料等品种不断丰富，使得对设备市场的需求也急剧增加。当前灌装机械技术在食品、饮料包装中的开发、设计与制造过程中广泛应用，不断提高单机的自动化程度，改善整条包装生产线的自动化控制水平、生产能力，可以大大改善食品饮料包装生产设备产品的质量，提高其国内、国际竞争能力。如图 3–1 所示。

图 3-1　自动化生产线图

二、认识饮料灌装生产线组成

饮料灌装生产线主要由理瓶机、灌装机、旋盖机、贴标机、包装机等部分组成，如图 3-2 所示。

1. 理瓶机

按下启动按钮，理瓶机动作，将空饮料瓶送入传送带，则传送带的驱动电机启动并一直保持到停止开关动作或灌装设备下的传感器检测到一个瓶子时停止。

2. 灌装机

当灌装工位检测到有瓶子时，开始进行饮料灌装，灌装过程指示灯以 2Hz 频率闪烁显示，10s 后瓶子装满饮料，灌装指示灯灭。

3. 旋盖机

灌装完成后，传送带驱动电机自动启动，当饮料瓶子定位在旋盖设备下时传送带停止运行，旋盖设备开始工作，旋盖过程为 3s。

4. 贴标机

当饮料瓶子定位在贴标设备下时传送带停止运行，贴标设备开始工作，贴标过程为 5s。

5. 包装机

贴标完成后，传送带自行启动，将成品饮料送入滑槽，送入滑槽的成品饮料瓶数达到 4 瓶时为一扎，开始包装。

三、项目要求

1. 工作模式，系统通过开关设定为手动模式和自动操作模式。

（1）手动模式：在触摸屏上设计手动模式操作界面，界面包括理瓶机动

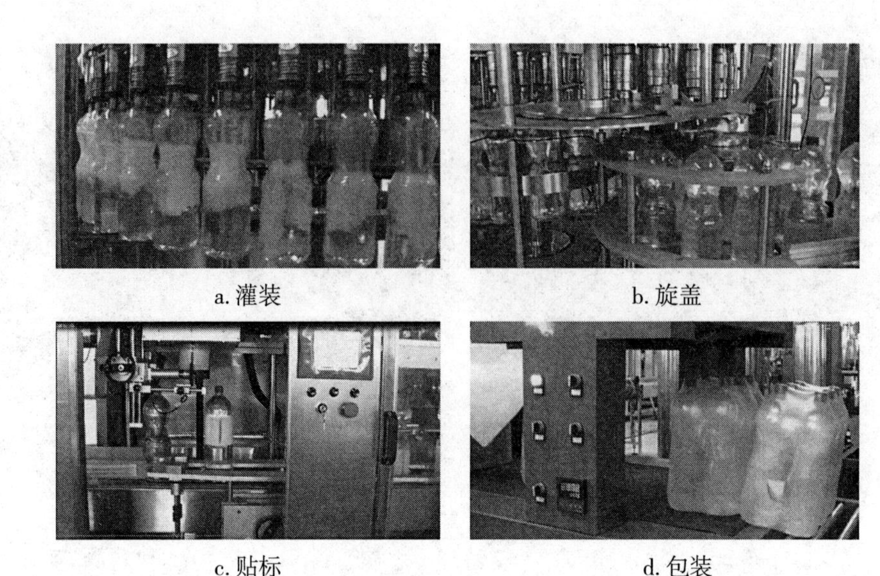

a. 灌装　b. 旋盖

c. 贴标　d. 包装

图 3-2　饮料自动灌装生产线组图

作、输送机前行、灌装、旋盖、贴标等按钮，设置相应动作指示灯。

手动测试：按下触摸屏上操作按钮，设备相应部件动作，同时触摸屏上部件动作指示灯亮。

（2）自动模式：设计自动运行模式操作界面，界面上设计：启动、停止按钮；设计灌装、输送、旋盖、贴标动作指示灯，设计饮料瓶数量指示。四瓶为一扎，设计扎数技术器。

2. 自动工作方式

（1）理瓶：按下启动按钮，理瓶机动作，将空饮料瓶送入传送带，则传送带的驱动电机启动并一直保持到停止开关动作或灌装设备下的传感器检测到一个瓶子时停止；

（2）灌装：当灌装工位检测到有瓶子时，开始进行饮料灌装，传送带停止运行，灌装过程指示灯以 2Hz 频率闪烁显示，10s 后瓶子装满饮料，灌装指示灯灭。

（3）旋盖：灌装完成后，传送带驱动电机自动启动，当饮料瓶子定位在旋盖设备下时传送带停止运行，旋盖设备开始工作，旋盖过程为 5s；旋盖过程中，旋盖指示灯亮。

（4）贴标：当饮料瓶子定位在贴标设备下时传送带停止运行，贴标设备开始工作，贴标过程为 5s；贴标过程中，贴标指示灯亮。

（5）包装：贴标完成后，传送带自行启动，将成品饮料送入滑槽，送入滑槽的成品饮料瓶数达到 4 瓶时为一扎，开始包装。包装时间为 8s，包装过程中，包装指示灯亮。

包装完成后，完成一个生产周期，生产扎数加 1。自动开始下一个灌装生产周期。

系统启动，计数器检测并记录生产饮料瓶数和扎数，可以手动对计数值清零。

任务二　制定饮料自动灌装生产线项目工作计划

一、项目任务

1. 控制系统总体设计：分析控制要求，了解系统工作过程。

2. 控制系统硬件的设计：PLC 型号、相关元器件的选择以及外部接口电路的设计。

3. 控制系统软件设计：利用 TIA Portal 软件编制出相应的程序，并绘制触摸屏画面。

4. 系统调试：实验室中连接硬件线路，模拟运行，完成程序的调试。

5. 编写技术文件。

二、项目实施流程

根据项目任务，设计项目实施流程如图 3–3 所示。

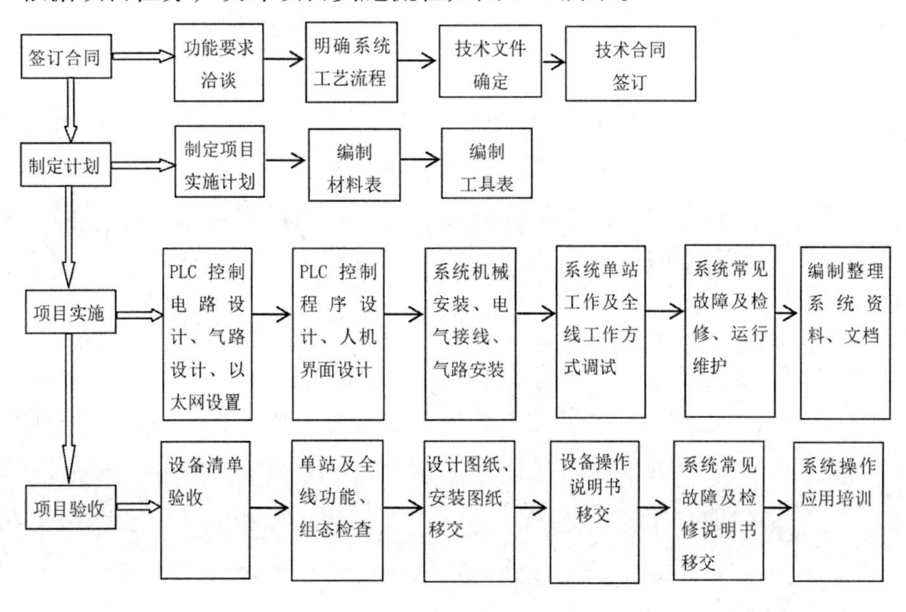

图 3–3　项目实施流程图

三、硬件设备

1. 井式供料单元

（1）井式供料单元概述：该模块由井式供料塔、货料检测传感器 A-SQ3、料块推块、推料气缸限位传感器 A-SQ2、推料气缸、推料气缸原点传感器 A-SQl、中继器 YF1301、底座、电磁阀等组成。其中，货料检测传感器 A-SQ3 采用对射型光电传感器 CX-411；磁性开关 A-SQl、A-SQ2 分别用于检测推料气缸的原点和限位点。该单元能实现工件出库时的调度管理等功能。其结构图如图 3-4 所示。

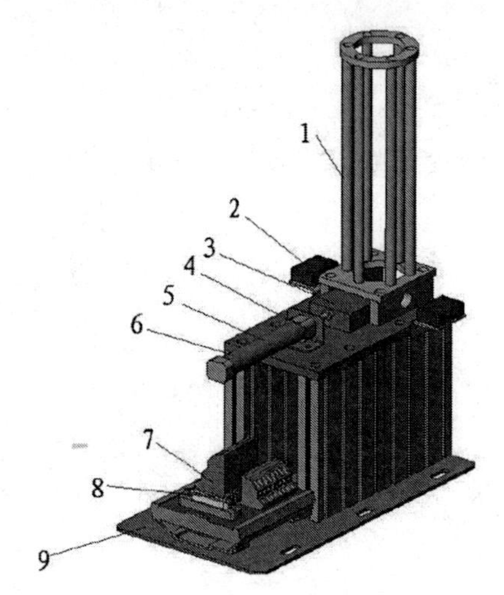

1. 井式供料塔　2. 货料检测（A-SQ3）　3. 料块推块　4. 推料气缸限位（A-SQ2）　5. 推料气缸（A-YV）　6. 推料气缸原点（A-SQ1）　7. 接线端子排　8. 连接线接口　9. 底座

图 3-4　TVT-MEBTI 井式供料机结构图

2. 中继器 YF1301

每个单元都用到中继器 YF1301，在这里详细介绍，不再赘述。

井式供料单元的电气布线采用集线控制方式，将所有的传感器、执行器的端口，包括器件所需的供电端口，都直接连到中继器 YF1301，通过 YF1301 转接，并接到 PLC 模块，这种布线采用就近原则，使各单元均模块化、独立化，节省了布线空间，由于采用了带屏蔽的集成电缆的传输方式，所以能更好的防干扰、断线等故障的发生。传感器输出信号为低电平，PLC 输入端高电平有效，信号已经在 YF1301 中继器 YF1301 里进行转换。PLC 输出低电平与执行器电平一致。当有信号时指示灯会发光。每一位端子的作用相同，位置顺序跟 PLC 主机面板端子的位置是固定的。连线方式图如图 3-5 所示。

图 3-5　接线图

在井式供料单元中，使用 CX411 检测料井中有无工件，其具体参数和使用方法如下。

如表 3-1 和 3-2 所示。

表 3-1　井式供料单元执行器接线端口对应表

检测端口号	对应传感器名称	备注
执行 -0	A-YV	推料气缸
执行 -1	A-HLl	指示灯 1
执行 -2	A-HL2	指示灯 2
执行 -3	A-HL3	指示灯 3
执行 -4	A-HA	蜂鸣器

表 3-2　井式供料单元传感器接线端口对应表

检测端口号	对应传感器名称	备注
检测 -0	A-SQl	推料气缸原点
检测 -1	A-SQ2	推料气缸限位
检测 -2	A-SQ3	工件有无检测
检测 -3	A-SBl	启动
检测 -4	A-SB2	停止
检测 -5	A-SB3	急停
检测 -6	A-SA4	转换开关

（2）工件

工件主要由料块和料柱组成，其中料块采用工程塑料材质，分为黄色和蓝色两种，可通过调节内嵌的弹簧钢珠来调节料块和料柱的松紧。料柱也称为料芯，由铝质和铁芯两种材质。

（3）控制模块：井式供料单元执行器接线端口对应如表 3-3 所示。

表 3-3　井式供料单元执行器接线端口对应表

检测端口号	对应传感器名称	备注
执行 -0	A-YV	推料气缸
执行 -1	A-HL1	指示灯 1
执行 -2	A-HL2	指示灯 2
执行 -3	A-HL3	指示灯 3
执行 -4	A-HA	蜂鸣器

井式供料单元执行与指示器件接线端口对应如表 3-4 所示。

表 3-4　井式供料单元传感器接线端口对应表

检测端口号	对应传感器名称	备注
检测 -0	A-SQ1	推料气缸原点
检测 -1	A-SQ2	推料气缸限位
检测 -2	A-SQ3	工件有无检测
检测 -3	A-SB1	启动
检测 -4	A-SB2	停止
检测 -5	A-SB3	急停
检测 -6	A-SA4	转换开关

任务三　传感器认识安装与检修

一、磁性开关

在自动控制系统中，磁性开关用于检测各类气缸活塞位置，即检测活塞的运动行程，如图 3-6a 所示，可分为有接点型和无接点型。

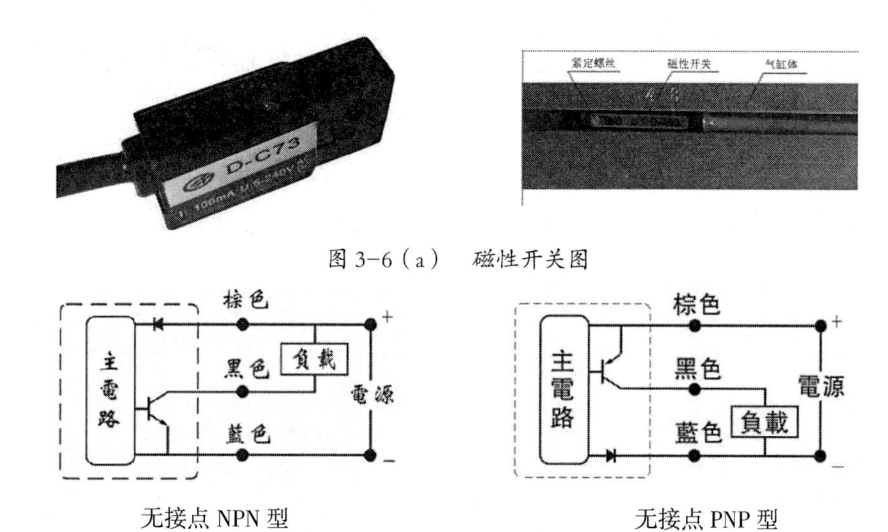

图 3-6（a）　磁性开关图

无接点 NPN 型　　　　无接点 PNP 型

图 3-6（b）　磁性开关接线图

在井式供料单元中，使用磁性开关作为推料气缸的原点和限位，其参数和使用方法如下。

1. 磁性开关参数

磁性开关，当工作电压为 DC 24V 时，工作电流为 5 毫安至 40 毫安，当工作电压为 AC 110V 时，工作电流为 5 毫安至 20 毫安。传感器引出线 2 根，接线容易，电源为 DC24V。“+”（棕色）端接 PLC 的输入端，“—”端（蓝色）接 PLC 输入端的“COM”点。

在本系统中，A-SQl 和 A-SQ2 采用 DC24V 供电方式，其接线图如图 3-6（b）所示。

一定要注意工作电流和极性，不要把磁性开关直接接至 24V 电源，以免烧毁。

2. 磁性开关使用说明

将磁性开关处于磁性气缸内磁环正上方时，磁性开关指示 LED 亮，有信号输出，当磁性开关不能正确进行位置指示时，移动磁性开关的位置，使其正常工作。

无接点开关的感应元件是磁阻器件，当气缸活塞杆的磁体接近开关时，受磁场的影响，开关的磁阻元件输出一电压信号。经信号放大器放大后指示灯（红色）发光，控制输出点与电源负端接通。将磁性开关安装在气缸两侧，就可以发出气缸活塞杆伸出到位或缩回到位的信号。

磁性开关能在一般的磁性环境中使用，装配调整容易。

磁性开关安装在气缸两侧，如图 3-7 和 3-8 所示。

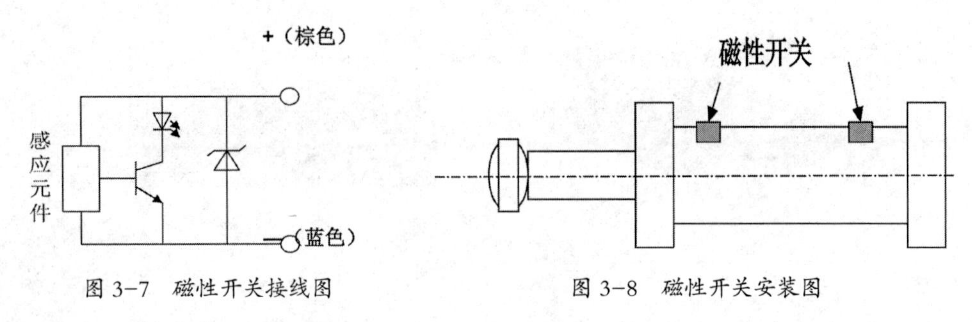

图 3-7 磁性开关接线图　　图 3-8 磁性开关安装图

磁性开关安装：注意极性，避免烧坏传感器。

二、电感式接近开关

1. 电感式接近开关。又称为涡流式接近开关，是利用导电物体在接近能产生电磁场的接近开关时，使物体内部产生涡流。这个涡流反作用到接近开关，使开关内部电路参数发生变化，由此识别有无导电物体移近，进而控制开关的通断。电感式接近开关接线图，如图 3-9 所示。

电感式接近开关，如图 3-10 所示。对接近的金属件有信号反应，对接近的非金属件无信号反应。用于检测接近的金属材料。在自动线系统中可以用来确认金属工件，对金属工件计数、改变金属工件的运动方向以及改变传送带运送金属工件的速度等针对于金属工件的操作。

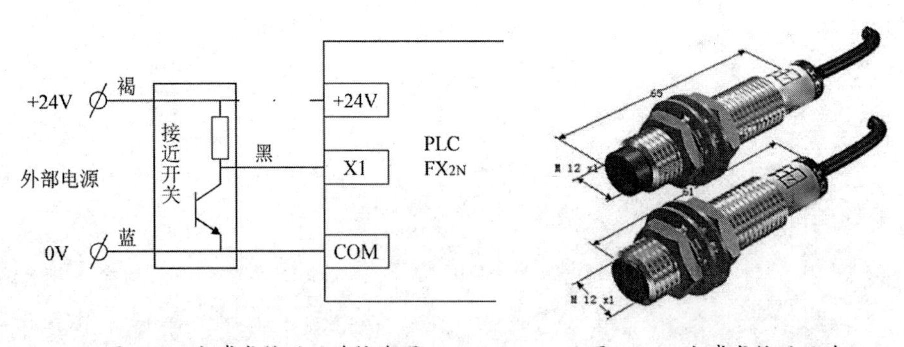

图 3-9 电感式接近开关接线图　　图 3-10 电感式接近开关

可应用电感传感器来检测金属物体，也可利用铁块和铝块检测距离的不同来区分铁块和铝块。

2. 特别注意

电感式接近开关有三根引出线，分别为棕色，DC24（+）；蓝色，DC0V（PLC 公共端）；黑色，PLC 输入端。

电感传感器具体参数如表 3-5 所示。

表 3-5　电感传感器参数表

名称	电感传感器
额定动作距离	8mm
电源电压	6−36V
输出压降	5V
复位精度	≤ 0.0lmm
出线盒输出方式	三线常开
最大输出电流	300mA
输出形式	NPN

3. 使用说明

可以通过传感器上的两个螺母的相对位置来调节传感器的灵敏度，具体方法是，将被检测物体（金属类物体）放在传感器正下方，然后把传感器上的两个螺母旋松，接着上下调整传感器并观察输出指示灯，指示灯稳定发光时，再将传感器上的两个螺母旋紧固定。

4. 使用注意事项

为了保证不损坏接近开关，在接通电源前检查接线是否正确，核定电压是否为额定值；为了使接近开关长期稳定工作，应定期进行维护，包括被检测物体和接近开关的安装位置是否有移动或松动，接线和连接部位是否接触不良，是否有金属粉尘黏附等。

三、光纤传感器

光纤传感器也是光电传感器的一种，相对于传统电量型传感器（热电偶、热电阻、压阻式、振弦式、磁电式），光纤传感器具有下述优点：抗电磁干扰、可工作于恶劣环境，传输距离远，使用寿命长。此外，由于光纤头具有较小的体积，所以可以安装在很小空间的地方。

光纤传感器由光纤检测头、光纤放大器两部分组成，放大器和光纤检测头是分离的两个部分，光纤检测头的尾端部分分成两条光纤，使用时分别插入放大器的两个光纤孔。放大器的安装示意如图 3-11 所示。

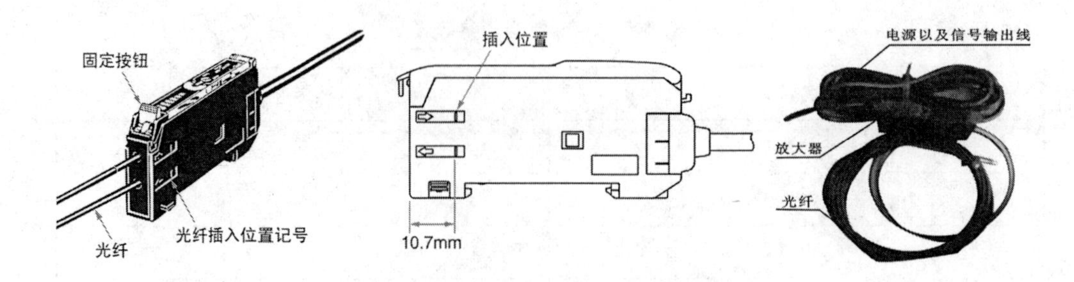

图 3-11　光纤传感器放大器单元的安装示意图

光纤式光电接近开关的放大器灵敏度调节范围较大。当光纤传感器灵敏度调得较小时，对反射性较差的黑色物体，光电探测器无法接收到反射信号；而反射性较好的白色物体，光电探测器就可以接收到反射信号。反之，若调高光纤传感器灵敏度，则即使对反射性较差的黑色物体，光电探测器也可以接收到反射信号。从而可以通过调节灵敏度判别黑白两种颜色物体，将两种物料区分开，从而完成自动灌装生产任务。

图 3-12 是放大器单元的俯视图，调节其中部的 8 旋转灵敏度高速旋钮就能进行放大器灵敏度调节（顺时针旋转灵敏度增大）。调节时，会看到“入光量显示灯”发光的变化。当探测器检测到物料时，“动作显示灯”会亮，提示检测到物料。

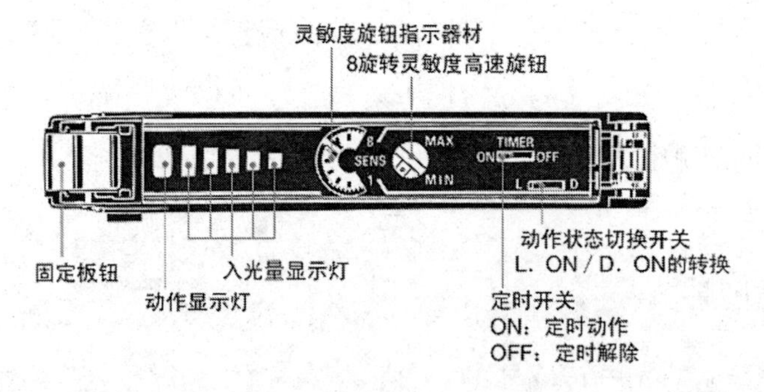

图 3-12　光纤传感器放大器单元的俯视图

光纤传感器有三种检测模式，LONG、STD 和 S-D。LONG 适用于长距离检测的情况，STD 适用于标准检测的情况，S-D 适用于细微的检测。

光纤传感器有两种输出模式，将操作转换开关置于 L 侧，检测到物体时，传感器有输出，将操作转换开关置于 D 侧为，检测不到物体时，传感器有输出。调节光纤传感器的灵敏度按钮，可调整光纤传感器检测的距离以及颜色。光纤传感器参数表如表 3-6 所示。

表 3–6　光纤传感器参数表

类型		红色 LED 型	蓝 色 LED	绿色 LED 型
型号 项目	NPN 输出	FX–311	FX–311B	FX–311G
	PNP 输出	FX–311P	FX–311BP	FX–311GP
电源电压		12V—24V DC+10% 脉动 P–P 10% 以下		
电量消耗		840mW 以下（电源电压 24V 时，消耗电流 35mA 以下）		
输出		<NPN 输出型 > NPN 开路集电极晶体管 最大流入电流：100mA 外加电压：30V DC 以下 （在输出和 0V 之间） 剩余电压：1.5V 以下 [流入电流 100mA 时]	<PNP 输出型 > PNP 开路集电极晶体管 最大流出电流：100mA 外加电压：30V DC 以下 （在输出和 0V 之间） 剩余电压：1.5V 以下 [流出电流 100mA 时]	
输出操作		入光时 ON，成遮光时 ON 可通过转换开关进行选择		
短路保护		装备		
反应时间		250uS 以下（S–D，STD）、2ms 以下（LONG） 可通过转换开关进行	150uS 以下（FAST）、250uS 以下（STD）、2ms 以下（LONG） 可通过转换开关进行	
操作指示灯		橙色 LED（输出 ON 时灯亮）		
稳定指示灯		绿色 LED（稳定入光时，稳定遮光时灯亮）		
灵敏度调节器		附指示灯（指针部：红色背光）的 12 回转调节器		
定时器功能		备有 OFF 延时器，可切换有效（约 10ms 或 40ms）/ 无效		
自动防干扰功能		装备（最多四根电缆可靠近安装）		
使用周围温度		−10℃ ~+55℃（4—7 台连接时 −10℃ ~+50℃， 8—16 台连接时：−10℃ ~+45℃） （不可结露凝霜），存储 −20℃ ~+70℃		
使用周围温度		35%—85% RH 存储 35%—85%RH		
光源		红色 LED（调制式）	蓝色 LED（调制式）	绿色 LED（调制式）
材质		外壳：耐热 ABS、外罩、聚碳酸酯		
重量		约 150g		

E3Z–NA11 型光纤传感器电路原理图如图 3–13 所示，接线时请注意根据导线颜色判断电源极性和信号输出线，本单元使用的是褐色、黑色和蓝色线。

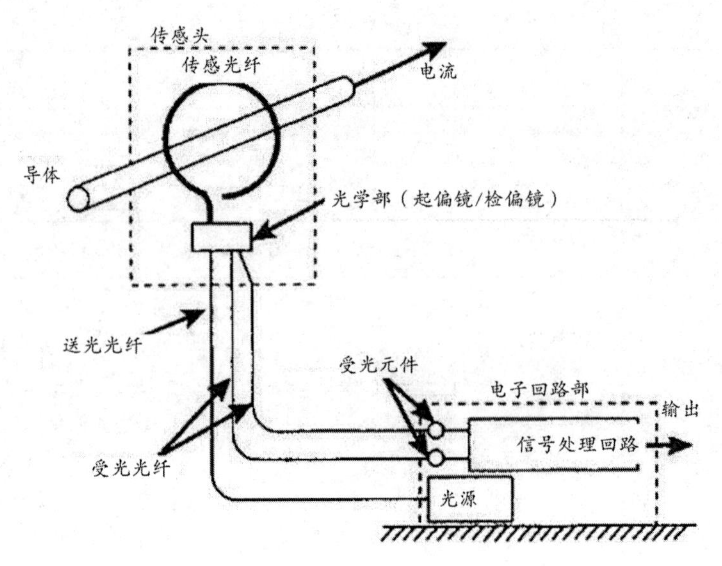

图 3-13　E3Z-NA11 型光纤传感器电路原理图

四、光电传感器

光电式传感器是用光电转换器件作敏感元件、将光信号转换为电信号的装置。光电式传感器的种类很多，按照其输出信号的形式，可以分为模拟式、数字式、开关量输出式。以开关量形式输出的光电传感器，即为光电式接近开关。光电式接近开关主要由光发射器和光接收器组成。

三线式传感器接线端子如图 3-14 所示。

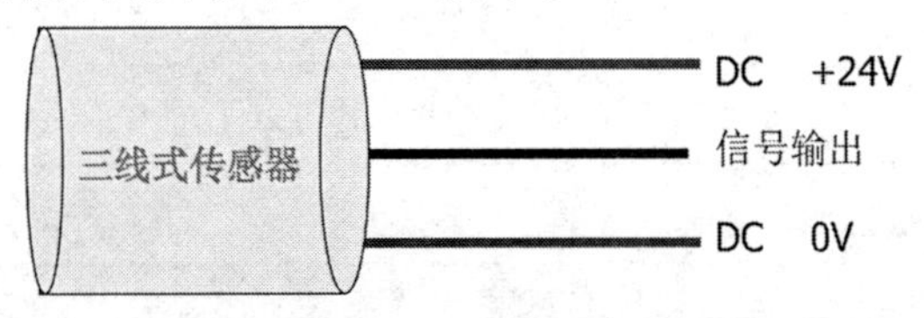

注：在传感器的连接上一定要按接线图进行连接，否则会损坏传感器

图 3-14　三线式传感器接线端子图

1. 光电传感器 CX411 参数

CX411 光电传感器不受光泽背景的影响、可以检测出小工件，白色工件、黑色工件均可按照几乎相同的距离进行检测。即使生产线上存在不同颜色的工件，需要切换工序时，也无需使用调节器调节。

参数如表 3-7 所示。其接线如图 3-15 所示。

表 3-7　CX-411 参数表

名称	光电传感器
型号	CX-411
电源电压	12V—24V DC±10%
消耗电流	20mA
最大输出电流	100mA
检测范围	10m
灵敏度调节	连续可变调节器
重复精度	0.5
检测输出操作	可在入光时 ON/ 遮光时 OK 之间调节
反应时间	1 ms 以下
输出动作	可用切换开关选择入光时 ON/ 非入光时 ON
工作状态指示灯	橙色 LED（输出 ON 时亮起）
位于受光器上	
稳定指示灯	绿色 LED（稳定入光时、稳定非入光时亮起） 位于受光器上
电源指示灯	绿色 LED（通电时亮起）　位于投光器上
灵敏度调节器	持续可变调节器 安装于透过型传感器的受光器上

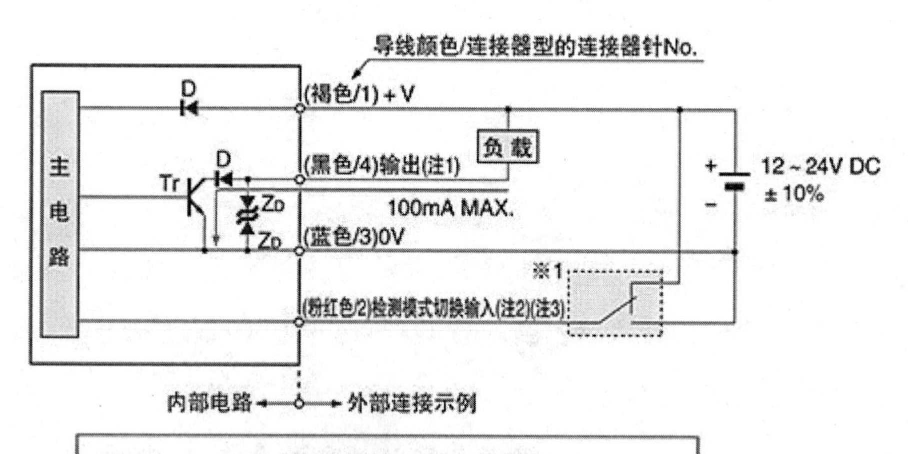

符号…D ：电源逆接保护用二极管
ZD：电涌电压吸收用齐纳二极管
Tr ：NPN输出晶体管

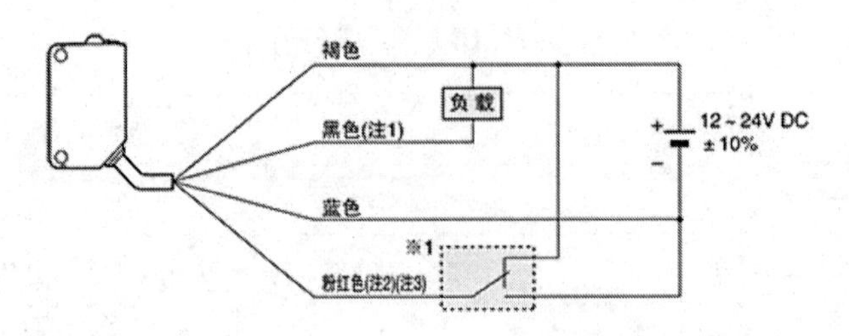

图 3-15　CX411 输入、输出电路图及接线图

2.CX411 的使用方法

在进行调整时，可以通过指示灯的状态，来判断是否调整成功，CX411 有两个调整旋钮，一个用来调节检测距离，顺时针旋转检测距离变大（即向 MAX 一侧转动），逆时针旋转检测距离变小（即向 MIN 一侧转动）；一个用来调整工作状态，在 L 侧时，检测到物体，传感器有输出，在 D 侧时，检测不到物体有输出，其旋钮与指示灯各状态含义如图 3-16 所示。

在运行系统例程时，需将工作转换开关调整到 L 侧，然后将工件放进井式供料塔，调节灵敏度调节器（调节检测距离），使其在放进工件后有信号输出（红色指示亮灯），取走工件后无输出（红色指示等灭）。

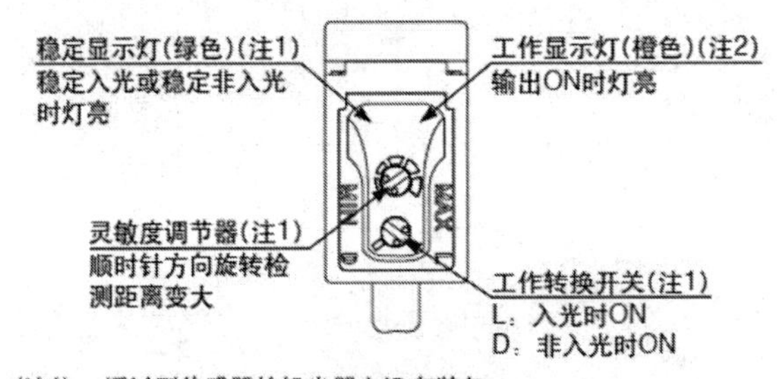

图 3-16　传感器指示灯与调整旋钮图

五、电容传感器

电容传感器是将被测量的变化转换为电容量变化的一种传感器，具有结构简单、分辨率高、抗过载能力大、动态性能好；且能在高温、辐射和强烈振动等恶劣条件下工作，可用于测量压力、位移、振动、液位、厚度。

电容式接近开关的测量头构成电容器的一个极板，而另一个极板是开关的外壳。这个外壳在测量过程中通常接地或与设备的机壳相连接。当有物体移向接近开关时，不论它是否为导体，由于它的接近，总要是电容的介电常数发生变化，从而使电容量发生变化，使得和测量头相连接的电路状态也随之发生变化，由此便可控制开关的接通或断开。这种接近开关检测的对象，不限于导体，也可以是绝缘的液体或粉物等。

在传送带单元中，电容传感器用来检测货物的材质，或者是用作接近开关，其参数以及使用方法如下。

1. 电容传感器参数如表 3–8 所示。

表 3–8　电容传感器参数表

名称	圆柱型电容传感器
检测距离	8mm ± 10%
检测物体	导体及电介质体
电源电压	DC12V—24V
接线方式	直流三线式
消耗电流	≤ 15mA
最大输出电流	200mA
输出类型	NPN

电容传感器接线如图 3–17 所示。

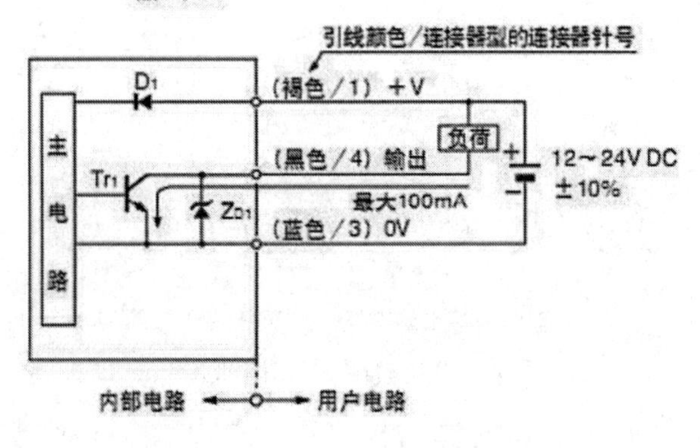

图 3–17　电容传感器接线图

2. 电容传感器的使用方法

可以通过传感器上的两个螺母的相对位置来调节传感器的灵敏度，具体方法是，将被检测物体放在传感器正下方，然后把传感器上的两个螺母旋松，接着上下调整传感器并观察输出指示灯，指示灯稳定发光时，直到满意的效果，最后再将传感器上的两个螺母旋紧固定。电容传感器是一种常见的接近开关，能检测导体及电介质体，通常情况下金属导体检测距离远非金属物体检测距离近，可通过调节电容传感器与被检测物体的距离，来区分金属和非金属物体，调节过程如下。

将装铝芯的料块放在电容传感器下，调节电容传感器，使其有输出（红色指示灯亮），将一个空芯的料块放在电容传感器下，调节电容传感器，使其无输出（红色指示灯灭），电容传感器调节完毕。

任务四　气动基本控制回路设计、安装与调试

一、气动装置

气压传动简称气动，是指以压缩空气为工作介质来传递动力和控制信号，控制和驱动各种机械和设备，以实现生产过程机械化、自动化的一门技术。气压传动具有防火、防爆、防电磁干扰，抗振动、冲击、辐射，无污染，结构简单，工作可靠等特点。气压技术与液压、机械、电气和电子技术一起，互相补充，已发展成为实现生产过程自动化的一个重要手段，在机械工业、冶金工业、轻纺食品工业、化工、交通运输、航空航天、国防建设等各个部门已得到广泛的应用。

气动（气压传动）系统是一种能量转换系统，典型的气压传动系统由气源装置、执行元件、控制元件和辅助元件四个部分组成。

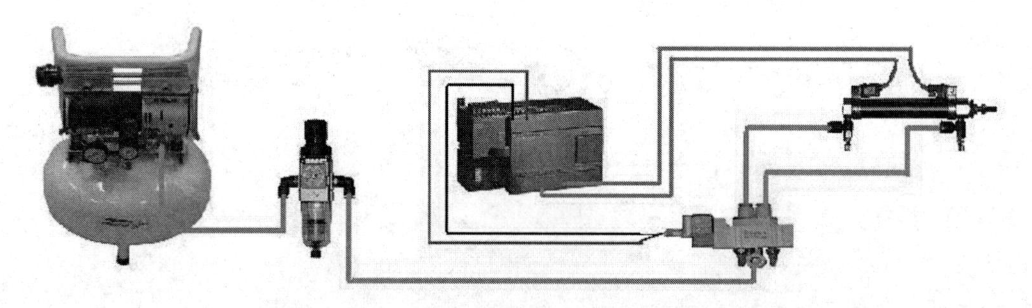

图 3-18　气动控制系统构成图

图 3-18 所示为一个简单的气动控制系统构成图。该控制系统由静音气泵、气动一联件、气缸、电磁阀、检测元件和控制器等组成能实现气缸的伸缩运动控制。气动控制系统是以压缩空气为工作介质，在控制元件的控制和辅助元件的配合下，通过执行元件把空气的压缩能转换为机械能，从而完成气缸直线或回转运动，并对外做功。气动系统的基本组成如图 3-19 所示。

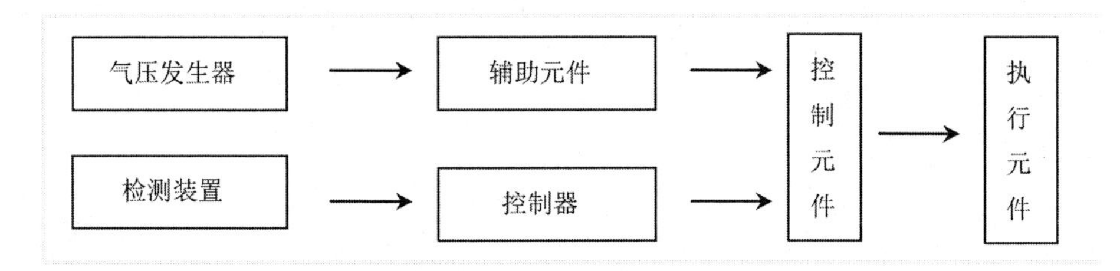

图 3-19　气动系统的基本组成图

压缩能转换为机械能，从而完成气缸直线或回转运动，并对外做功。

气压发生装置简称气源装置，是获得压缩空气的能源装置，其主体部分是空气压缩机，另外还有气源净化设备。

辅助元件是使压缩空气净化、润滑、消声以及元件间连接所需要的一些装置。如水分滤气器、油雾器、消声器以及各种管路附件等。

控制元件又称操纵、运算、检测元件，是用来控制压缩空气流的压力、流量和流动方向等，以便使执行机构完成预定运动规律的元件。如各种压力阀、方向阀、流量阀、逻辑元件、射流元件、行程阀、转换器和传感器等。

执行元件是将压缩空气的压力能转变为机械能的能量转换装置。如做直线往复运动的气缸，做连续回转运动的气马达和做不连续回转运动的摆动马达等。

二、气动装置元件

气泵、过滤减压阀、单向电磁阀、双向电磁阀、气缸、汇流排等。项目三任务四中使用的是笔形气缸。

气动元件按功能可分为四个部分：气源装置、控制元件、执行元件、辅助元件。

1. 气源装置

主要设备是空气压缩机，包括气源开关、压力开关、安全保护器、储气罐、主要管道过滤器等部件。如图 3-20 所示。

DA5001 空气压缩机技术参数

（1）额定电压：220V

（2）额定频率：50Hz

（3）排气量：50L/min

（4）噪音值：52 分贝

（5）储气罐：25L

（6）压力：8Bar

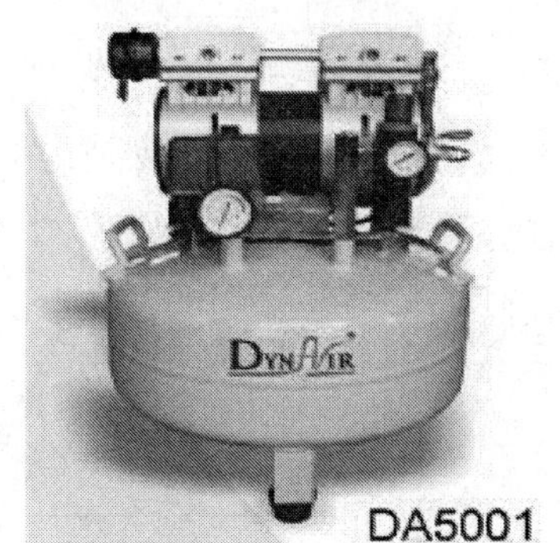

图 3-20　空气压缩机图

（7）重量：29kg

（8）尺寸：40cm × 40cm × 61cm

2. 气动执行元件

这里使用的是笔形气缸，如图 3–21。气缸主要由缸筒、活塞杆、前后端盖及密封件等组成。

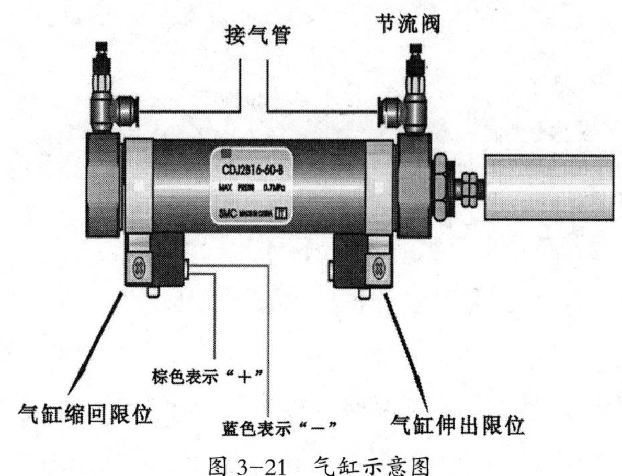

图 3–21　气缸示意图

3. 气动控制元件

气动控制元件主要包括压力控制阀、方向控制阀、节流控制阀。

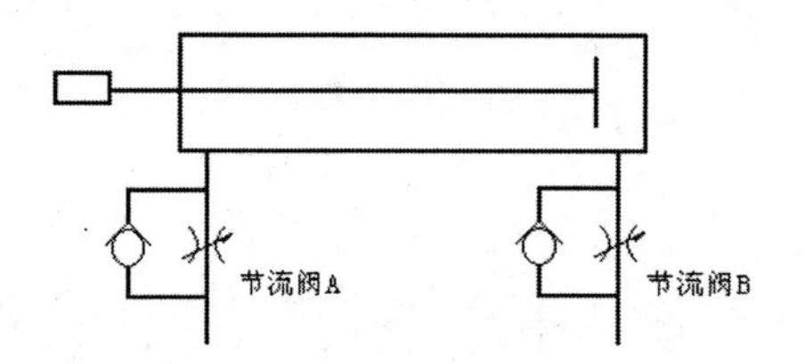

图 3–22　节流阀连接图

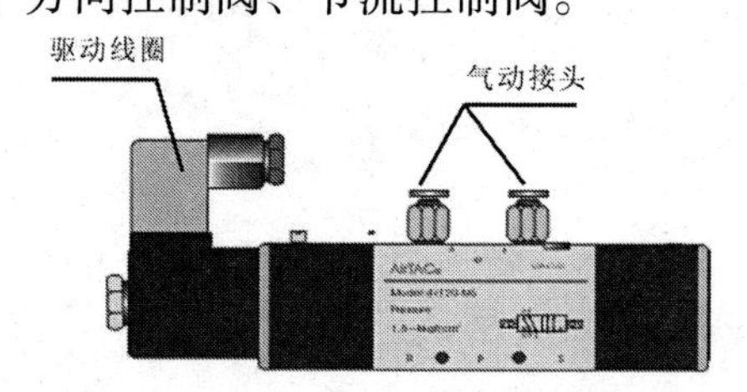

图 3–23　节流阀连接和调整原理示意图

（1）电磁阀的结构及工作原理：电磁控制换向阀简称为电磁阀，是气动控制元件中最主要的元件，其品种繁多，种类各异，按操作方式分为直动式和先导式两类。

直动式电磁阀是利用电磁力直接驱动阀芯换向，如图 3–22 所示为直动式单电控二位三通换向阀。当电磁阀得电，电磁阀的 1 口与 2 口接通；电磁线圈失电，电磁阀在弹簧作用下复位，则 1 口关闭。连接和调整原理如图 3–23 所示。二位三通电磁阀工作示意图如图 3–24 所示。

注：单向电控阀用来控制气缸单个方向运动，实现气缸的伸出、缩回运动。与双向电控阀区别在双向电控阀初始位置是任意的可以随意控制两个位置，而单控阀初始位置是固定的只能控制一个方向。

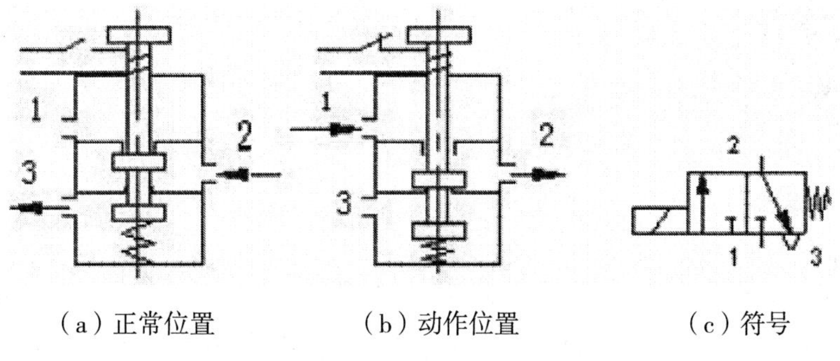

（a）正常位置　　（b）动作位置　　（c）符号

图 3–24　二位三通电磁阀示意图

4. 辅助元件

用于辅助保证空气系统正常工作的装置，包括过滤器、干燥器、空气过滤器、消声器等。气源处理组件连接图如图 3–25 所示。

气源处理组件输入气源来自空气压缩机，所提供的压力为 0.6MPa 至 1.0MPa，输出压力为 0MPa 至 0.8MPa 可调。输出的压缩空气送到各工作单元，如图 3–26 所示。

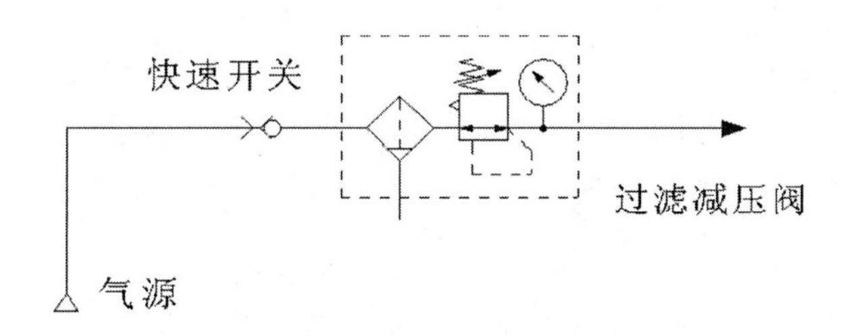

图 3–25　气源处理组件连接图

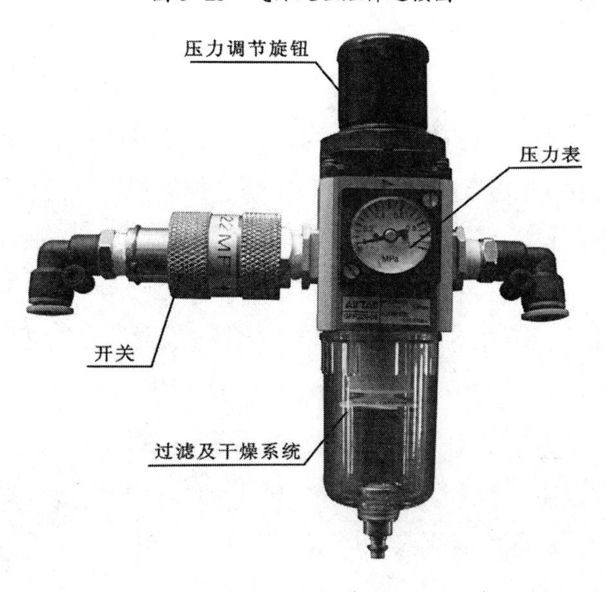

图 3–26　气源处理组件（油水分离器）图

三、气动原理

本装置气动主要分为两部分：

1. 气动执行元件部分有双作用单出杆气缸、双作用单出双杆气缸、旋转气缸、气动手爪。

2. 气动控制元件部分有单控电磁换向阀、双控电磁换向阀、节流阀、磁性限位传感器。

气路原理图如图 3–27 所示。

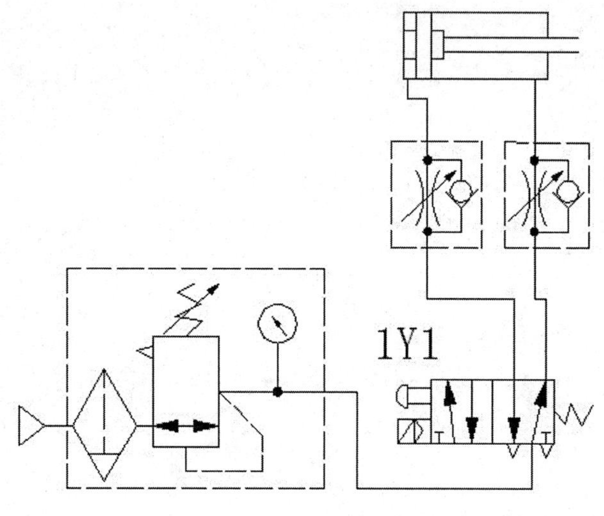

图 3–27 气路原理图

四、气路安装检查

1. 气路安装

检查空气压缩机状态，准备气路图，计划气路连接步骤，按照步骤进行气路连接。路连接时应避免直角或锐角弯曲，气管绑接扎带时不能过紧，以免影响气路的畅通。

（1）从汇流排开始，按气动控制回路原理图依次连接电磁阀、气缸。

（2）连接时注意气管走向应按序排布。均匀美观，不能交叉、打折；气管要在快速接头中插紧，不能有漏气现象。气管连接示意图如图 3–28 所示。

（3）用电磁阀上的手动换向加锁钮验证气缸的初始位置和动作位置是否正确。

（4）调整气缸节流阀以控制活塞杆的往复运动速度，指导满足要求为止。

设备组装完成后，清理工作台面，保证工作台上无杂物。线槽内不准有杂线、碎片，收拾整理桌面所有工具，严禁有工具滞留在工作台面、执行机构上。清理工作台面废屑，严禁有螺丝、垫片或号码管等元件滞留在执行机构上。

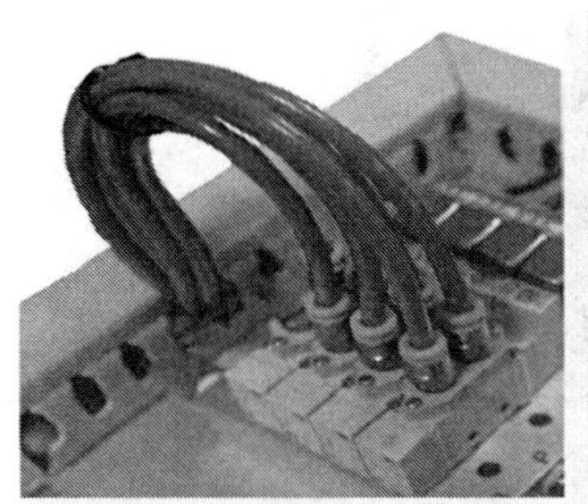

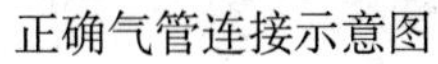

正确气管连接示意图

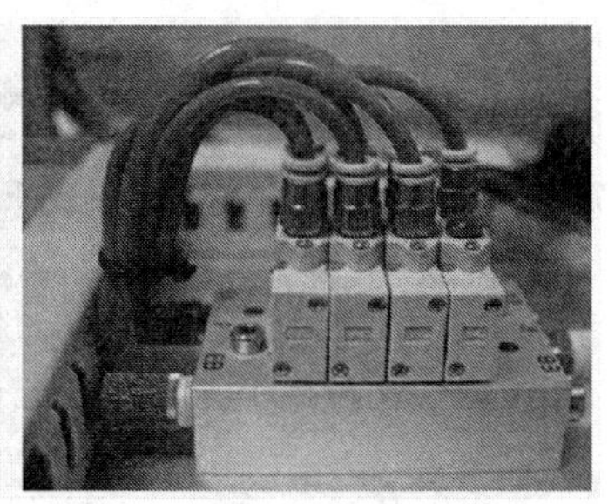

错误气管连接示意图

图 3-28　气管连接示意图

2. 气路手动检查

在通电前可以利用气阀的测试旋钮对其驱动的装置进行手动测试，从而测试各执行元件位置、气路连接、机械配合度及气缸动作幅度等基本性能的正确与否，及时进行调整。

（1）气压调整：

① 当空气压缩机气压达到 0.4Mpa 时，压缩机停止工作，待压力降低后再启动，此时打开空气压缩机手动气阀，气源引入设备气动“三联件”。

② 拔起气动“三联件”的调节阀旋钮，顺时针旋转阀门，使之压力调整到 0.3MPa，然后按下调节阀旋钮，锁住阀门，如图 3-29 所示。

③ 随着气压的增大，设备各单元通气，这时用听觉检测是否有漏气点，进行重新连接或补漏处理。

图 3-29　气压调整示意图

（2）手动测试方法：通过利用小一字螺丝刀对气动电磁阀的测试旋钮进行操作。按下即导通该阀气路，松开即断开；按下后顺时针旋转 360° 以上即可锁住该阀门，使其保持常开，逆时针回旋恢复断路，如图 3-30 所示。

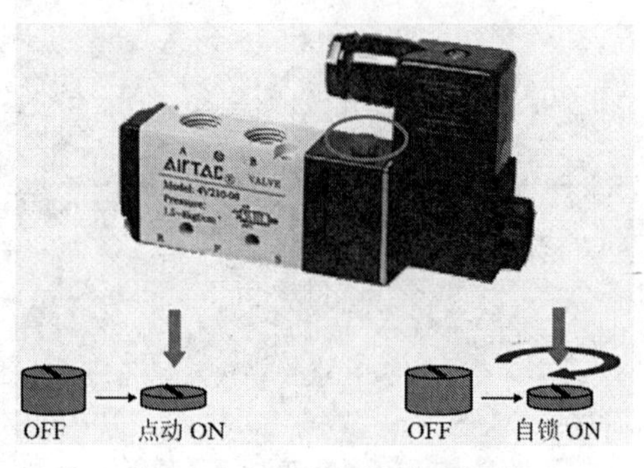

图 3-30　电磁阀手动测试图

气缸部件为双向气动驱动，即需要两条管路进行反复双向运动。因此，其动作都有限流阀进行运行速度快慢的调整。如果运动过快需要顺时针旋转节流阀调节旋钮，并锁紧防止松动；反之则需要逆时针旋转节流阀调节旋钮，直到达到合适的速度，再锁紧，如图 3–31 所示。

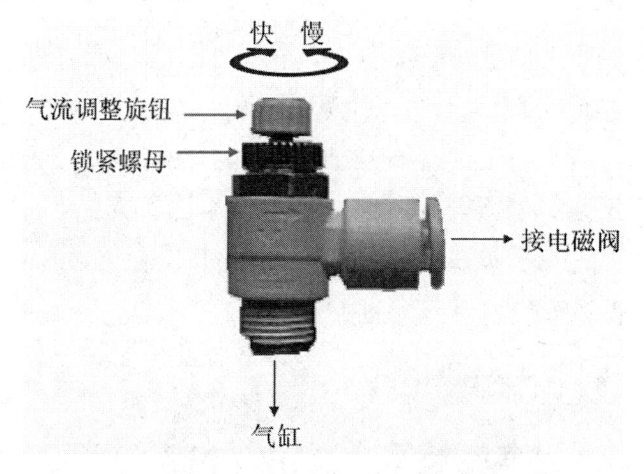

图 3-31　节流阀调节图

在调整过程中应该先将气流阀门旋到较低的位置，使气缸由慢速向快速调整，直到调整到合适的速度。在运行程序时，应该有人守候在设备旁，时刻注意设备的运行情况一旦发生执行机构相互冲突的事件，应及时操作保护设施，如切断设备执行机构的控制信号回路、切断气源等，以避免造成设备的损坏。

任务五　顺序图设计方法

顺序功能图（简称 SFC）是 IEC 标准编程语言，用于编制复杂的顺控程序，很容易被初学者接受，对于有经验的电气程师，也会大大提高工作效率。

一、顺序控制

1. 基本概念

所谓顺序控制，就是按照生产工艺预先规定的顺序，在各个输入信号的作用下，各个执行机构在生产过程中根据外部输入信号、内部状态和时间的顺序，自动而有秩序地进行操作。

按照工艺流程划分为几步，如图 3-32 所示，通过什么信号来控制一步一步地走，每步任务中有什么动作、确定动作的先后顺序。

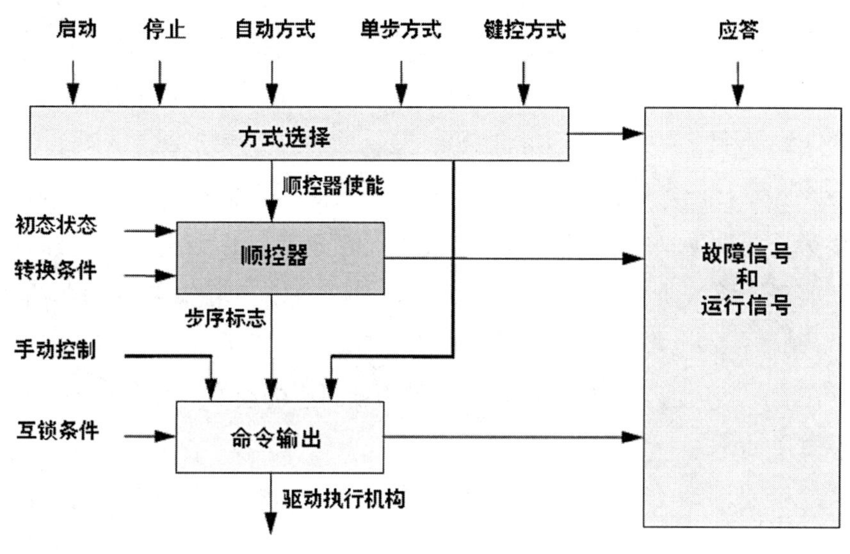

图 3-32　顺序控制工作方式图

2. 设计思路

顺序控制设计法最基本的思路是将系统的一个工作周期划分为若干个顺序相连的阶段，这些阶段称为步（Step），并用编程元件（状态继电器 S）来代表各步。步是根据输出量的状态变化来划分的。

设计步骤是：

（1）首先将系统的工作过程划分成若干步；

（2）各相邻步之间的转换条件；

（3）画出顺序控制功能图或列出状态表；

（4）根据功能图或状态表，采用各种编程方法设计出系统的程序。

3. 基本要素

顺序功能图 SFC（Sequential Function Chart），又称为流程图就是描述控制系统的控制过程、功能及特性的一种图形，并不涉及所描述的控制功能的具体技术，而是一种通用的技术语言。顺序功能图的三要素是步、动作与转换条件。

（1）步：步是控制系统中一相对不变的状态，通常表示某个或某些执行元件的状态。

①起始步：对应于控制系统的初始状态，是系统运行的起点。一个控制系统至少要有一个起始步。

②活动步：当系统正处于某一步所在的阶段时，叫做该步处于活动状态，称该步为“活动步”。处于活动步时，相应的动作被执行。

（2）有向连线和转换：

①有向连线：在控制系统中步是变化的，会向前转移的，转移的方向是按有向连线规定的路线进行；习惯上是从上到下，从左至右；如不是上述方向，应在有向连线上用箭头标明转移方向。

②转换：动作的转移是有条件的，转换条件是在有向连线上划一短横线表示，横线旁边注明转换条件。若同一级步都是活动步，且该步后的转移条件都满足，则实现转移，即后一非活动步变为活动步，原来的活动步变为非活动步。

（3）动作：一个步表示控制过程中的稳定状态，它可以对应一个或多个动作。可以在步的右边加一个矩形框，在框中写出对应的动作，可以是一个动作，也可以是多个动作。

当某一步是活动步时，其对应过程中的一个动作或多个动作执行。可用矩形框表示。

4. 绘制顺序功能图时的注意事项

（1）两个步绝对不能直接相连，必须用一个转换将它们隔开；

（2）两个转换也不能直接相连，必须用一个步将它们隔开；

（3）顺序功能图中的初始步一般对应于系统等待起动的初始状态，这一步可能没有什么输出处于 ON 状态，因此容易遗漏。初始步是必不可少的，一方面该步与它的相邻步相比，从总体上说输出变量的状态各不相同；另一方面如果没有该步，无法表示初始状态，系统也无法返回停止状态。

（4）自动控制系统应能多次重复执行同一工艺过程，因而在顺序功能图中一般应有由步和有向连线组成的闭环，即在完成一次工艺过程的全部操作之后，应从最后一步返回初始步，系统停留在初始状态；在连续循环工作方式时，将从最后一步返回下一周期开始运行的第一步。

（5）只有当某一步的所有前级步都是活动步时，该步才有可能变成活动步。

5. 基本结构顺序功能图的主要结构包括了单流程分支、选择流程分支、并行流程分支及其组合，如图 3–33 所示。

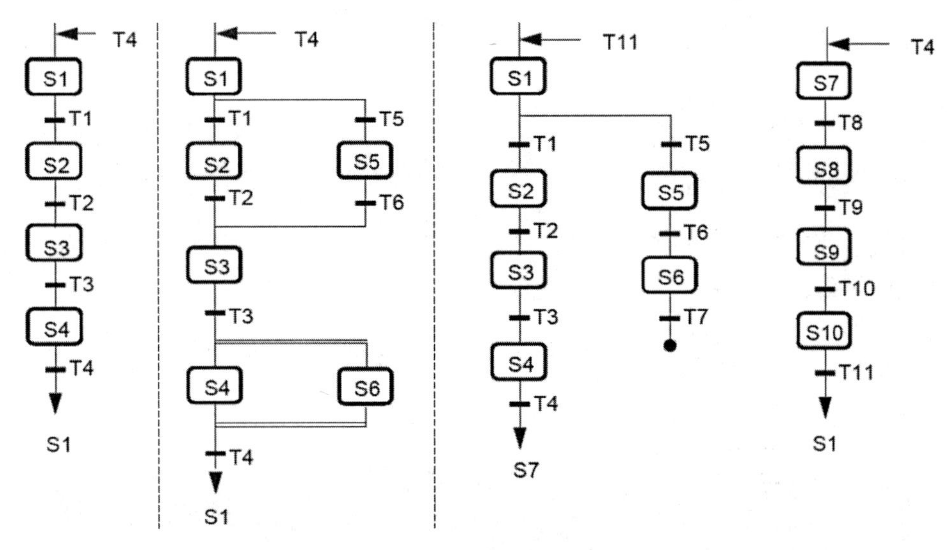

图 3–33　顺序分支流程图

（1）单流程：单流程结构由一系列前后相继激活的步组成，每步的后面进接一个转换，每个转换后面只有一个步，如图 3–34。

（2）选择流程：选择流程的开始成为分支，转换符号只能标在水平连线之下；选择流程的结束成为合并，转换符号只能标在水平连线之上，如图 3–35。

（3）并行流程：当转换的实现导致几个序列同时激活时，这些序列成为并行序列。并行序列的开始成为分支，转换符号只能标在水平连线之上，且只允许有一个转换符号；为了强调转移的同步实现，水平连线用双线表示；并行序列被激活后，每个序列活动步的进展是独立的。

并行流程的结束成为合并，在表示同步的水平双线之下，只允许有一个转换符号，当直线连接在双线上的所有前级步都处于活动状态，并且转换条件得到满足时，才会发生转换，如图 3–36。

6. 顺序功能图中转换实现的基本规则

（1）顺序功能图中转换的实现：

① 该转换的前级步必须是“活动步”。

② 相应的转换条件得到满足。

（2）转换实现应完成的操作：

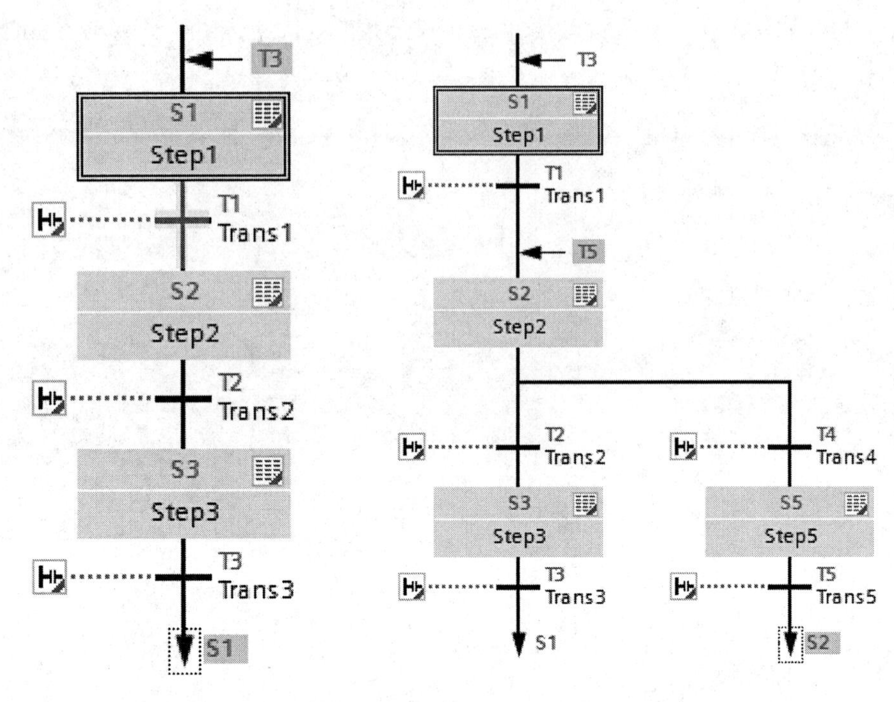

图 3-34　单流程结构图　　　　　　　　图 3-35　选择流程图

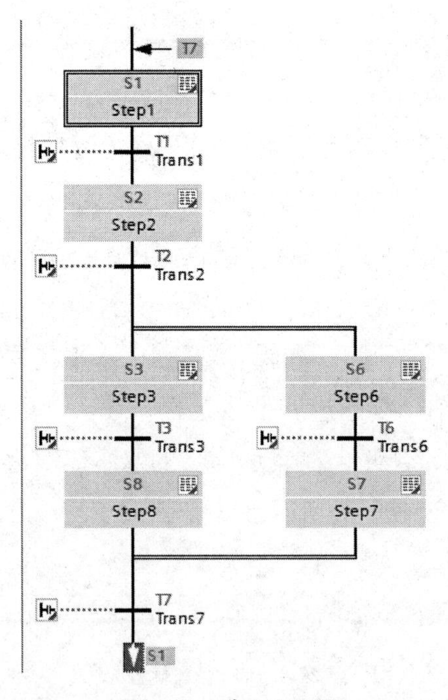

图 3-36　并行流程图

① 使所有由有向连线与相应转换条件相连的后续步都变成活动步。

② 使所有由有向连线与相应转换条件相连的前级步都变为不活动步。

7. 顺序功能图设计法与经验设计法的比较

（1）设计方法方面：

①经验设计法：实质上是试图用输入信号 I 直接控制输出信号 Q，如果无法直接控制，或者为了实现记忆、连锁、互锁等，只能被动增加一些辅助元件和辅助触点。

②顺序功能图设计法：是输入信号 I 控制代表步的编程元件，再用编程元件控制输出信号 Q，而步是根据输出量的状态划分的，代表步的编程元件和输出量之间具有简单的逻辑关系，输出电路的设计比较简单。

（2）特点：

①经验设计法：由于不同系统的输出量和输入量之间的关系不同，以及对连锁、互锁的要求不同。因此，经验设计法不可能找到一种简单通用的设计方法。

②顺序功能图法：具有简单、规范和通用的特点。

二、创建 S7 GRAPH 项目

GRAPH 是创建顺序控制系统的图形编程语言使用顺控程序，可以更为快速便捷和直观地对顺序进行编程。通过将过程分解为多个步，而且每个步都有明确的功能范围，然后再将这些步并组织到顺控程序中。 在各个步中定义待执行的动作以及步之间的转换条件。 这些转换条件包括切换到下一步的条件。

利用 S7 GRAPH 编程语言，可以清楚快速地组织和编写 S7 PLC 系统的顺序控制程序。它根据功能将控制任务分解为若干步，其顺序用图形方式显示出来并且可形成图形和文本方式的文件。可非常方便地实现全局、单页或单步显示及互锁控制和监视条件的图形分离。

GRAPH 是用于创建顺序控制系统的图形编程语言。可快速、便捷地对顺序控制系统进行编程。GRAPH 编程时将过程分解为多个步，每个步都有明确的功能域并用图形方式表示。用户可以在各个步中定义要执行的动作，把步间进行转换的条件作为转换条件。

在每一步中要执行相应的动作并且根据条件决定是否转换为下一步。它们的定义、互锁或监视功能用 STEP 7 的编程语言 LAD 或 FBD 来实现。TIA 博途软件 FB 块集成了 GRAPH 编程环境，此 FB 可以被其他程序（OB、FC、FB）调用，例如 OB1。

1. 创建 S7 项目

打开 SIMATIC Manager，然后执行菜单命令【File】→

【New】创建一个项目，并命名为“信号灯 Graph”。如图 3–37 所示。

2. 硬件配置

选择“信号灯 Graph”项目下的“SIMATIC 300 Station”文件夹，进入硬件组态窗口按图完成硬件配置，最后编译保存并下载到 CPU。按照图 3–38 添加硬件，图 3–39 修改 I/O 地址。

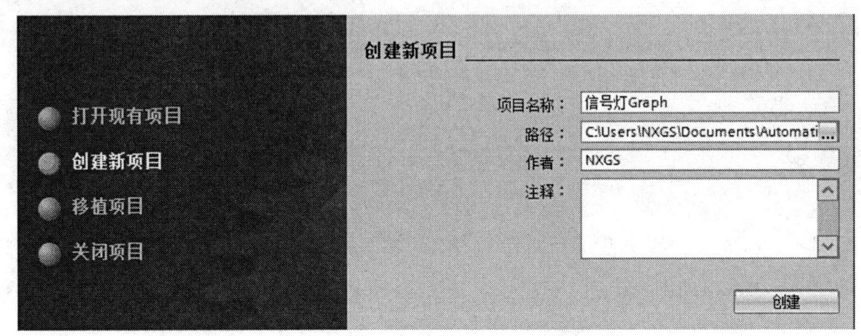

图 3–37　创建新项目对话框图

图 3–38　添加新设备图

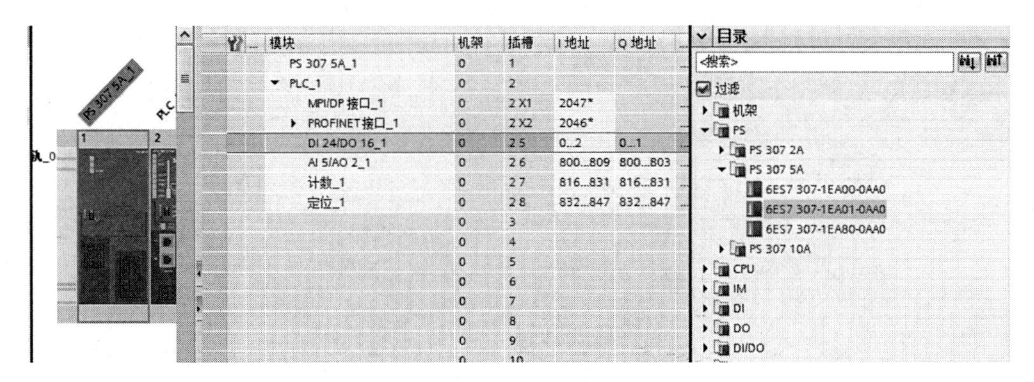

图 3-39　修改 I/O 地址图

3. 输入变量表

添加新变量表，并输入如图 3-40 所示变量表。

		名称	数据类型	地址 ▲
1		启动（SB4）	Bool	%I0.0
2		停止（SB5）	Bool	%I0.1
3		DAN运行（SB6）	Bool	%I0.2
4		落料口检测	Bool	%I0.3
5		电感传感器检测	Bool	%I0.4
6		电容传感器检测	Bool	%I0.5
7		光纤传感器检测	Bool	%I0.6
8		气缸A伸出检测	Bool	%I0.7
9		气缸A复位检测	Bool	%I1.0
10		气缸B伸出检测	Bool	%I1.1
11		气缸B复位检测	Bool	%I1.2
12		气缸C伸出检测	Bool	%I1.3
13		气缸C复位检测	Bool	%I1.4
14		转换开关SA1	Bool	%I1.5
15		推料原点	Bool	%I1.6
16		推料限位	Bool	%I1.7
17		HL1	Bool	%Q0.0
18		HL2	Bool	%Q0.1
19		HLR红色报警灯	Bool	%Q0.2
20		气缸A伸出	Bool	%Q0.3
21		气缸B伸出	Bool	%Q0.4
22		气缸C伸出	Bool	%Q0.5
23		STF(电机正转)	Bool	%Q0.6
24		STR（电机反转）	Bool	%Q0.7
25		RH（电机高速）	Bool	%Q1.0
26		RM（电机中速）	Bool	%Q1.1
27		RL（电机低速）	Bool	%Q1.2
28		推料	Bool	%Q1.3

图 3-40　变量表图

4. 插入 S7 GRAPH 功能块（FB）

在 TIA 博途软件项目的程序块目录下，双击“添加新块”，在弹出界面中选择函数块，编程语言类型选择 GRAPH，如图 3-41 所示。

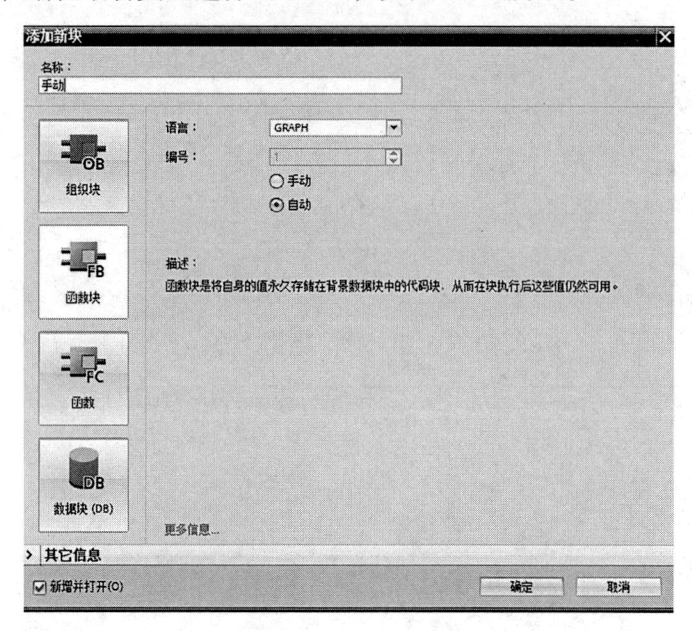

图 3-41　添加程序块图

程序双击新生成的 GRAPH FB 后，可以打开用户界面，如图 3-42 所示。

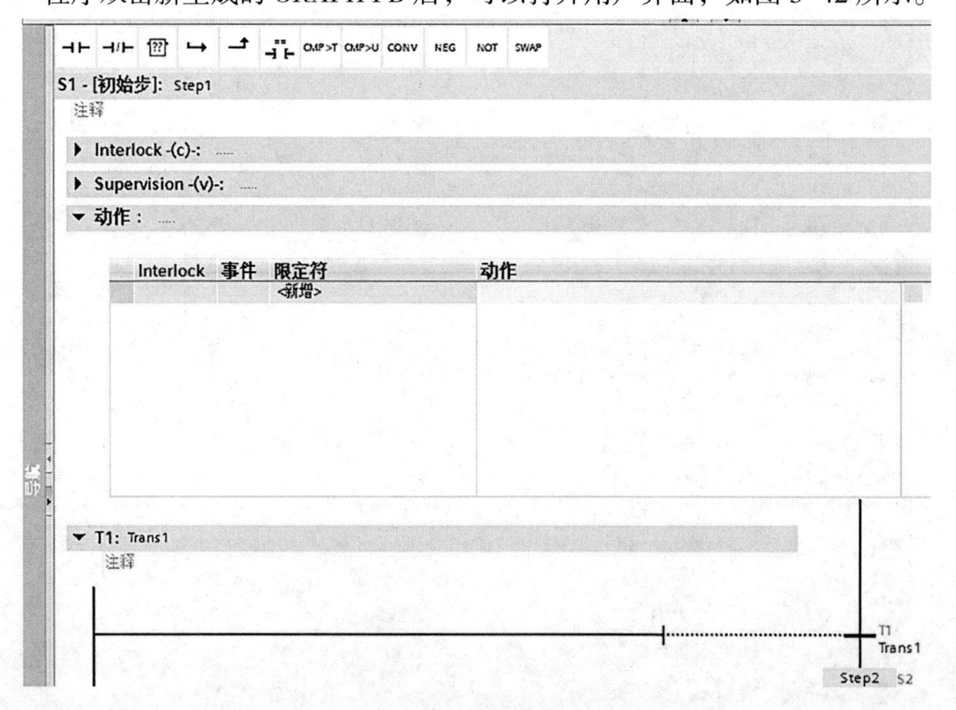

图 3-42　编程界面图

5. 调用 S7 GRAPH 功能块

打开编辑器左侧浏览窗口中的“FB Blocks”文件夹，双击其中的 FB1 图标，在 OB1 的 Nework 1 中调用顺序功能图程序 FB1，在模块的上方输入 FB1 的背景功能块 DB1 的名称。 在“INIT_SQ”端口上输入“Start”，也就是用起动按钮激活顺控器的初始部 S1；在“OFF_SQ”端口上输入“Stop”，也就是用停止按钮关闭顺控器。最后用菜单命令【File】→【save】保存 OB1。

6. 用 S7-PLCSIM 仿真软件调试 S7 GRAPH 程序

调试窗口如图 3-43 所示。

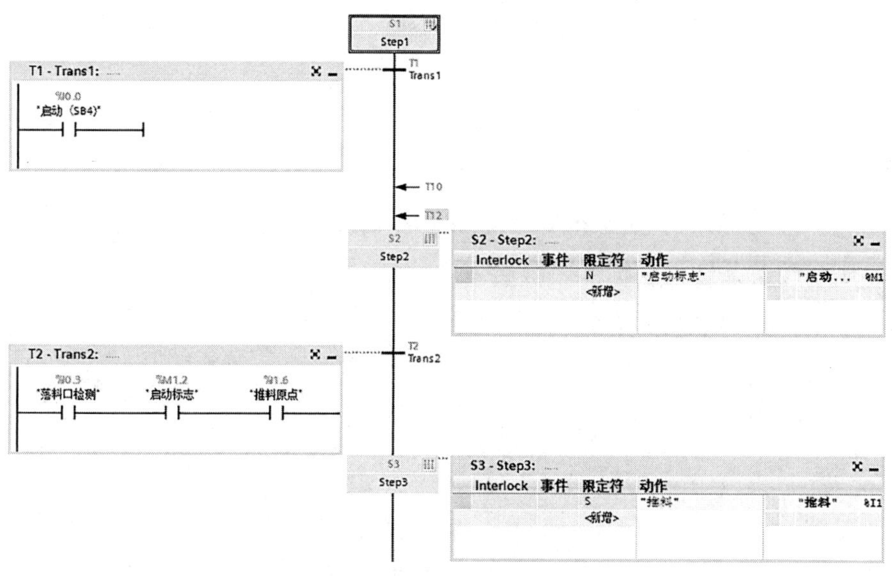

图 3-43　仿真软件调试

7.GRAPH 程序规则

用户可以在工作区编辑 GRAPH 程序，此程序应当遵循如下规则：

（1）顺控器规则：

GRAPH 程序是这样工作的：

① 每个 GRAPH 程序，都可以作为一个普通 FB 被其他程序调用；

② 每个 GRAPH 程序，都被分配一个背景数据块，此数据块用来存储 FB 参数设置，当前状态等；

③ 每个 GRAPH 程序，都包括三个主要部分：顺控器之前的固定指令、一个或多个顺控器，顺控器之后的固定指令。

（2）固定指令：在“前固定指令”（Permanent pre-instructions）和“后固定指令”（Permanent post-instructions）工作区视图中，用户可以编写固定

指令。GRAPH-FB 总共可包含 250 个前固定指令和 250 个后固定指令程序段。无论顺控程序的状态如何，固定指令都会在每个循环内处理一次。

① GRAPH 的 FB 可以是简单的线性结构顺控器；

② GRAPH 的 FB 可以是包括选择结构及并行行结构顺控器；

③ GRAPH 的 FB 可以包括多个顺控器。

（3）顺控器执行规则：

① 每个顺控器都以如下情况开始。一个初始步或者多个位于顺控器任意位置的初始步：只要某个步的某个动作（action）被执行，则认为此步被激活（active），如果多个步被同时执行，则认为是多个步被激活。

② 一个激活的步在如下情况退出。

Ⅰ. 任意激活的干扰（active disturbaces），例如互锁条件或监控条件的消除或确认；

Ⅱ. 并且至后续步的转换条件（transition）满足。

③ 满足转换条件的后续步被激活。

④ 在顺控器的结束位置如果有：

Ⅰ. 一个跳转指令（jump），指向本顺控器的任意步，或者 FB 的其他顺控器，此指令可以实现顺控器的循环操作：

Ⅱ. 分支停止指令，顺控器的步将停止。

（4）步（Step）：在 GRAPH 程序中，控制任务被分为多个独立的步。在这些步中将声明一些动作，这些动作将在某些状态下被控制器执行（例如控制输出，激活或去激活某些步）。

激活的步（Active Step），是一个当前自身的动作正在被执行的步。一个步在如下任意情况下都可被激活。

① 当步前面的转换条件满足；

② 当某步被定义为初始步（initial step），并且顺控器被初始化；

③ 当某步被其他基于事件的动作调用（event-dependent action）。

（5）顺控器元素：在新建的 GRAPH FB 中，默认会有一个步及转换条件，用户可以在此基础上增加新的步及转换条件。用户添加步或转换条件时，它们会被系统自动分配一个编号，此编号可以被任意修改。

①初始步。当一个 GRAPH FB 被调用时，顺控器中的初始步将被无条件执行，此步不一定是顺控器中编号第一的步。顺控器由 FB 的参数 INIT SQ=1 被初始化，

由初始步开始执行。与系统的初始状态相对应的步称为初始步，初始状态一般是系统等待启动命令的相对静止的状态。在顺序功能图中初始步用双线框表示，一般步用矩形框表示，矩形框中用数字表示步的编号。

②活动步。当系统正处于某一步所在的阶段时，称该步处于活动状态，该步为“活动步”。

当步处于活动状态时，相应的动作被执行。

处于不活动状态时，相应的非存储型动作被停止执行。

在工作区的顺控器视图中有如下顺控器元素。

标准动作—激活一个步后，将执行标准动作。

（6）顺序控制中的定时器与计数器：在顺序功能图中，常用的定时器和计数器如表 3–9 和 3–10 所示。

表 3–9　常用定时器表

事件	标识符	说明
S1、S0、L1、L0、V1、V0、A1、R1	TD	保持型接通延时：一旦发生所定义的事件，则立即启动定时器。在指定的持续时间内，定时器状态的信号状态为“0”。超出该时间后，定时器状态的信号状态将变为“1”。
S1、S0、L1、L0、V1、V0、A1、R1	TR	停止定时器和复位：一旦发生所定义的事件，则立即停止定时器。定时器的状态和时间值将复位为 0。
—	TF	关断延时：一旦激活该步，计数器状态将立即复位为“1”。当取消激活该步时，定时器开始运行，但在超出时间后，定时器状态将复位为“0”。

表 3–10　计数器的应用表

事件	标识符	操作数的数据类型	含义
S1、S0、L1、L0、V1、V0、A1、R1	CS	COUNTER	设置计数器的初始值：一旦发生所定义的事件，计数器将立即设置为指定的计数值。可以将计数器值指定为 WORD 数据类型（C#0 至 C#999）的变量或常量。
S1、S0、L1、L0、V1、V0、A1、R1	CU	COUNTER	加计数：一旦发生所定义的事件，计数器值将立即加“1”。计数器值达到上限“999”后，停止增加。达到上限后，即使出现信号上升沿，计数值也不再递增。

续表

事件	标识符	操作数的数据类型	含义
S1、S0、L1、L0、V1、V0、A1、R1	CD	COUNTER	减计数：一旦发生所定义的事件，计数器值将立即减“1”。计数器值达到下限“0”时，停止递减。达到下限后，即使出现信号上升沿，计数值也不再递减。
S1、S0、L1、L0、V1、V0、A1、R1	CR	COUNTER	复位计数器：一旦发生所定义的事件，计数器值将立即复位为“0”。

可以在动作中使用计数器。要指定计数器的激活时间，则通常需要为计数器关联一个事件。这意味着在发生相关事件时将激活该计数器。也可以将使用“S1”“V1”“A1”或“R1”事件的动作与互锁条件相关联。因此，只有在满足互锁条件时，才能执行这些动作。

（7）动作与事件：动作的组成元素。

1）互锁条件（可选）

可以将动作与互锁条件相关联，以影响动作的执行。

用户可以选择此动作是否与互锁条件相关，如果不相关，则选择“无条件”；如果相关，则选择“互锁条件”。

2）事件（可选）

事件将定义动作的执行时间。必须为某些标识符指定一个事件。

用户可以选择此动作是否与事件相关，如果不相关，则选择“无条件”；如果相关，则可以在下拉菜单中选择相应的事件。

① S1：步变为活动状态

② S0：步已取消激活

③ V1：发生监视错误（故障）

④ V0：已解决监视错误（无故障）

⑤ L0：满足互锁条件（故障消除）

⑥ L1：不满足互锁条件（发生故障）

⑦ A1：报警已确认。

⑧ R1：到达的注册（FB 输入管脚 REG EF/REG_S 输入端的上升沿）

3）标识符（必需）

标识符将定义待执行动作的类型，如置位或复位操作数。

① CD：减计数

② CR：复位计数器

③ CS：设置计数器值

④ CU：加计数

⑤ D：接通延时

⑥ L：设置制时间

⑦ N：在步处于活动状态时设置

⑧ ON：激活步

⑨ OFF：禁用步

⑩ R：置位为 0

⑪ S：置位为 1

⑫ TD：保持型接通延时

⑬ TF：关闭定时器

⑭ TL：扩展脉冲

⑮ TR：保持定时器和复位

D. 动作（必需）

动作将确定执行该动作的操作数。常用动作如表 3–11 所示。

表 3–11　动作表

标识符	操作数的数据类型	含义
N. 只要激活步，就立即置位	BOOL、FB、FC、SFB、SFC	只要激活该步，操作数的信号状态即为“1”。 只要激活该步，将立即调用所指定的块。 该步在发生 S1 事件的周期中也视为激活。
S. 置位为 1	BOOL	只要激活该步，则立即将操作数置位为“1”并保持为“1”。
R. 置位为 0	BOOL	只要激活该步，则立即将操作数置位为“0”并保持为“0”。
D. 接通延时	BOOL 和 TIME/DWORD	在激活该步 n 秒之后，将操作数置位为“1”并在步激活的持续时间内保持为“1”。如果步激活的持续时间小于 n 秒，则不适用。 可以将时间指定为一个常量，或指定为一个 TIME/DWORD 数据类型的 PLC 变量。
L. 在设定时间内置位	BOOL 和 TIME/DWORD	激活该步时，则操作数将置位为“1” n 秒时间。之后将复位该操作数。如果步激活的持续时间小于 n 秒，则操作数也会复位。 可以将时间指定为一个常量，或指定为一个 TIME/DWORD 数据类型的 PLC 变量。

例如：

D.“My Tag”，T#2s。在激活步 2 秒钟之后，将“My Tag”操作数置位为“1”，并在步激活期间保持为“1”。如果步激活的持续时间小于 2 秒，则不适用。在取消激活该步后，复位操作数（无锁存）。

L.“My Tag”，T#20s。如果激活该步，则“My Tag”操作数将置位为“1”20 秒钟时间。20 秒后将复位该操作数(无锁存)。如果步激活的持续时间小于 20 秒，则操作数也会复位。

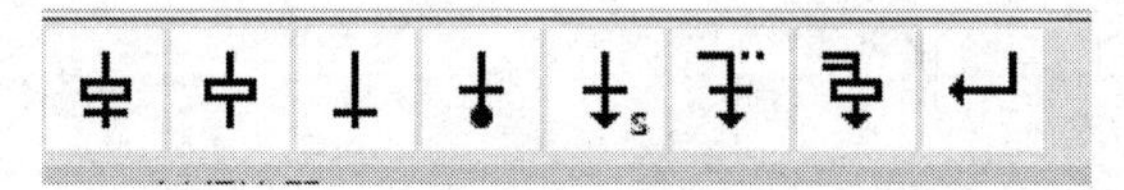

图 3-44　指令栏图

如图 3-44 它们依次为：步 + 转换条件、步、转换条件、顺控器结尾、跳转、打开选择分支、打开并行分支、结束分支。

图 3-45　工具栏图

图 3-45 工具条中的图标功能依次为：

① 插入顺控器、删除顺控器、同步导航；

② 前固定指令、顺控器视图、单步视图、后固定指令、报警视图；

③ 插入程序段、删除程序段；

④ 插入行、添加行；

⑤ 复位启动值；

⑥ 打开所有程序段、关闭所有程序段、启用 / 禁用自由格式的注释、绝对 / 符号操作数在编辑器中显示收藏；

⑦ 转到上一个错误、转到下一个错误、更新不一致的块调用；

⑧ 启用 / 禁用监视。

顺控器常用的参数功能如表 3-12 所示。

表 3-12　功能说明表

参数	数据类型	说明
OFF_SQ	BOOL	OFF_SEQUENCE：关闭顺控程序，即激活所有步　类型：请求
INIT_SQ	BOOL	INIT_SEQUENCE：激活初始步，复位顺控程序　类型：请求
ACK_S	BOOL	ACKNOWLEDGE_STEP：确认输出参数“S_NO”中所指示的步

续表

参数	数据类型	说明
HALT_SQ	BOOL	HALT_SEQUENCE：停止 / 重新激活顺控程序 类型：状态，由下一个上升沿复位
HALT_TM	BOOL	HALT_TIMES：停止 / 重新激活所有步的激活时间和顺控程序中与时间相关的操作（L 和 D）　类型：状态，由下一个上升沿复位
ZERO_OP	BOOL	ZERO_OPERANDS：将活动步中带有标识符 N、D、L 的所有操作数都复位为 0，但不执行动作 / 重新激活操作数和 CALL 指令中的 CALL 指令 类型：状态，由下一个上升沿复位
SQ_ISOFF	BOOL	SEQUENCE_IS_OFF：顺控程序关闭（未激活任何步）
SQ_HALTED	BOOL	SEQUENCE_IS_HALTED：顺控程序已停止
TM_HALTED	BOOL	TIMES_ARE_HALTED：定时器已停止
OP_ZEROED	BOOL	OPERANDS_ARE_ZEROED：操作数已复位

任务六　饮料自动灌装生产线电路设计

一、饮料自动灌装生产系统设计过程

根据生产任务要求，按照如下图 3–46 所示的流程设计饮料自动灌装生产系统。

二、确定 I/ O 分配表

根据生产任务如图，确定如下 I/O 分配表见表 3–13。

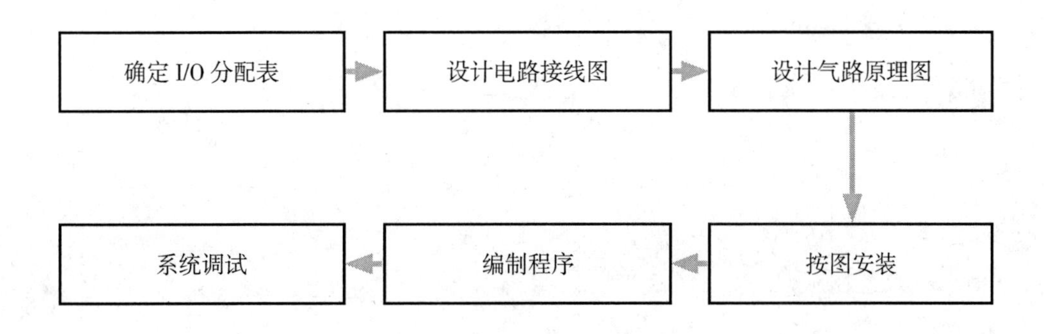

图 3–46　生产系统设计图

表 3–13 I/O 分配表

输入地址			输出地址		
序号	地址	备注	序号	地址	备注
1	I0.0	启动（SB4）	1	Q0.0	HL1
2	I0.1	停止（SB5）	2	Q0.1	HL2
3	I0.2	DAN 运行（SB6）	3	Q0.2	HLR 红色报警灯
4	I0.3	落料口检测	4	Q0.3	气缸 A 伸出
5	I0.4	电感传感器检测	5	Q0.4	气缸 B 伸出
6	I0.5	电容传感器检测	6	Q0.5	气缸 C 伸出
7	I0.6	光纤传感器检测	7	Q0.6	电机正转
8	I0.7	气缸 A 伸出检测	8	Q0.7	电机反转
9	I1.0	气缸 A 复位检测	9	Q1.0	电机高速
10	I1.1	气缸 B 伸出检测	10	Q1.1	电机中速
11	I1.2	气缸 B 复位检测	11	Q1.2	电机低速
12	I1.3	气缸 C 伸出检测	12	Q1.3	推料
13	I1.4	气缸 C 复位检测			
14	I1.5	转换开关 SA1			
15	I1.6	推料气缸原点			
16	I1.7	推料气缸限位			

三、电路接线图

根据 I/O 分配表设计如图 3–47 电路接线图。

四、气路原理图

根据气缸工作原理设计如图 3–48 气路原理图。

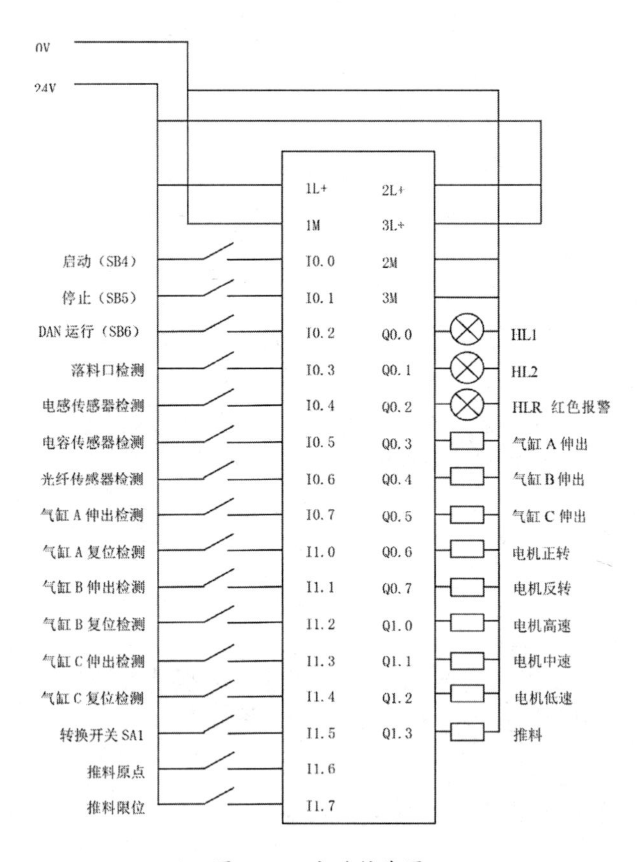

图 3-47 电路接线图

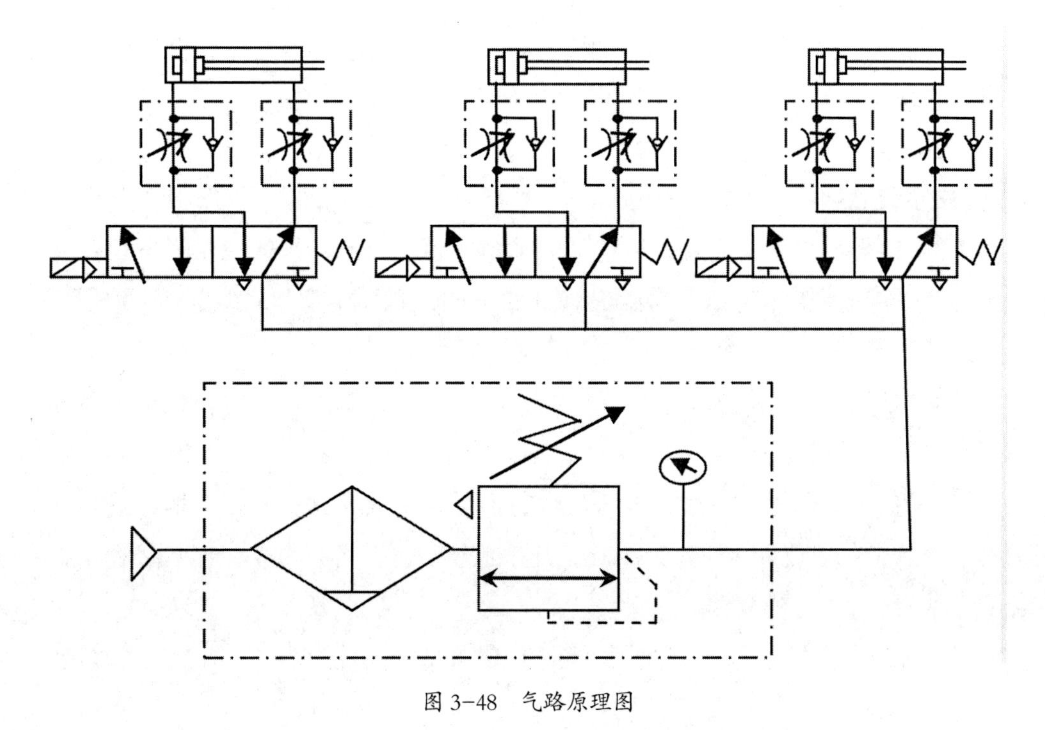

图 3-48 气路原理图

任务七　饮料自动灌装生产线系统程序设计

一、饮料自动灌装生产线控制系统工作任务

系统通过开关设定为手动模式和自动操作模式。

1. 手动模式运行（部件测试）

（1）手动模式运行选择：转换开关 SA1 旋到左边位置

（2）手动模式运行控制：SB6

（3）手动测试：按下触摸屏上操作按钮，设备相应部件动作，同时触摸屏上部件动作指示灯亮。

（4）手动模式运行指示：HL1 常亮

需要手动检查气缸 A 伸出→气缸 B 伸出→气缸 C 伸出→气缸 A 缩回→气缸 B 缩回 →气缸 C 缩回的动作是否正常；

2. 饮料自动灌装生产自动模式

（1）灌装方式选择：开关 SA1 置“右”位置。

（2）灌装方式指示：HL2 常亮。

3. 灌装方式启动控制：SB4

（1）理瓶：按下启动按钮，理瓶机动作，将空饮料瓶送入传送带，则传送带的驱动电机启动并一直保持到停止开关动作或灌装设备下的传感器检测到一个瓶子时停止；

（2）灌装：开始进行饮料灌装，灌装过程指示灯以 2Hz 频率闪烁显示，10s 后瓶子装满饮料，灌装指示灯灭。

（3）旋盖：灌装完成后，传送带驱动电机自动启动，当饮料瓶子定位在旋盖设备下时传送带停止运行，旋盖设备开始工作，旋盖过程为 5s；旋盖过程中，旋盖指示灯亮。

（4）贴标：当饮料瓶子定位在贴标设备下时传送带停止运行，贴标设备开始工作，贴标过程为 5s；贴标过程中，贴标指示灯亮。

（5）包装：贴标完成后，传送带自行启动，将成品饮料送入滑槽，送入滑槽的成品饮料瓶数达到 4 瓶时为一扎，开始包装。包装时间为 8s，包装过程中，包装指示灯亮。

包装完成后，完成一个生产周期，生产扎数加 1。自动开始下一个灌装生产周期。

系统启动，计数器检测并记录生产饮料瓶数和扎数，可以手动对计数值清零。

3. 停机控制

（1）停止按钮：

①控制：SB5

②要求：完成当前物料灌装工作后，回到初始位置，所有部件均停止运行。再次按下启动按钮 SB4，开始一个新的工作周期。

③自动停止：完成两次包装后，系统自动停止。

二、程序要点

1. 用步进状态程序来实现系统的待机与运行。

2. 由于金属与塑料有不同的运行状态与灌装位置，因而对金属与塑料的灌装运行用选择结构实现。

3. 由于指示灯控制较复杂，不宜将其放在步进状态中，因而可编写专门的指示灯程序。如用梯形图处理则要避免出现双元件（如要解决同一个灯又发光、又闪烁，同一个灯在不同情况下的控制问题）。比较好的是用独立的步进程序来处理。

4. 对指示灯的闪烁，可先编写闪烁梯形图，到时采用。

5. 按下停止按钮后，若传送带有料，则系统要继续完成工件的灌装。所以只能在下料前断开，并使传送带完成灌装后停止。

三、顺序图设计

1. 手动模式运行

为确认设备能够正常运行，实现饮料灌装的功能，需在运行手动测试程序。使用 GRAPH 编程语言，建立 FB 块，按照图 3–49 的流程图写出手动程序，使用转换开关进行手动自动模式切换。

2. 灌装自动方式 SFC 块

根据工作任务写出如图 3–50 所示的饮料灌装自动运行流程图。

使用 GRAPH 编程语言，建立 FB 块，按照图 3–50 的流程图写出自动程序，使用转换开关进行模式切换，并写出计数器调用、复位的梯形图程序。部分梯形图如图 3–51 所示。

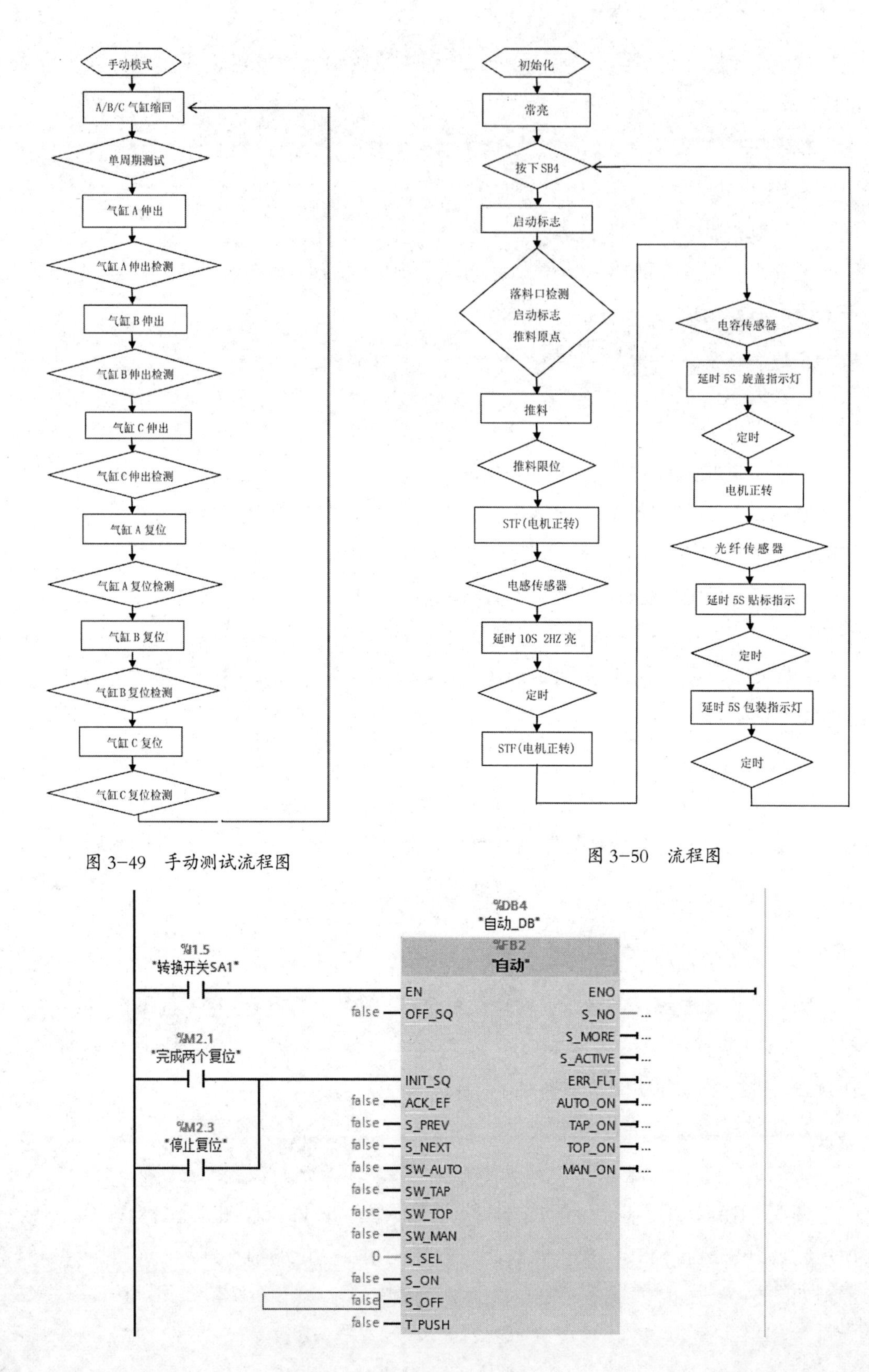

图 3-49　手动测试流程图

图 3-50　流程图

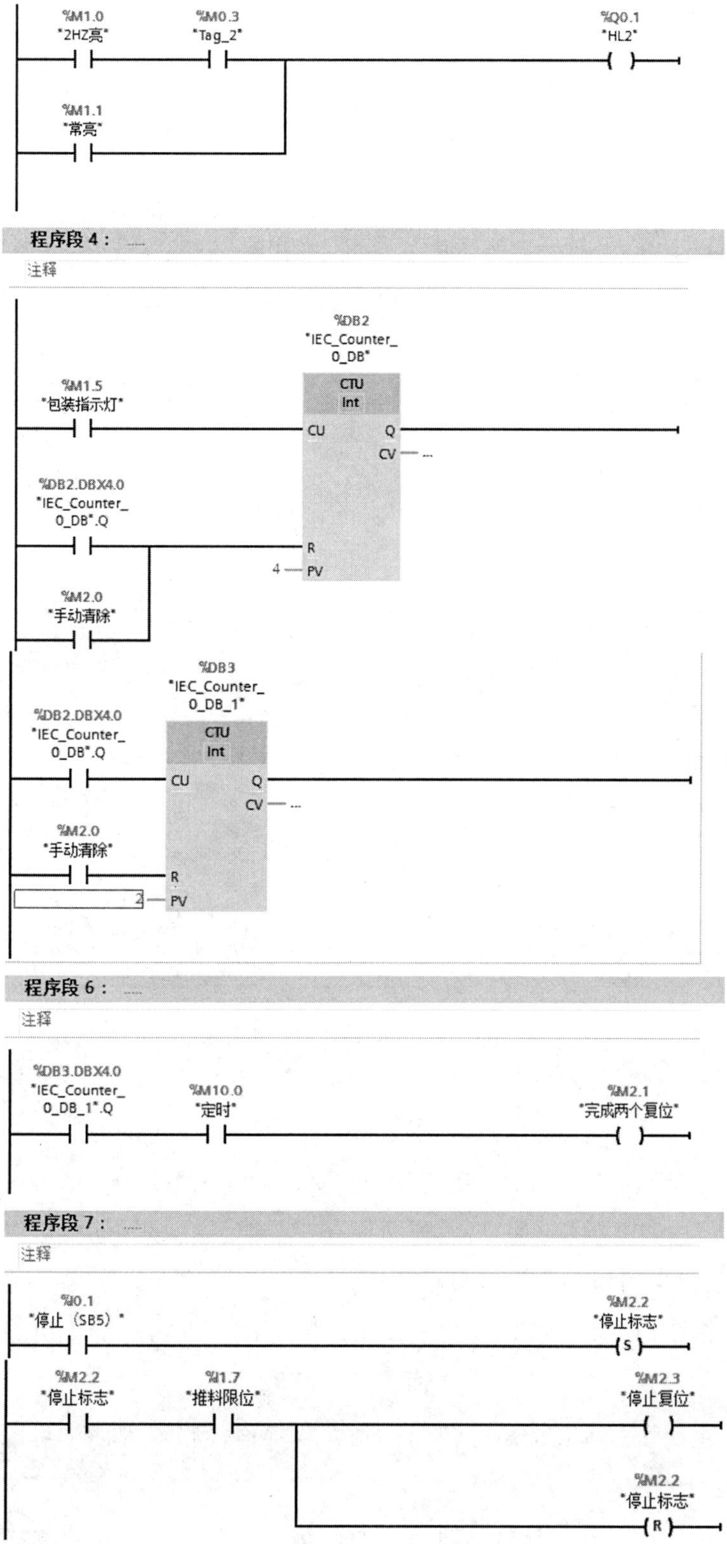

%M1.0 "2HZ亮"　%M0.3 "Tag_2"　%Q0.1 "HL2"

%M1.1 "常亮"

程序段 4： ……

注释

%DB2 "IEC_Counter_0_DB"

CTU Int

%M1.5 "包装指示灯"　CU　Q　CV — ...

%DB2.DBX4.0 "IEC_Counter_0_DB".Q　R

4 — PV

%M2.0 "手动清除"

%DB3 "IEC_Counter_0_DB_1"

CTU Int

%DB2.DBX4.0 "IEC_Counter_0_DB".Q　CU　Q　CV — ...

%M2.0 "手动清除"　R

2 — PV

程序段 6： ……

注释

%DB3.DBX4.0 "IEC_Counter_0_DB_1".Q　%M10.0 "定时"　%M2.1 "完成两个复位"

程序段 7： ……

注释

%I0.1 "停止（SB5）"　%M2.2 "停止标志" S

%M2.2 "停止标志"　%I1.7 "推料限位"　%M2.3 "停止复位"

%M2.2 "停止标志" R

图 3-51　灌装方式部分程序图

3.HMI 设备组态

在项目视图中单击“添加新设备”，依次选择 HMI、SIMATIC 精致面板、7” 显示屏和 TP700 精致面板，6AV2 124–0GC01–0AX0 在弹出的界面右侧会看到组态的触摸屏的型号、版本、订货号和说明信息，如图 3–52 所示。

图 3–52　添加 HMI 图

单击“确定”按钮，进入“HMI 设备向导”界面，如图 3–53 所示，选择连接的 PLC 设备，可以直接点击“完成”按钮，以默认设置的方式完成对触摸屏的组态，也可以点击“下一步”按钮，一步一步地对触摸屏组态。

单击“下一步”按钮，弹出“画面布局”界面，在该界面中可以选择触摸屏画面的背景色也可以选择是否显示页眉。

继续单击“下一步”按钮，弹出“报警”界面，在该界面中可以选择组态报警设置。

继续单击“下一步”按钮，弹出“画面”界面，在该界面中可以添加、删除和重命名新画面。

继续单击“下一步”按钮，弹出“系统画面”按钮，在该界面中可以选择

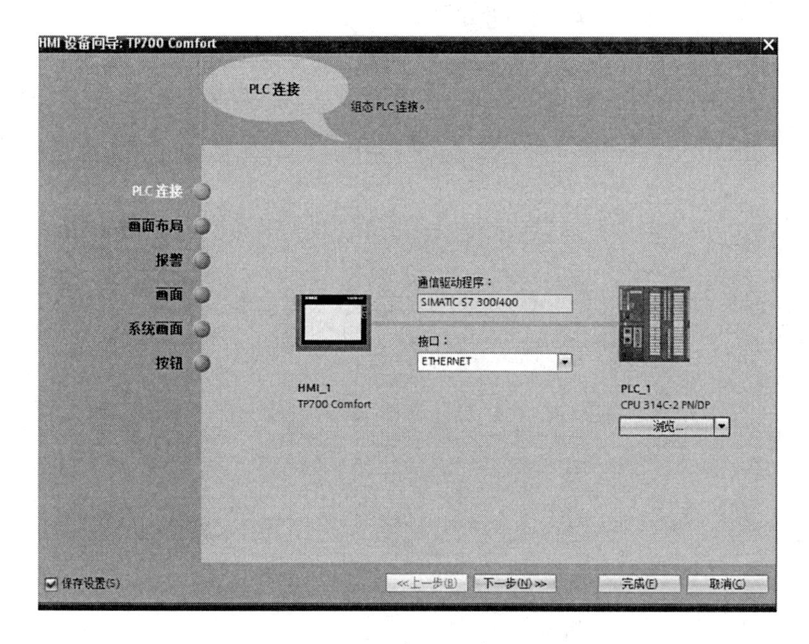

图 3-53　组态 PLC 连接图

使用者所需要的系统画面。

继续单击“下一步”，弹出“按钮”界面，在该界面中，使用者可以通过拖放或单击相应的系统按钮来添加按钮，也可在“按钮区域”中设置按钮的布局。

单击“完成”按钮，进入组态的触摸屏的根画面，在左侧的“项目树”中的“设备”中可以看到组态的触摸屏 HMI_2，在其下拉菜单中，可以对组态的触摸屏的系统运行设置、画面以及变量等参数进行设置。

在项目视图中，选择项目树下组态的 HMI 设备，在下拉列表中双击“运行系统设置”即可进入“运行系统设置”界面。

在“常规”选项中可以设置起始画面、默认模板、是否锁定任务切换以及项目 ID，其中，起始画面是运行系统启动时打开的第一个画面；默认模板指定当前 HMI 设备的标准画面模板；如果启用了任务切换则操作员无法在 HMI 上启动其他软件程序，操作系统只能为该项目所用；项目 ID 指定了由 PLC 检查的 HMI 设备的项目 ID。在“服务”选项中可以设置远程控制、读 / 写变量、诊断和 SMTP 通信。

在“画面”选项中可以选择用于文本和图形列表的位选择和用于外观的位选择，默认情况下，该设置是禁用的，以保持向下的兼容性。

在“键盘”选项中可以选择是否退出时释放按钮。

在“报警”选项中可以对 HMI 设备报警信息进行设置。

在“使用者管理”选项中可以对 HMI 设备的登录使用者进行设置。

在“语言和字体”选项中可以对 HMI 设备运行系统的语言和字体进行设置。

在项目视图中，选择项目树下组态的 HMI 设备，选择“画面”，点击“根画面”即可进入“根画面”界面。

1. 基本对象

在画面编辑界面右侧的工具箱里可以看到画面“基本对象”如图 3–54 所示。

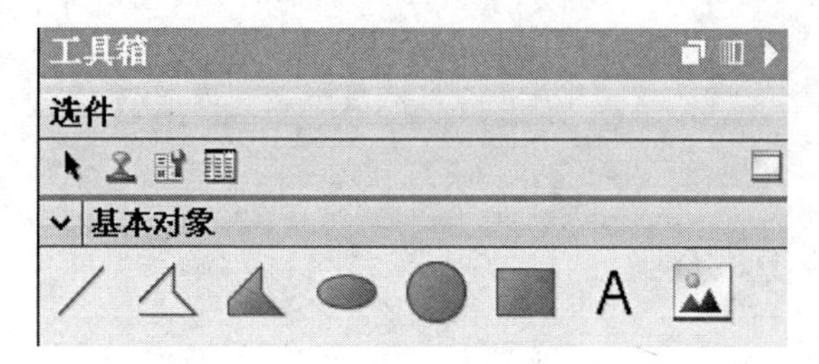

图 3–54　基本对象图

（1）“直线”对象：是一个开放的对象，其长度和斜率由包围对象的矩形的高度和宽度定义。可自定义对象位置、形状、样式和颜色的设置。

（2）“折线”对象：如果想要用颜色填充对象，则使用“折线”对象。可自定义对象位置、形状、样式和颜色的设置。

（3）“多边形”对象：是可用背景颜色填充的闭合对象。可自定义对象位置、形状、样式和颜色的设置。

（4）“椭圆”对象：是可用颜色或图案填充的闭合对象。可自定义设置对象位置、几何形状、样式、边框和颜色。

（5）“圆”对象：是封闭对象，可以用颜色或图案填充。可自定义设置对象位置、几何形状、样式、边框和颜色。

（6）“矩形”对象：是可用颜色填充的闭合对象。可以定制对象的位置、形状、样式、颜色和字体类型。

（7）“文本域”对象：用于显示文字，是可以用颜色填充的封闭对象。可以定制对象的位置、形状、样式、颜色和字体类型。

（8）“图形视图”对象：用于显示图形，可以定制对象的位置、形状、样式、颜色和字体类型。

2. 元素

在画面编辑界面右侧的工具箱里可以看到画面“元素”如图 3–55 所示。

（1）“I/O 域”元素：用于输入和显示过程值。可以定制元素的位置、形状、

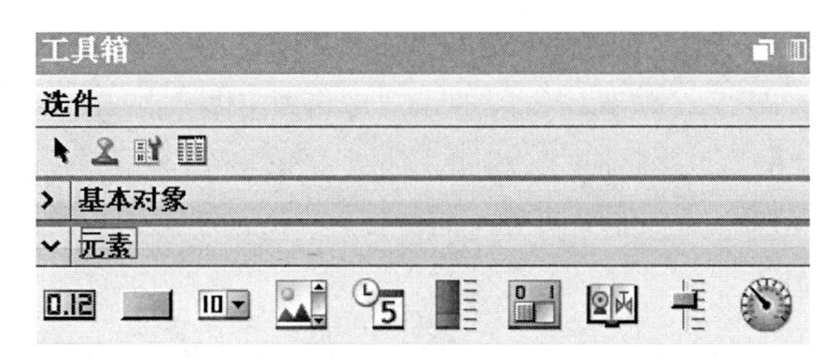

图 3-55　元素图

样式、颜色和字体类型。具有“输入”“输出”和“输入和输出”三种模式，可以显示二进制、日期、日期/时间、十进制、十六进制、时间、字符串如图 3-56 所示。

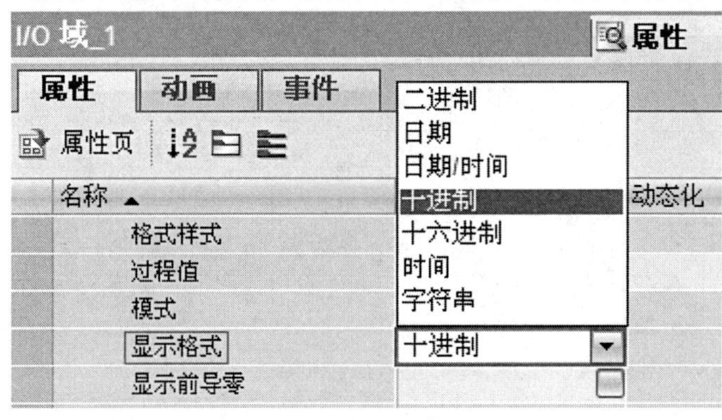

图 3-56　I/O 域图

（2）“按钮”元素：允许使用者组态一个对象，借助该对象操作员可在运行系统中执行任何可组态的功能。可以定制元素的位置、形状、样式、颜色和字体类型。具有“不可见”“文本”“图形”，如图 3-57 所示。可以显示静态或动态的“文本”和“图形”。

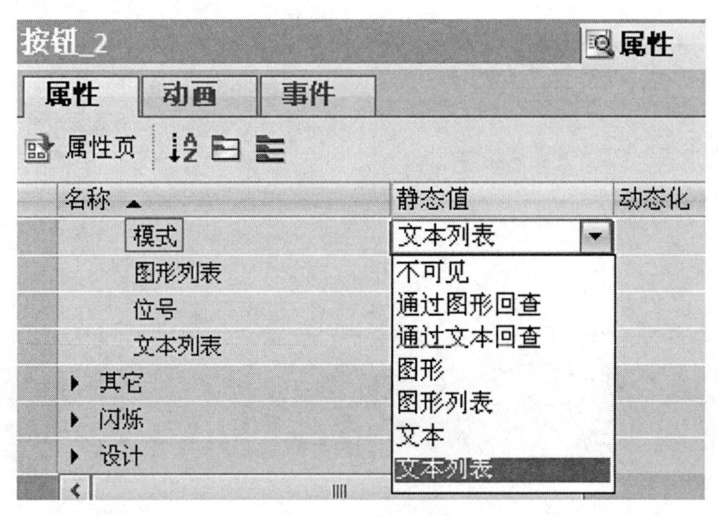

图 3-57　按钮域模式属性图

（3）“符号 I/O 域”元素：用来组态运行系统中用于文本输入和输出的选择列表。可以定制元素的位置、形状、样式、颜色和字体类型。具有“输入”“输出”“输入和输出”和“双状态”模式，如图 3-58 所示。在“双状态”下符号 I/O 域仅用于输出数值，且最多可具有两种状态。该域在两个预定义的文本之间切换如图 3-58 所示。

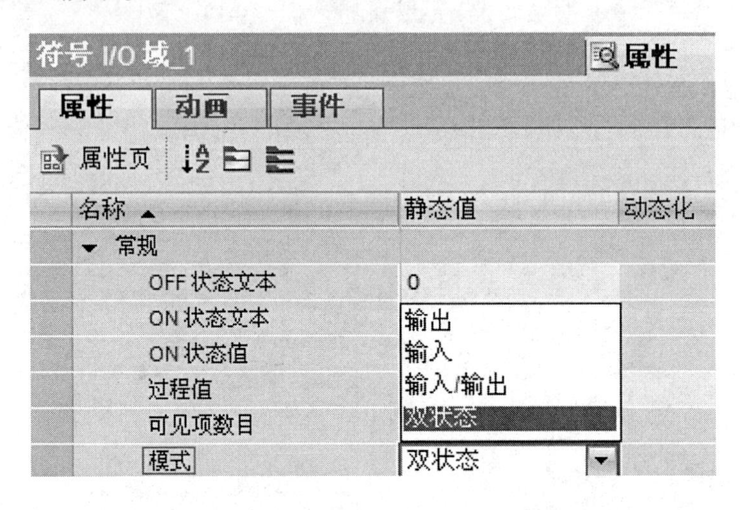

图 3-58　符号 I/O 域图

（4）“图形 I/O 域”元素：可用于组态一份实现图形文件的显示和选择的列表。可以定制元素的位置、形状、样式、颜色和字体类型。具有“输入”“输出”“输入和输出”和“双状态”模式。其中，“输入”模式只用于选择图形，“输入 / 输出”模式用于选择和显示图形，“输出”模式用于显示图形，“双状态”模式仅用于显示图形，并且最多只能具有两种状态如图 3-59 所示。

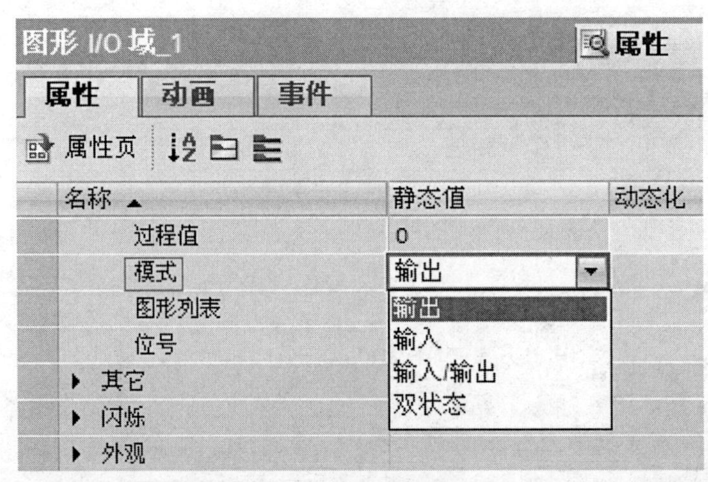

图 3-59　图形 I/O 域图

（5）“日期和时间域”元素：显示了系统时间和系统日期。“日期 / 时间域”的外观取决于在 HMI 设备中设置的语言。可以定制元素的位置、样式、颜色和字体类型。在“属性”中的“常规”选项中可以允许或者禁止长日期 / 时间格式，选择“允许”的时候，完整的显示日期和时间，选择禁止的时候，以简短形式显示日期和时间如图 3-60 所示。

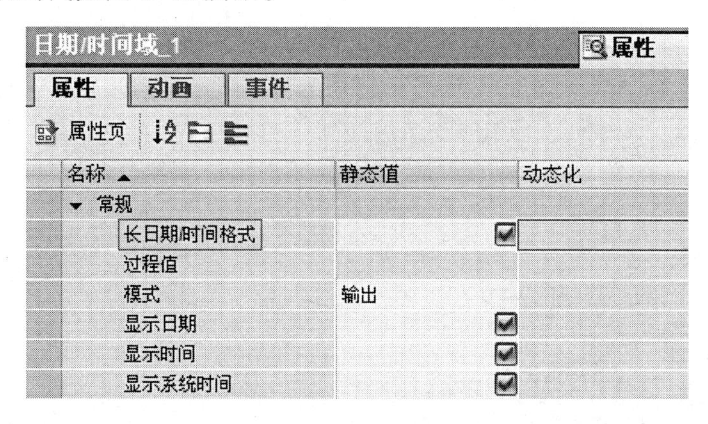

图 3-60　日期与时间域图

（6）“棒图”元素：可以将变量显示为图形，可以通过刻度值进行标记，可以定制元素的位置、形状、样式、颜色和字体类型。在“属性”中的“外观”选项中可以定义棒图颜色变化的方式为“按段”还是“整个棒图”，如图 3-61 所示。选择“按段”时，如果达到了特定限制，棒图的颜色将分段显示。通过分段显示，可以看到所显示的值超过了哪个限制。选择“整个棒图”时，如果达到了某个特定限制，整个棒图的颜色的都会改变。

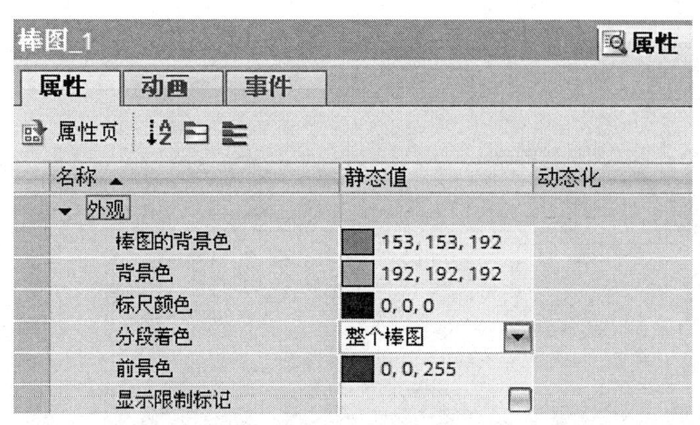

图 3-61　棒图

（7）“开关”元素：用于组态开关，以便在运行期间在两种预定义的状态之间进行切换，可通过标签或者图形将“开关”元素当前状态做可视化处理，可以定制元素的位置、形状、样式、颜色和字体类型。在“属性”中的“常规”选项中，可以开关的三种模式，即“开关”模式、“通过图形切换”模式、“通过文本切换”模式。

“开关”模式下，开关的两种状态均按开关的形式显示，开关的位置指示当前状态， 在运行期间通过滑动开关来改变状态。“通过图形切换”模式下，开关显示为一个按钮， 其当前状态通过图形显示，在运行期间单击相应按钮即可启动开关。“通过文本切换”模式下，开关显示为一个按钮，其当前状态通过标签显示， 在运行期间单击相应按钮即可启动开关如图 3–62 所示。

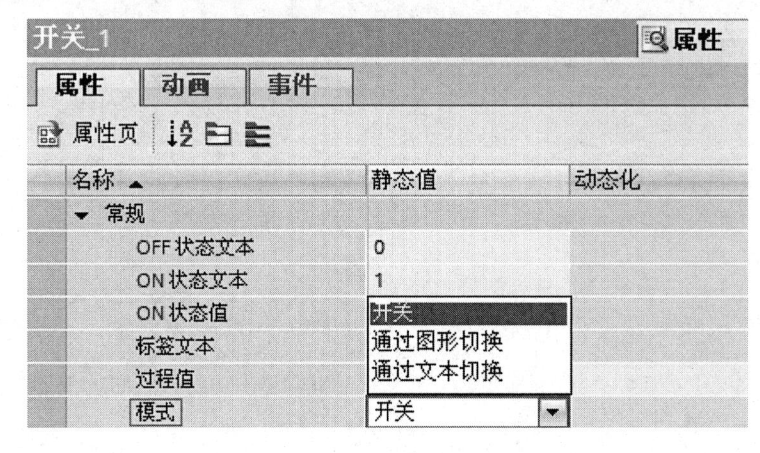

图 3–62　图形显示图

（8）“符号库”元素：符号库中包含大量备用图标。这些图标用来表示画面中的系统和工厂区域。可以自定义对象的位置、形状、样式、颜色和字体类型。符号库位于“工具箱”任务卡中的“图形”选项板内如图 3–63 所示。

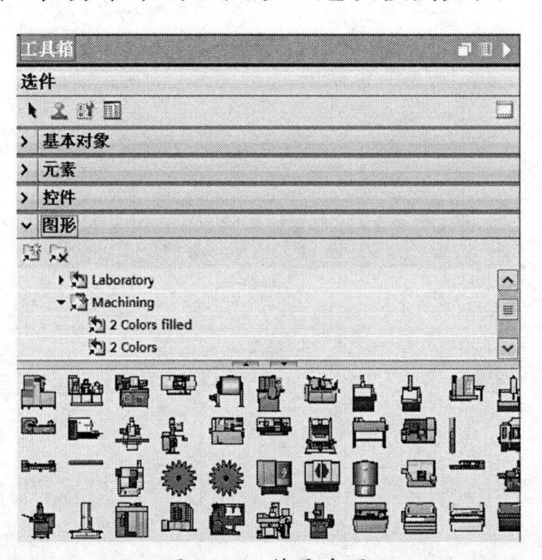

图 3–63　符号库图

（9）“滚动条”元素：该元素在已定义范围内监视和修改过程值，监视的范围以滚动条的形式显示，通过调整滚动条，可以介入过程并更正显示的过程值。可以自定义元素的位置、形状、样式、颜色和字体类型如图 3-64 所示。

滚动条_1　　属性

属性　动画　事件

属性页

名称	静态值	动态化
▼ 常规		
标签	SIMATIC	
过程值	50	
最大值	100	
最小值	0	
▶ 其它		
▶ 闪烁		

图 3-64　滚动条图

（10）“量表”元素：该元素以模拟量表形式显示数字值，在运行期间可以直观的看到数值是否在正常范围内，量表只能用于显示，不能进行控制，可自定义对象的位置、形状、样式、颜色和字体类型如图 3-65 所示。

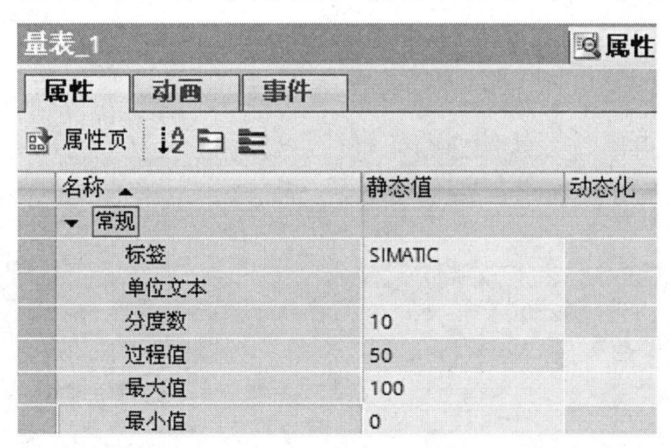

量表_1　　属性

属性　动画　事件

属性页

名称	静态值	动态化
▼ 常规		
标签	SIMATIC	
单位文本		
分度数	10	
过程值	50	
最大值	100	
最小值	0	

图 3-65　量表图

3. 控件

在画面编辑界面右侧的工具箱里可以看到画面“控件”如图 3-66 所示。

（1）“报警视图”控件：报警将在报警视图或 HMI 设备的报警窗口中显示。如图 3-65 所示包含一个没有任何内容的报警视图。可以自定义控件的位置、形状、样式、颜色和字体类型。在报警视图属性的常规选项中可以设置报警视图的报警类别，如图 3-67 所示，可以选择启用或禁用 Errors、Warnings、System、Diagnosis events 报警类别。

图 3-66　控件图

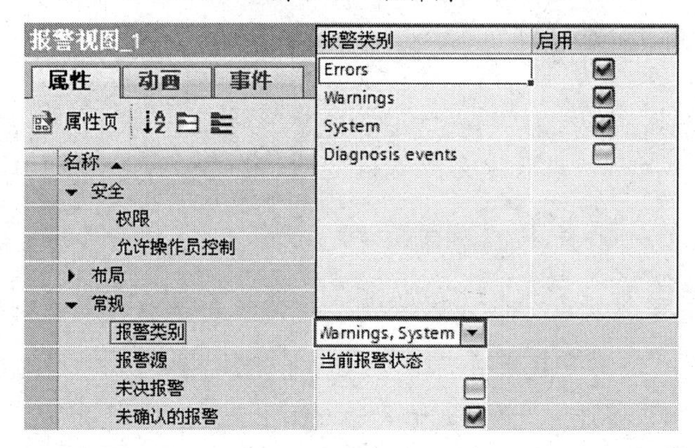

图 3-67　报警视图

（2）“趋势视图”控件：在趋势视图中当前过程或日志的变量值可以以趋势的形式表达，可以自定义控件的位置、形状、样式、颜色和字体类型，未进行变量连接的趋势视图如图 3-68 所示。

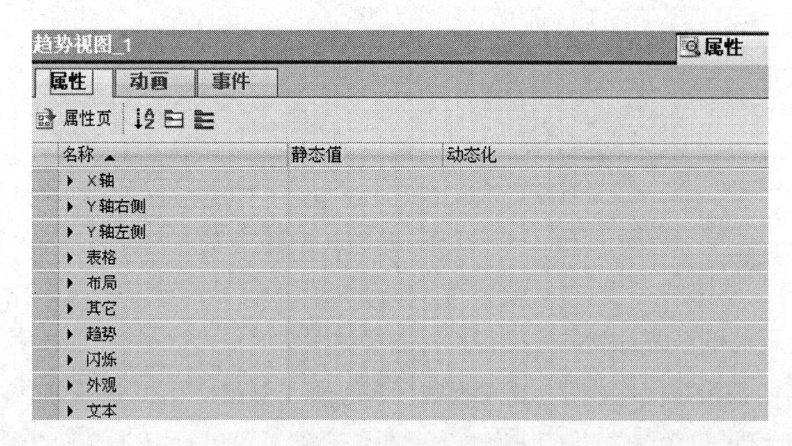

图 3-68　趋势视图

（3）“用户视图”控件：用于设置和管理用户和授权，可以在运行系统中创建新用户并将其分配给用户组，根据 HMI 设备，可以使用复杂或简单用户视图管理用户和权限，可以自定义控件的位置、形状、样式、颜色和字体类型。未创建用户的用户视图如图 3–69 所示，其属性。在 HMI 设备 TP 177A 6"、TP 177A 6"（纵向）、OP73 和 OP77A 上，每次只能在一个画面上组态一个使用者视图，否则，在生成时会出现相应的错误消息。

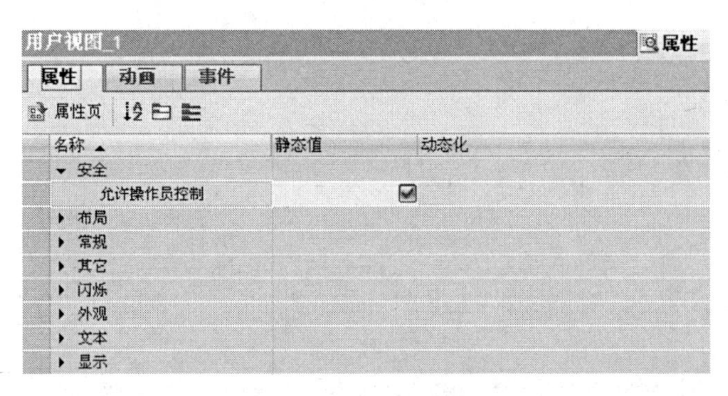

图 3–69　用户视图

（4）“状态 / 强制”控件：用于组态编辑器，允许在运行系统中处理 SIMATIC S7 的单个地址范围，可以自定义控件的位置、形状、样式、颜色和字体类型，“状态 / 强制”视图，其属性如图 3–70 所示，在其常规属性中可以设置可见列。

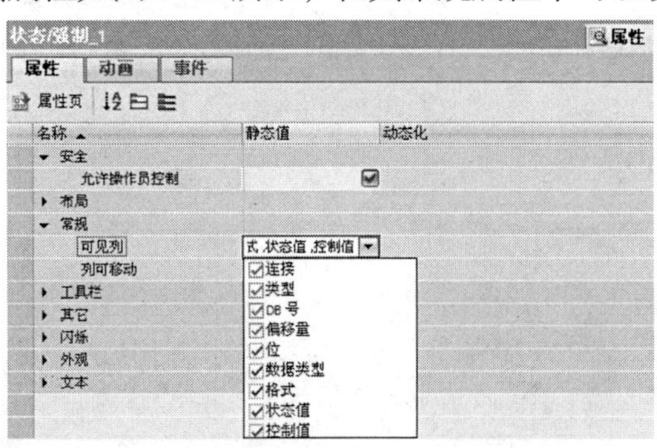

图 3–70　状态 / 强制图

（5）“配方视图”控件：用于显示和修改配方，可以自定义控件的位置、形状、样式、颜色和字体类型，在显示尺寸大于 6" 的 HMI 设备中，既可使用高级配方视图又可使用“简单配方视图”来管理和处理配方如图 3–71 所示。

（6）“Sm@rtClient 视图”控件：可以用来为连接单元的远程监视和远程维护组态一个网络连接，可以自定义控件的位置、形状、样式、颜色和字体类型如图 3–72 所示。

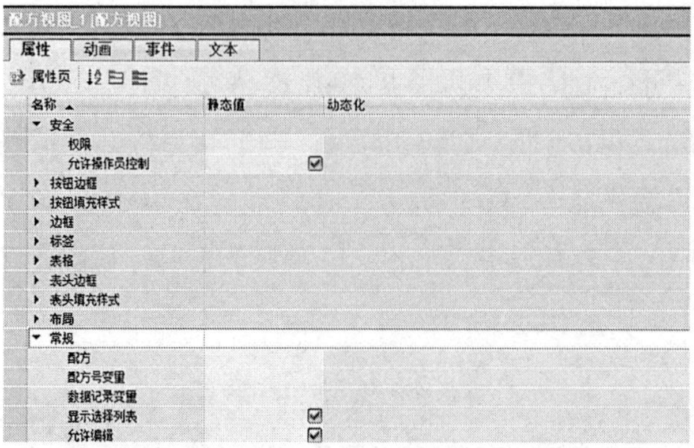

图 3-71　配方视图

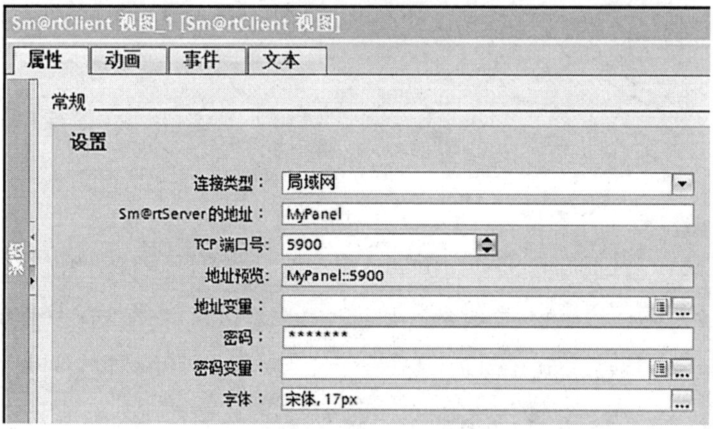

图 3-72　Sm@rtClient 视图

4. 图形

在画面编辑界面右侧的工具箱里可以看到“图形”。在 WinCC 图形文件夹下具有系统提供的各种图形如图 3-73 所示。

图 3-73　图形图

5.HMI 编程

（1）拖入基本对象和元素：在项目视图中的项目树下，选择组态的 HMI 设备，选择“画面”，单击“根画面”，如图 3–74 所示。

在弹出的根画面对话框中，从右侧工具箱的“基本对象”中拖入两个文本域，并分别更改文本为“红灯”“绿灯”，从“元素”中拖入两个按钮，分别改名为“开”“关”，从“元素”中拖入四个 I/O 域，放到根画面相应位置如图 3–75 所示。

图 3–74　打开根画面图

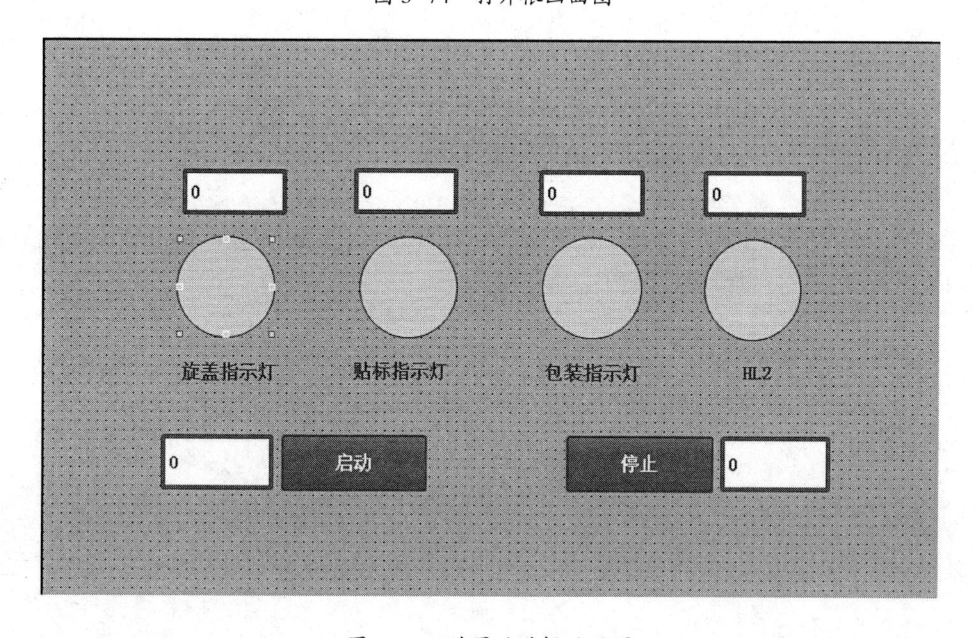

图 3–75　放置后的根画面图

（2）设置基本对象和元素属性 ：选择如图 3–76 所示基本对象圆形，在下方的属性区域，选择“动画”，点击“添加新变量连接”图标 ，如图 3–77 所示。在弹出的“添加变量绑定”对话框中选择“外观”之后，出现图 3–78 所示的“外观”页面，点击 图标，弹出的“变量连接”对话框，如图 3–78 所示，点击 PLC 变量，选择“灯”，选择“红灯”，单击图标，完成圆形属性设置。

选择如图 3–79 所示元素对象按钮。

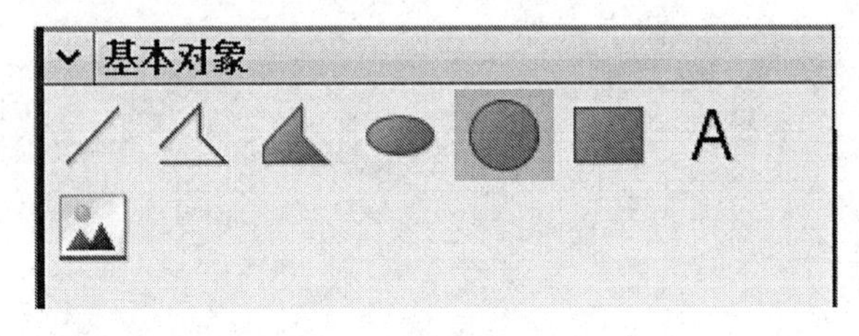

图 3–76　选择动画图

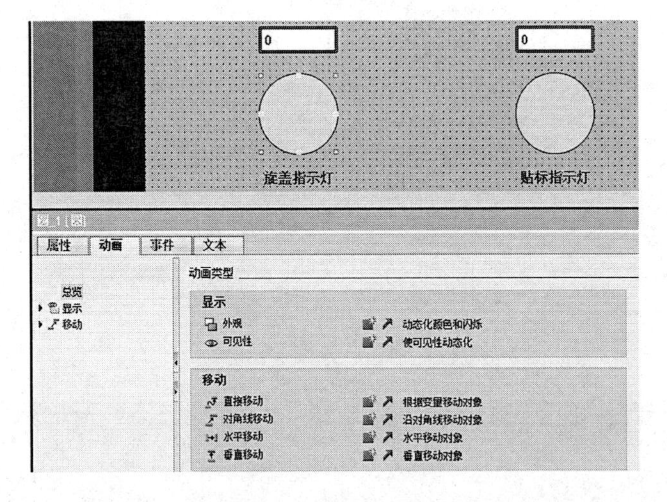

图 3–77　选择外观图

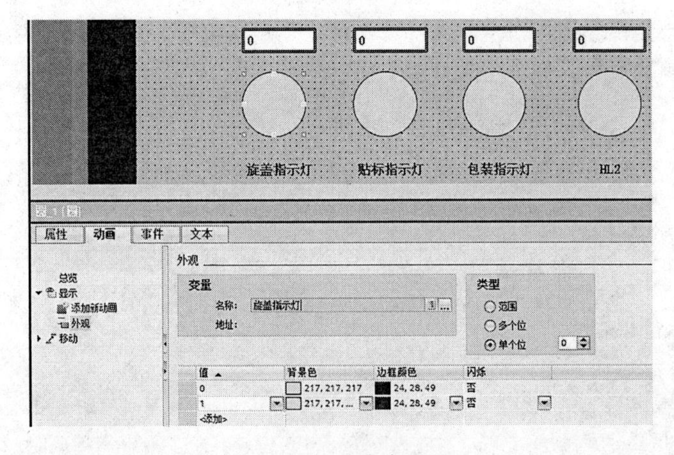

图 3–78　变量连接图

图 3-79　选择按钮图

选择“启动”按钮，在下方的属性区域，选择“事件”，选择“按下”，添加“置位位”函数，连接变量“启动”，如图 3-80 所示。选择“释放”，添加“复位位”函数，连接变量“启动”，如图 3-81 所示，即可完成“启动”按钮的属性设置。

选择启动“I/O 域”，在下方的属性区域，选择“动画”，添加过程值，如图 3-82 所示。同理，旋盖指示灯“I/O”域添加过程值，如图 3-83 所示。

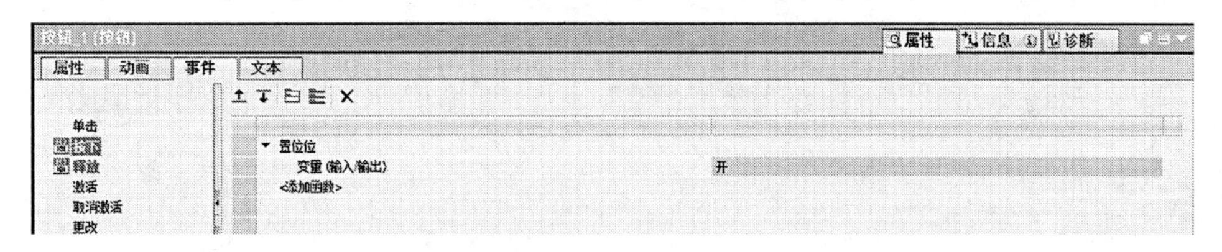

图 3-80　置位位图

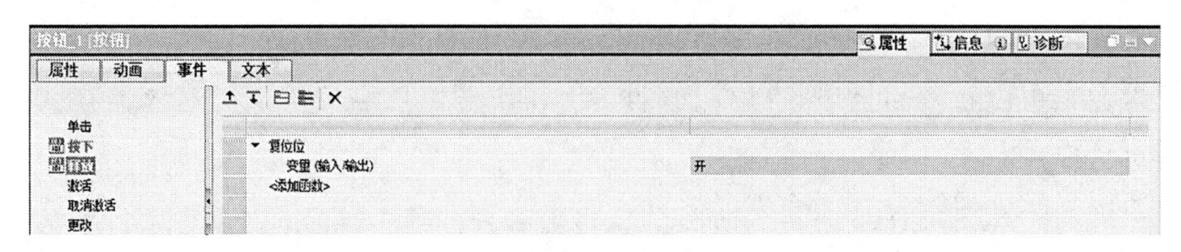

图 3-81　复位位图

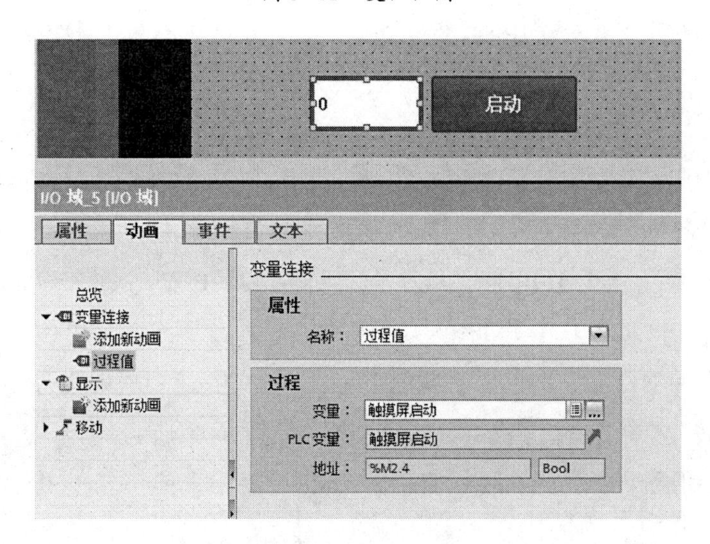

图 3-82　按钮 I/0 域图

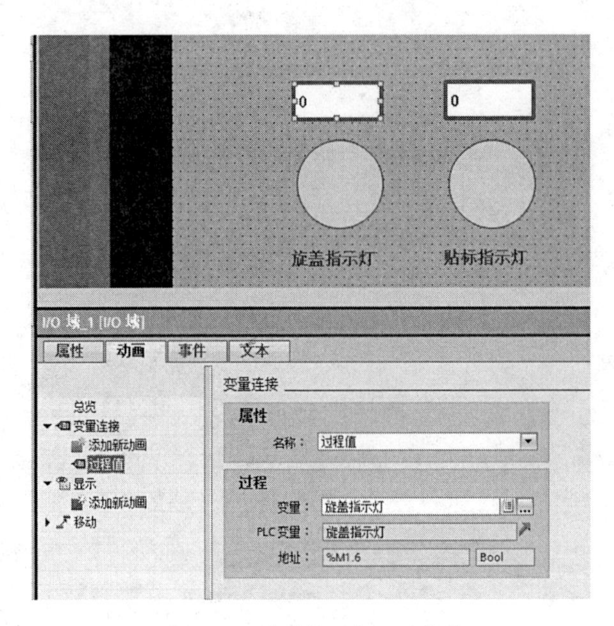

图 3-83　旋盖指示灯 I/O 域图

6. 编译下载

选择项目树中要编译的 HMI 设备，选择“编辑”菜单，单击“编译”选项，或者使用“CTRL+B”快捷键，即可获得 HMI 设备的编译信息，如图 3-84 所示，使用者也可以在项目树中选择要编译的 HMI 设备，然后单击鼠标右键，在弹出的对话框中选择“编译”命令，此时，使用者还可以选择编译的范围。当使用者选择“全部”时，HMI 设备的所有信息将被编译；当使用者选择“硬件组态”时，HMI 设备或网络连接的过程画面将被编译；当使用者选择“软件”时，HMI 的过程画面将被编译；当使用者选择“软件（全部重建）”，HMI 设备中的所有块将被编译，如图 3-84 所示。

使用者对 HMI 项目编译并且编译信息显示当前项目无错误后，就可以将 HMI 程序和项目模块信息下载到 HMI 设备 TP177B 6" PN/DP 中。要实现编程设备与 HMI 设备之间的数据传送，应该正确连接 HMI 设备，然后用编程电缆（例如 USB-MPI 电缆、PROFIBUS 总线电缆）将 S7-300PLC 与 HMI 设备连接起来，并打开 S7-300PLC 和 HMI 设备的电源开关如图 3-85 所示。

之后，在项目树中选择要下载的 HMI 设备，在 STEP7 Professional V11 软件中选择“在线”菜单，单击“下载到设备”选项，如图 3-86 所示，或者使用“CTRL+L”快捷键，就可将整个项目下载到使用者 HMI 设备中。使用者也可以在项目树中选择要下载的设备，然后单击鼠标右键，在弹出的对话框中选择“下载”，此时，

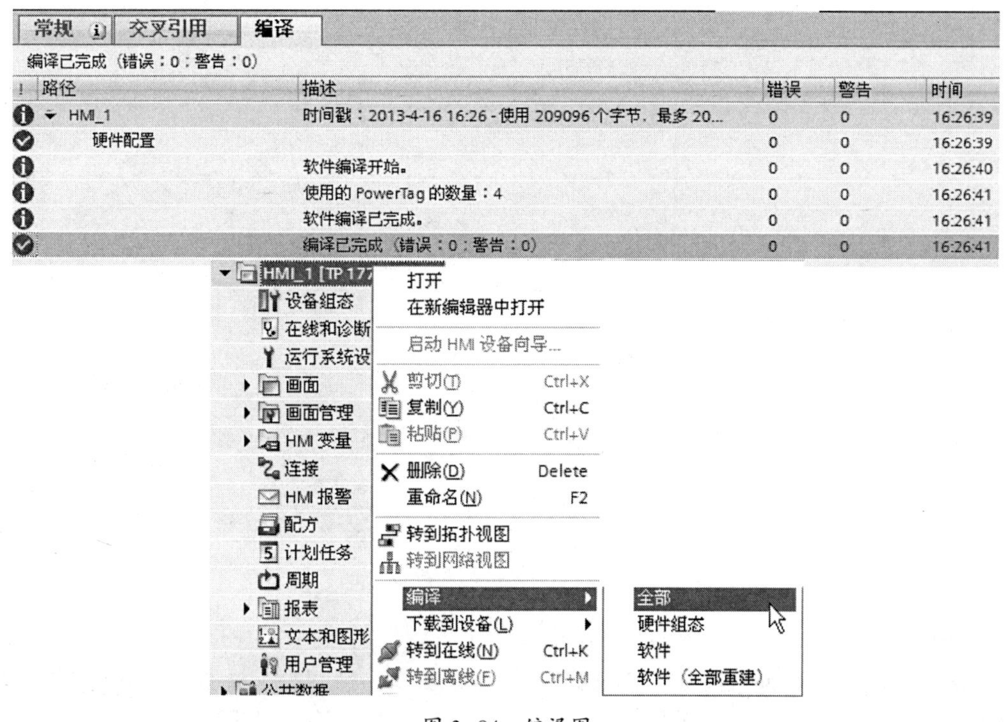

图 3-84 编译图

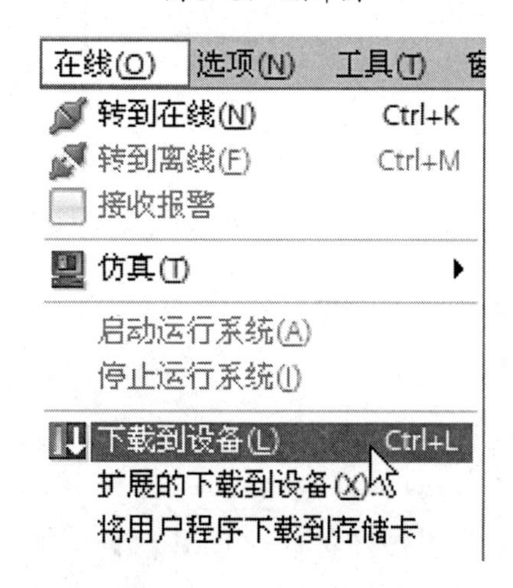

图 3-85 下载到设备图

还可以选择下载的范围，当使用者选择“全部”时，该项目的所有信息将被下载；当使用者选择“硬件配置”时，设备或网络连接的过程画面将被下载；当使用者选择“软件”时，程序块或过程画面将被下载；当使用者选择“软件（全部下载）”，项目中的所有信息将被下载。

选择“下载”指令后，会出现图 3-87 所示的下载预览对话框，选择“全部覆盖”，之后单击“下载”按钮，就可将 HMI 项目下载到 HMI 设备 TP177B

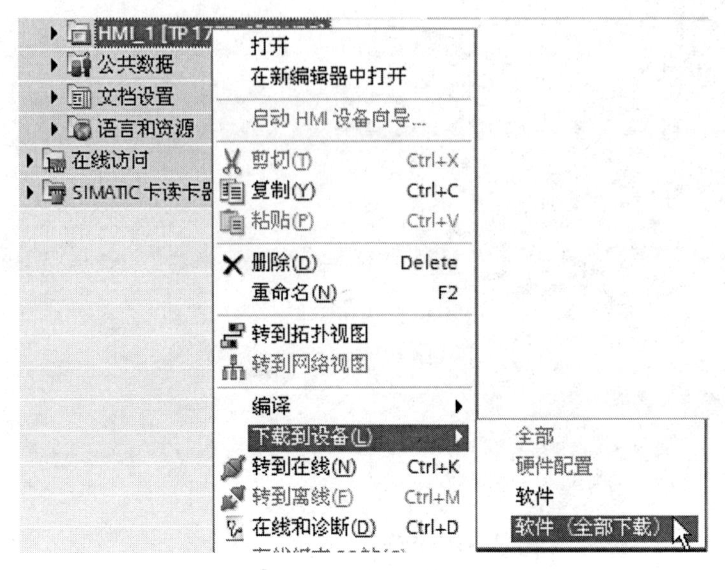

图 3-86　下载软件图

6" PN/DP 中。

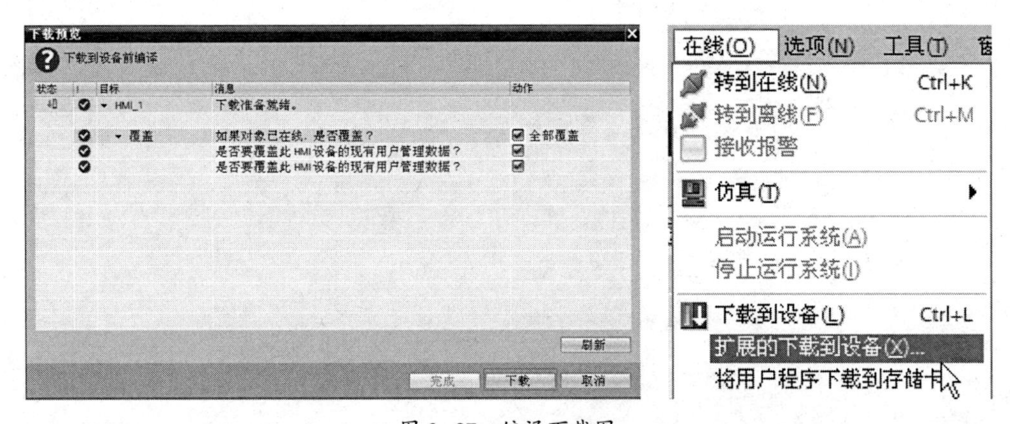

图 3-87　编译下载图

当首次进行下载或选择“扩展的下载到设备”命令时，会出现“扩展的下载到设备”对话框，从中使用者可以看到 HMI 设备的地址、PG/PC 接口、目标子网中的可访问设备、在线状态信息。对于 PG/PC 接口类型，我们选择以太网之后，单击图 3-88 中所示的“下载”按钮，即可完成下载，下载成功时会出现图 3-88 所示的下载完成。

旋盖指示灯的圆形外观连接变量如图 3-89 和 3-90 所示。因 HMI 运行期间，采样周期较短，所以修改 HMI 变量采集周期如图 3-91 所示。

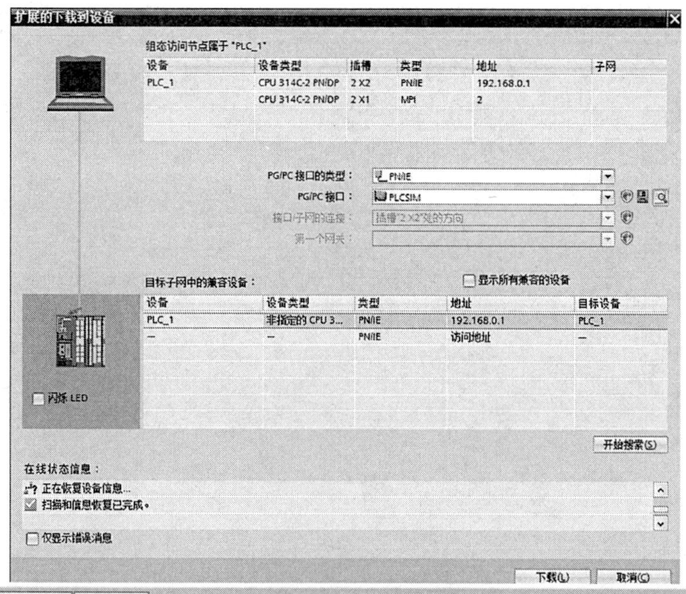

常规　交叉引用　编译

!	消息	日期	时间
i	正在传送文件 4的 2... 'PDATA.PWX'。	2013-4-17	23:29:08
i	正在传送文件 4的 3... 'FWBASERES804.DLL'。	2013-4-17	23:29:08
i	正在传送文件 4的 4... 'F:\STEP V11\灯\IM\HMI\{11866113-1656}\GENERATES\	2013-4-17	23:29:08
i	下载已完成。该设备将执行其它安装步骤。	2013-4-17	23:29:09
i		2013-4-17	23:29:12
i	下载成功。	2013-4-17	23:29:12
✓	连接到 HMI_RT_1，地址为。	2013-4-17	23:28:44
✓	到 HMI_RT_1 的连接已关闭。	2013-4-17	23:28:44
✓	连接到 HMI_RT_1，地址为。	2013-4-17	23:28:47
✓	到 HMI_RT_1 的连接已关闭。	2013-4-17	23:29:13
✓	下载完成（错误：0；警告：0）。	2013-4-17	23:29:13

图 3-88　下载完成图

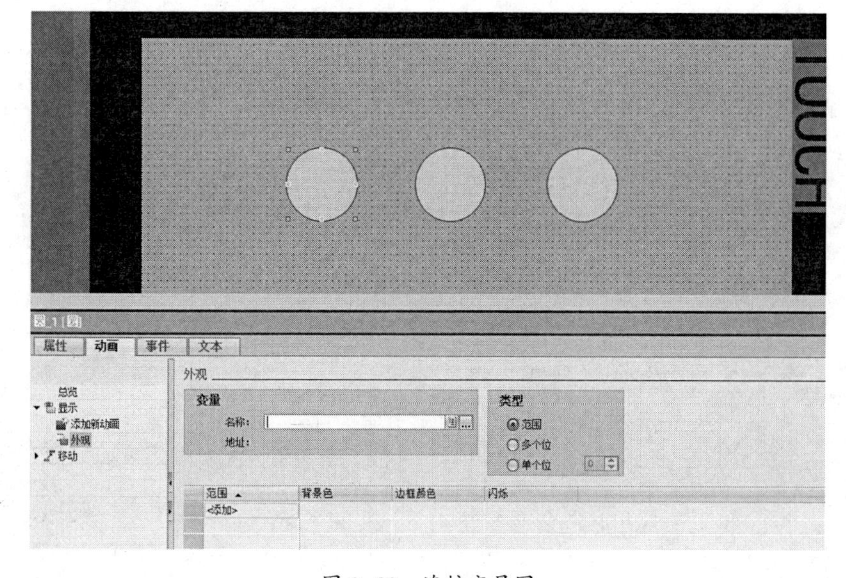

图 3-89　连接变量图

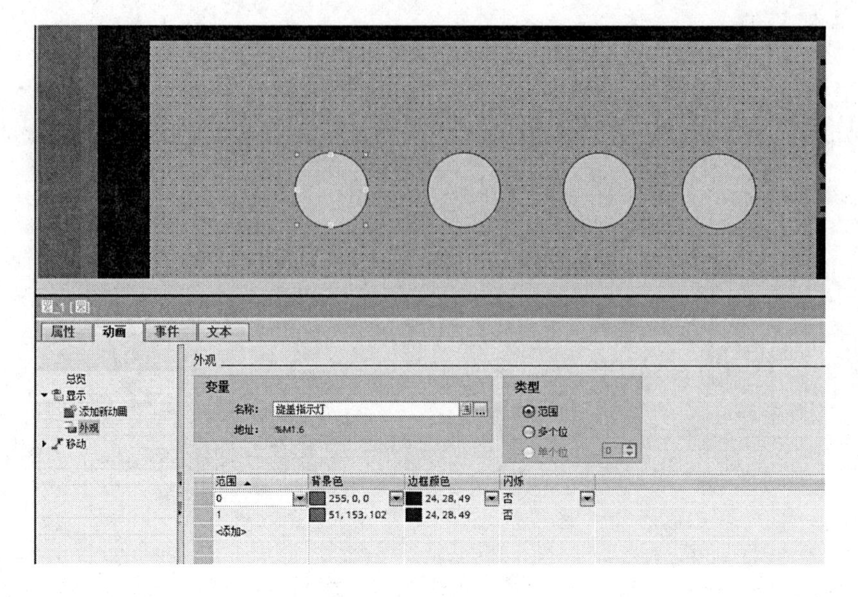

图 3-90　更改外观图

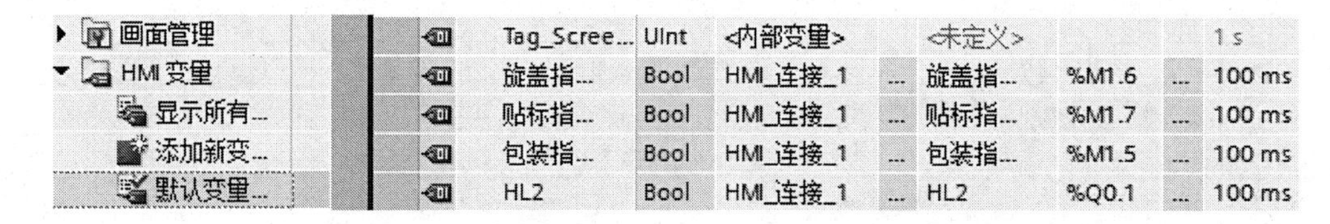

图 3-91　更改采集周期图

任务八　饮料自动灌装生产线系统安装、调试与维护

一、系统安装

1. 机械安装要求

（1）准备好工具（中、小螺丝刀、尖嘴钳、内六角扳手、万用表等）

（2）安装前，要将安装的部件清点好，部件安装前不要放在工作台上。

（3）安装时，要特别注意螺丝不要乱放，上螺丝时要注意尽量不让螺丝掉进槽内。

（4）安装时，不要用工具敲击安装件。

（5）工具不要乱摆乱放，注意安全操作。

2. 气动系统安装

（1）气源压力：0.3MPa 至 0.6MPa：安装时将气源开关关闭，调试时，要将气源开关打开。

① 从汇流排开始，按气动控制回路原理图依次连接电磁阀、气缸。

② 按连接所需长度剪裁气管，管口要剪平，与器件的出入气口连接好。连接时注意气管走向应按序排布。均匀美观，不能交叉、打折；气管要在快速接头中插紧，不能有漏气现象。

接好全部气路后，要理顺走向并要用塑胶扎带捆扎好。

（2）气路调节：接好气路后，通过速度调节器对气缸活塞杆伸出缩回速度进行调节，到合适为止。

3. 电气接线

（1）传感器接线：

①三线式（电感式接近开关、光电传感器、光纤传感器）：棕色，DC24V（+）；蓝色，DC24V（—）；黑色，PLC 输入端。

②二线式（磁性开关）：棕，PLC 输入端；蓝色，PLC 输入公共端（COM）。（先将蓝色线并联后再引接到 PLC 输入的“COM”端）

（2）电磁阀接线：红，PLC 输出端；蓝色，DC24V“—”端。

（3）变频器接线：

①主回路：输入（电源端），R、S、T 接 L1、L2、L3（AC380V）；输出（负载端），U、V、W 接传送带三相电动机。

②控制端：正转控制、反转控制，高速、中速、低速控制。

③要求：控制端各端子应接在 PLC 输出点。

（4）接线要求：

① 器件引线要套上编码管，编码为相应的端子排线号。器件引线要压接在端子排的线孔内（不要露铜）；注意压接螺丝要压在线端上，保证接触良好。

② 插入式连线要分布合理，整齐有序。

二、系统检测与调试

1. 传感器检测与调试

（1）光电传感器、接近开关、光纤传感器

完成接线检查无误后，可通电，用工件来检测进行调试。

电感式接近开关用金属工件检测；工件与传感器的距离不能大于接近开关的感应距离。

光电传感器用各种工件都可检测，其检测距离也较远，可通过调节光电传感器后端的旋钮调节检测灵敏度。

光纤传感器的调试要根据题目要求进行。置左边的“模式设定开关”位于上部（未有检测信号时触点为常开）。置右边的开关位于上部（OFF），用旋钮调节灵敏度（用小螺丝刀）。检测金属工件、白色塑料工件、黑色塑料工件；将灵敏度调到最高。检测金属工件、白色塑料工件：将灵敏度调到中等；检测金属工件：将灵敏度调到最小（检测到信号时，传感器信号灯排的最上方红色指示灯发光）。

（2）磁性开关：完成接线，检查无误后，可通电检测。用手轻轻拉出和推回气缸活塞杆，观察磁性开关的信号灯是否会在活塞杆到位后发光。

由于磁性开关过载能力差，因而是不能直接接到 DC24V 电源上的。

2. 电磁阀检测

电磁阀线圈可直接接在 DC24V 上检测。若极性接反了也能动作，但 LED 灯不亮。

3. 气路检查

通气后，观察气压表压力，正常工作压力在 0.3MPa 左右。连接好气路后，用电磁阀的手动按钮检测气缸活塞杆的运行方向。

4. 注意事项

（1）电气系统：只有在掉电状态下才能连接和断开各种电气连线。使用直流 24V 以下的电压。

（2）气动系统：气动系统的使用压力不得超过 8bar（800kPa）。在气动系统管路接好之前不得接通气源。接通气源和长时间停机后开始工作，个别气缸可能会运动过快，所以要特别当心。

（3）机械系统：所有部件紧定螺钉应拧紧。不要在系统运行时人为的干涉正常工作。

任务九　饮料自动灌装生产线项目验收（功能、资料）

一、资料验收

1. 技术方案

2. 项目实施工作计划

3. 项目材料单、工具单及价格

4. 设计图纸：电路设计图、安装图、气路图
5. 项目程序文件
6. 饮料自动灌装生产线操作维护说明书
7. 项目汇报 PPT

二、项目功能验收

1. 手动操作检查模式功能验收
2. 自动灌装生产模式功能验收
3. 触摸屏操作、显示功能验收

三、项目过程成绩评定

过程性评价的目的是：评价→诊断→反馈→改进→提高。过程性评价体现了对学生职业能力的考核，促进了学生综合职业能力的提升。

1. 项目小组过程性评价表，如表 14 所示。

表 14　项目小组过程性评价表

项目	考核点	评价要点	配分	完全达到	基本达到	未达到	总评
讲	明确性	团队对项目功能、技术指标及实施流程描述是否清晰、条理清楚	10				
做	完整性	工作过程是否完整	5				
	有序性	过程衔接是否顺畅、合理	5				
	规范性	技术文件是否合理、规范	10				
		项目实施计划书是否合理规范	10				
		设计图纸是否合理、规范	15				
		安装接线工艺是否规范、美观	15				
结果	功能性	自动线功能是否达到技术文件要求	15				
		验收资料是否齐全	5				
	创新性	设计方案、工艺、设计图纸、安装调试方法创新性	10				
合计			100				
评价反馈意见：							

项目小组过程性评价由教师和项目小组负责人共同评定。

2. 项目个人过程性评价表，如表 15 所示。

表 15　项目个人过程性评价表

项目	评价要点	配分	得分
1	网络资源登陆学习次数（登陆学习，加 2 分 / 次）	10	
2	提出有效问题个数（自主学习讨论，提出有效问题，加 2 分 / 个）	10	
3	交流指导次数（能对团队及其他团队进行指导，加 5 分 / 次）	20	
4	设计方案有创新	20	
5	出勤情况（迟到扣 1 分 / 次，旷课扣 3 分 / 次）	20	
6	学生工作页完成情况	20	
合计		100	

3. 项目三项目考核成绩表，如表 16 所示。

表 16　项目三项目考核成绩表

项目名称	团队项目完成情况成绩（60%）	个人项目学习工作成绩（40%）	项目成绩
项目三 饮料自动灌装生产线装调与维护			

项目四　自动化物流系统设计安装与调试维护

任务一　自动化物流系统项目要求

一、自动化物流系统的应用

经济的现代化，离不开流通的现代化，物流自动化是指物流作业过程的设备和设施自动化，包括运输、装卸、包装、分拣、识别等作业过程。比如，自动识别系统、自动检测系统、自动分拣系统、自动存取系统、自动跟踪系统等。

传统的仓储管理依靠手工作业，工作人员多，劳动强度大，工作时间长，容易出现差错，工作随意性大，推行仓库管理信息化建设，可以减少工作人员，减轻劳动强度，缩短工作时间，降低管理成本。物流自动化是充分利用各种机械和运输设备、计算机系统和综合作业协调等技术手段，通过对物流系统的整体规划及技术应用，使物流的相关作业和内容省力化、效率化、合理化，快速、精准、可靠地完成物流的过程。物流自动化的设施包括条码自动识别系统、自动导向车系统（AGVS）、货物自动跟踪系统（如 GPS）等。物流自动化有信息引导系统、自动分检系统、条码自动识别系统、语音自动识别系统、射频自动识别系统、自动存取系统和货物自动跟踪系统。

物流自动化在物流管理各个层次中发挥重要的作用。它包括物流规划、物流信息技术及自动物流系统等各种软技术和硬技术。物流自动化在国民经济的各行各业中起着非常重要的作用，有着深厚的发展潜力。随着研究力度的不断加大，物流自动化技术将在信息化、绿色化方面进一步发展，其各种技术设备（如：立体仓库等）和管理软件也将得到更大的发展和应用。

物流自动化是集光、机、电子一体的系统工程。它是把物流、信息流用计算机和现代信息技术集成在一起的系统。它涉及多学科领域，包括：激光导航、红外通讯、计算机仿真、图像识别、工业机器人、精密加工、信息联网等高新技术。目前，物流自动化技术已广泛运用于邮电、商业、金融、食品、仓储、汽车制造、航空、码头等行业。

物流自动化是指在一定的时间和空间里，将输送工具、工业机器人、仓储设施及通信联系等高性能有关设备，利用计算机网络控制系统相互制约，构成有机的具有特定功能的整体系统。系统由无人引导小车、高速堆垛机、工业机器人、输送机械系统、计算机仿真联调中心监控系统组成。

高性能立体仓库通过计算机系统的统一管理，利用条形码自动识别技术，系统根据事先输入计算机的不同货物代码就可以利用高速升降机准确迅速地从立体仓库中定位存取货物。并可以自动按照货物的入出库时间等特定因素完成不同的工作，如图 4-1 所示。

图 4-1　自动化物流系统

工业机器人把输送线上流向终端的物件，整齐地码放，以便完成货物的进出、分拣等工作，整个过程顺序流畅、完全自动化。物流自动化有着显著的优点，第一，它提高了仓储管理水平。由于采取了计算机控制管理，各受控设备完全自动地完成顺序作业。使物料周转管理、作业周期缩短，仓库吞吐量相应提高，适应现代化生产需要。第二，它提高自动化作业程度和仓库作业效率，节省劳动力，提高了生产率。第三，贮存量小，占地面积小，物料互不堆压，存取互不干扰，保证了库存物料的质量。

先进的物流装备和物流技术不断涌现，除了传统的货架、叉车、其他搬运车辆外，诸如自动化立体仓库、各种物流输送设备、高速分拣机、RFID（射频识别技术）、AGV 等先进物流装备和技术都得到高速发展。传统的平面仓库是“人工—叉车—货架”的作业模式，其作业速度根本无法与自动化立体仓库中的“计算机—堆垛机—货架”的作业模式相比，大大影响第三方物流企业的竞争能力。

二、认识自动化物流系统组成

某自动化物流系统，如图 4–2 所示。由原料供应、分拣输送等 7 个部分组成。

a. 供料

b. 分拣输送

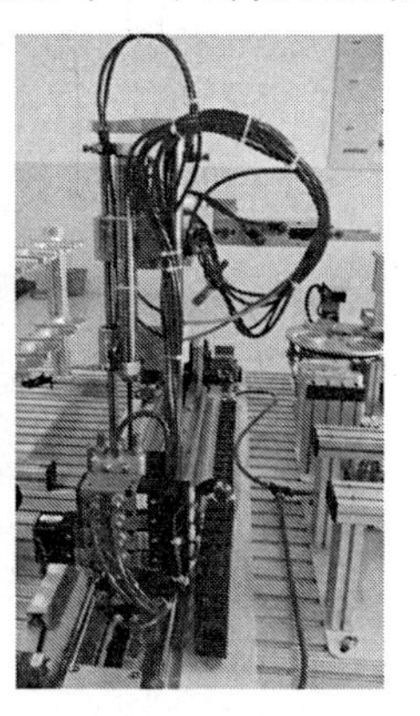

c. 机械手搬运

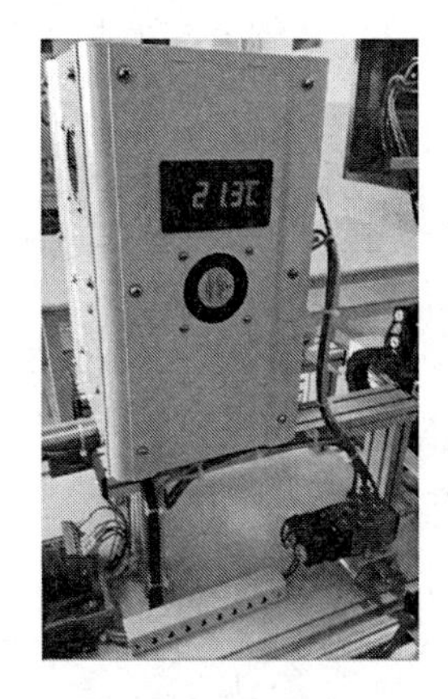

d. 加热处理

e. 缓冲台

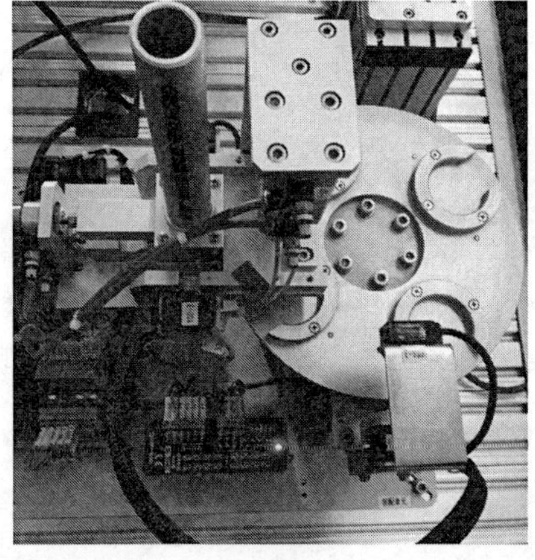

f. 装配

g. 立体仓储

图 4–2　自动化物流系统

1. 原料供应

按下启动按钮，供料单元工作，将原料 1 送入传送带，则传送带的驱动电机启动并一直保持。

2. 分拣输送

有物料送到传送带后，开始进行输送。装有铁芯的料块推入滑槽 1，装有铝芯的料块推入滑槽 2。

3. 机械手自动搬运

蓝色空芯料块和黄色的空芯料块运送到传送带末端后，传送带停止。机械手行走到传送带末端位置，将空芯料块搬运到热处理单元进行加工处理。

4. 加热处理

送到热处理台的工件，自动送入热处理单元，炉门关闭，加热灯打开，进行热处理。热处理完成后，加热灯关闭，炉门打开，送出热处理后的工件。

5. 缓冲

机械手将热处理完成后的工件运送到缓冲台，进行检查。

6. 装配

机械手将检测合格后的工件搬运到加工装配台，装配台自动转动，将工件送到装配位置，推料气缸推出料芯工件，冲压气缸将芯件装配入空芯料块，完成装配工作；装配台转动将装配完成的产品送出。

7. 立体仓储

立体仓库分为上下两层，每层有四个库位。机械手将加工装配完成的产品按照要求送入立体仓库。

三、项目要求（任务书）

某自动化物流系统工作过程概述如下：

自动化物流系统的井式供料单元存放有空芯和带芯两种商品，如图 4–3 所示。系统启动后，商品送到皮带输送与检测单元的皮带上，皮带输送与检测单元将经过核对和贴标，运送到指定位置；机械手搬运单元机械手将商品按库位分配要求送入立体仓库存放。当生产的商品数量达到客户要求数量时，完成一个工作周期，系统自动停止工作。

需要完成的工作任务：

1. 自动生产线设备商品安装、气路连接及调整

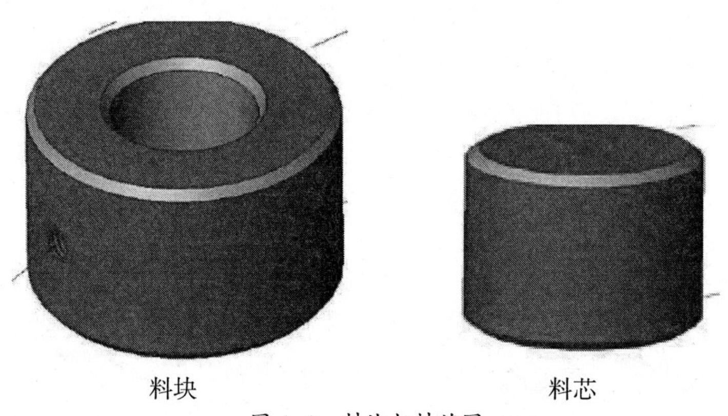

图 4-3　料块与料芯图

根据供料状况和工作目标要求，TSMCP 自动生产线各工作单元在工作台面上布局如图 4-4 所示。首先完成生产线各工作单元的部分装配工作，然后把这些工作单元安装在 TSMCP 的工作桌面上。安装时请注意，机械手搬运单元直线运动机构的参考点位置在原点传感器中心线处，称为设备原点。

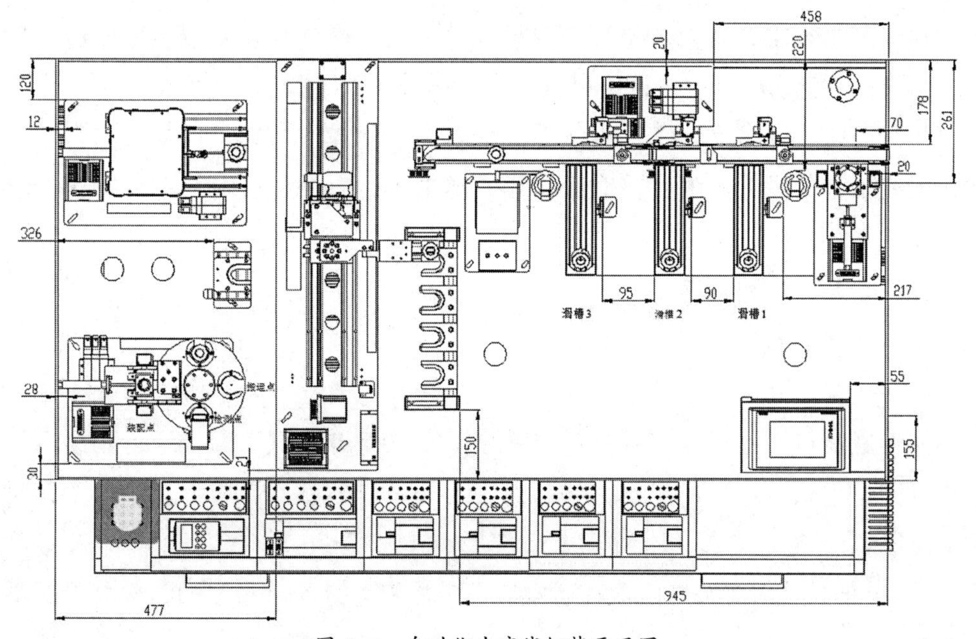

图 4-4　自动化生产线组装平面图

（1）各工作单元装置侧部分的装配要求如下：

①根据自动化生产线组装平面图、井式供料单元、皮带输送与检测单元的装配效果图，完成井式供料和皮带输送及检测两单元装置侧商品的安装和调整以及工作单元在工作台面上定位。然后根据两单元工作的工艺要求完成它们的气路连接，并调整气路，确保各气缸运行顺畅和平稳。

② 机械手搬运单元直线导轨底板已经安装在工作台面上，请根据机械手搬运输送单元的装配效果图继续完成装置侧部分的机械商品调整工作，再根据该单元工作的工艺要求完成其气路调整，确保各气缸运行顺畅和平稳。

③根据立体仓库单元的装配效果图，完成立体仓储单元商品的安装和调整以及工作单元在工作台面上定位。

2. 电路设计和电路连接

（1）井式供料单元和皮带输送与检测单元合用一组 PLC，组成供料－皮带输送站。请根据工作任务的要求，完成供料单元、皮带输送与检测单元装置侧和 PLC 侧的电气接线，并设置变频器器的参数。该单元装置侧的信号分配和 PLC 的 I/O 分配请自行确定。

（2）设计供料—皮带输送站、机械手搬运站的电气控制电路，并根据所设计的电路图连接电路。电路图应包括 PLC 的 I/O 端子分配和变频器主电路及控制电路。电路连接完成后应根据运行要求设定变频器有关参数（其中要求加速时间和减速时间参数均为 1s，交流电机拖动传送带速度与直流电机拖动传送带速度一致），变频器有关参数应以表格形式记录在电路图上。

（3）电路设计应符合附录电气制图的要求。电路和气路连接应布局合理、绑扎工艺工整美观；电线连接时必须用冷压端子，电线金属材料不外露，冷压端子金属部份不外露。

3. 各站 PLC 网络连接

本系统的 PLC 网络采用工业以太网。

4. 连接触摸屏并组态用户界面

触摸屏通过工业以太网连接到系统中。在 TP700 人机界面上组态画面，要求用户窗口包括首页界面、工作模式选择界面、单站测试界面、自动入库界面四个窗口。

（1）首页界面组态要求：在触摸屏上电后自动进入首页界面，首页界面要求显示：

①在首页界面第一行醒目显示“自动化物流中心”字样。

②将 D: \根目录下的“图片”图片文件导入，在首页界面显示物流中心图片。

③在首页界面放置“进入系统”按钮，按下此按钮，进入工作模式选择界面。

（2）工作模式选择界面组态要求：

①在第一行显示“工作模式选择”字样。

②工作模式选择界面上设置"单站测试模式""自动入库模式""初始状态"指示灯；"单站测试""自动入库"模式选择按钮。系统处于初始状态时，初始状态指示灯亮。在触摸屏模块右侧设有工作模式选择开关，"模式"转换开关扳到右侧，触摸屏上"单站测试模式"指示灯亮，这时可以按下"单站测试"按钮，进入单站测试界面；"模式"转换开关扳到左侧，触摸屏上"自动入库模式"指示灯亮，这时可以按下"自动入库"按钮，进入自动入库界面。

（3）单站测试界面组态要求：

①在第一行显示"单站测试"字样。

②在单站测试界面设置供料—皮带输送站、机械手搬运站单站测试画面。

③在供料—皮带输送站设置设备"初始状态""供料—输送站运行"指示灯，"启动""停止"按钮。

④在机械手搬运站设置机械手"初始状态"指示灯，大气缸"上升""下降"按钮，小气缸"上升""下降"按钮，机械手"左转""右转""夹紧""松开""前行""后退""复位"按钮。

⑤界面上设置"返回工作模式选择界面"的按钮。

（4）自动入库界面组态要求如下：

①设置自动入库模式下系统"启动"和"停止"按钮。

②设置显示系统各工作站是否均准备就绪的指示灯、"系统初始状态""自动入库"指示灯。如果各站均就绪，该站指示灯被点亮，各工作站都就绪，"系统初始状态"指示灯亮，系统此时才能触摸"启动"按钮启动系统。系统启动后，"自动入库"指示灯被点亮。

③提供能切换到工作模式选择界面的按钮。只有在系统停止状态，切换按钮才有效。

④在界面上分别显示立体仓库已放入的两类商品的状况。

⑤设置指示自动入库中供料异常的指示灯，供料—皮带输送站的供料缺料状态指示"入货空"。相应指示以2Hz频率闪亮。

5. 编制及调试PLC程序

系统的工作模式分为单站测试模式和自动入库模式。

（1）单站测试模式：

1）供料—皮带输送站单站测试要求

①气源接通和上电后，若各气缸满足初始位置（缩回位置）要求且传送带

在停止状态，则触摸屏上供料—皮带输送站“初始状态”指示灯亮，并且绿色报警灯亮，表示设备准备好。

②若设备准备好，按下“启动”按钮或触摸屏模块右侧的“启动”按钮，供料—皮带输送站启动，“供料—输送站运行”指示灯常亮。当井式供料仓内人工随机地放下一个商品后，推料气缸动作，将商品推入到传送带上，皮带输送机启动，把商品带往检测分拣区。如果被传送的商品满足某一滑槽的推入条件，由相应的分拣气缸把商品推入滑槽中，商品到达滑槽中间时传送带停止，分拣气缸缩回到位后，可再次下料。

③工件分拣到各滑槽的原则如下：

a. 商品内嵌入钢质料芯商品时，将商品分拣推入滑槽 1。

b. 商品内嵌入铝质料芯商品时，将商品分拣推入滑槽 2。

c. 商品是空芯时，黄色商品推入滑槽 3；

d. 蓝色商品送到转送带末端。

在完成上述商品的分拣任务后，按下触摸屏上“停止”按钮或触摸屏模块右侧的“停止”按钮，本次测试结束，“供料—输送站运行”指示灯灭，供料－皮带输送站的“初始状态”指示灯亮。

2）机械手搬运站单站测试要求

机械手搬运单站测试须在触摸屏处于单站测试界面下进行。

①机械手搬运站上电前应使搬运机械手置于直线导轨中间位置。

② 按下触摸屏上大气缸“上升”“下降”按钮，大气缸应正确动作；按下小气缸“上升”“下降”按钮，小气缸应正确动作。

③ 按下机械手“左转”“右转”“夹紧”“松开“按钮，测试机械手动作；分别按住机械手“前行”“后行”按钮，测试机械手行走功能。

按下“复位”按钮，复位过程应首先检查机械手各气缸是否在初始位置（大气缸在下降位置、小气缸在上升位置、机械手停在右边、气爪松开），使不在初始位置的气缸返回，然后驱动机械手装置移动到直线运动机构的设备原点位置，移动速度可自行设定。复位完成后，触摸屏上机械手搬运站“初始状态”指示

（2）正常情况下系统自动入库模式：

1）系统的启动

先将触摸屏模块右侧的“模式”转换开关扳到左侧，触摸屏切换到自动入库界面后，各个站 PLC 程序应首先检查网络通讯是否正常，各工作站是否准备就绪，即：

①井式供料单元料仓内有足够的商品。

②机械手搬运单元在初始状态：大气缸在下降位置、小气缸在上升位置、机械手停在右边、气爪松开，机械手位于原点传感器处。

③各单元的各个气缸均处于初始位置，皮带输送单元传送带电机在停止状态。

若上述条件中任一条件不满足，则系统不能启动。

如果网络正常且各工作站均准备就绪，则允许启动系统。此时若按下触摸屏上的“启动”按钮，系统启动后，触摸屏上“自动入库”指示灯常亮，表示系统在自动入库模式下工作。

2）正常运行过程

系统正常运行情况下，运行的主令信号均来源于触摸屏。

①各 PLC 接收到系统发来的启动信号时，即进入运行状态。当启动信号被复位时，工作站退出运行状态。

②供料—输送站 PLC 接收到触摸屏发来的启动指令后，即进入运行状态，井式供料单元执行把商品推到皮带输送带的操作。若井式供料料仓内没有商品，则向系统发出报警信号。

③当皮带输送带上有商品后，皮带输送启动，将商品运送到皮带输送单元末端，运送到位后皮带停止。商品被机械手搬走后，供料－皮带输送站开始供下一个商品。

④机械手将皮带输送单元末端商品搬运到缓冲库，经过 5 秒钟缓冲贴标后，机械手将商品搬运到立体仓库，按商品库位分配放入相应位置。立体仓库入库要求为：将空芯商品送到立体仓库底层 1#、2# 位置依次存放，将带芯商品送到立体仓库顶层 5#、6# 位置依次存放。商品入库后向系统发出入库完成信号。商品放入库位后，相应库位指示灯亮，代表该库位放入商品，可以手动清除所有库位。

一个商品入库后重复上述工作流程，进行下一个商品的自动入库工作。

3）系统的正常停止

①如果完成四个商品的分拣入库工作，则系统自动停止工作。

②手动停止：若运行中按下触摸屏上的“停止”按钮，将向系统发出停止运行指令。此指令发出后，已经推至输送带上的商品待输送到输送带末端后停止；机械手已经搬运的商品，系统应等待这个商品入库工作完成后才能处于停止状态。

③系统停止后，可按下触摸屏上的“返回”按钮，返回到工作模式选择界面。

4）停止后的再启动

在自动入库界面下再次按下触摸屏上的“启动”按钮，系统又重新进入运行状态。若上次停止时尚未完成规定数量的商品入库任务，则应继续上次运行状态工作。

（3）自动入库模式下状态异常的处理：

1）如果发生来自井式供料单元的“商品空”的报警信号，且井式供料单元物料台上已推出工件，系统继续运行，直至完成该工作周期尚未完成的工作。触摸屏中“商品空”报警指示灯亮，当该工作周期工作结束，系统将停止工作，除非“商品空”的报警信号消失，系统不能再启动。

2）若某些原因引起机械手搬运单元前或后极限开关误动作，将产生越程故障，应采取恰当的措施使系统能正常运行。

任务二　制定自动化物流系统项目工作计划

一、项目任务

1. 控制系统总体设计

分析控制要求，了解自动化物流系统工作过程。

2. 控制系统硬件的设计

PLC 型号、相关元器件的选择以及外部接口电路的设计。

3. 控制系统软件设计

利用 TIA Portal 软件编制出相应的程序，并绘制触摸屏画面。

4. 系统调试

实验室中连接硬件线路，模拟运行，完成程序的调试。

5. 编写技术文件。

二、项目实施流程

按照项目任务书要求，合理分工；按照项目实施任务矩阵图，完成技术方案确定、工作计划制定，进行项目的实施，到项目检查及资料完善工作。

三、硬件设备

1. 行走机械手搬运与仓库单元（C 单元）

（1）行走机械手单元的硬件组成：行走机械手搬运与仓储单元由行走机械

手、步进电机、限位传感器、立体仓库、升降气缸等组成，可完成工件在多个单元之间的搬运工作以及入库工作。仓储部分有一个八工位的立体仓库构成，可用来进行货物的仓储以及出入库的管理工作，机械手搬运与仓储单元的结构图如图 4-5 所示。

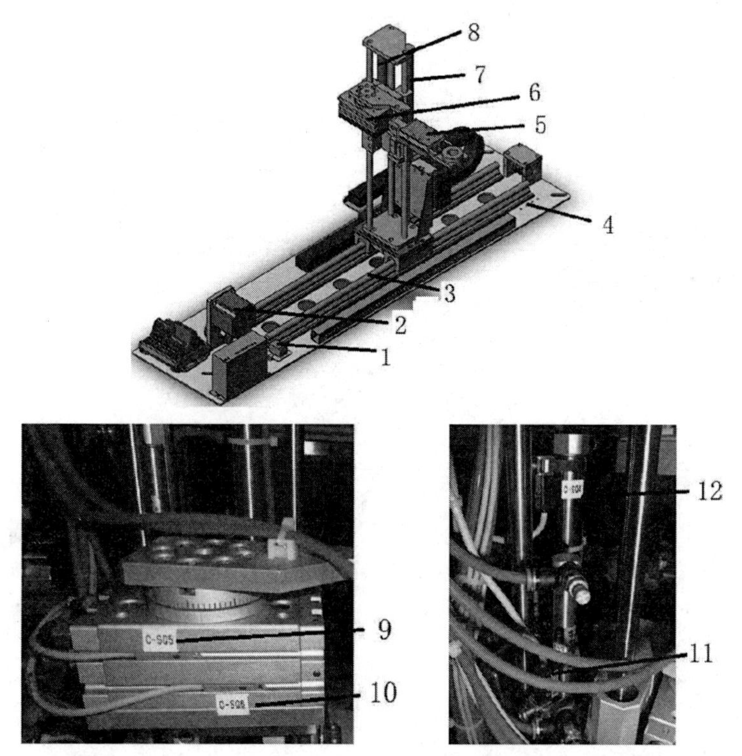

1. 行走机械手限位接近开关（C-SQ2）　2. 步进电机（C-M1）　3. 光杠　4. 行走机械手电机原点传感器（C-SQ1）　5. 夹手气缸（C-YV4）　6. 旋转气缸（C-YV1）　7. 升降气缸大（C-YV2）　8. 升降气缸小（C-YV3）　9 旋转气缸原点（C-SQ5）　10. 旋转气缸限位点（C-SQ5）　11. 升降气缸大缩回限位（C-SQ4）　12. 升降气缸小伸出限位（C-SQ3）

图 4-5　行走机械手结构图

（2）立体仓库单元组成：立体仓库共分两层，底层为 $1^{\#}$、$2^{\#}$、$3^{\#}$、$4^{\#}$ 仓库，顶层为 $5^{\#}$、$6^{\#}$、$7^{\#}$、$8^{\#}$ 仓库，其结构如图 4-6 所示。

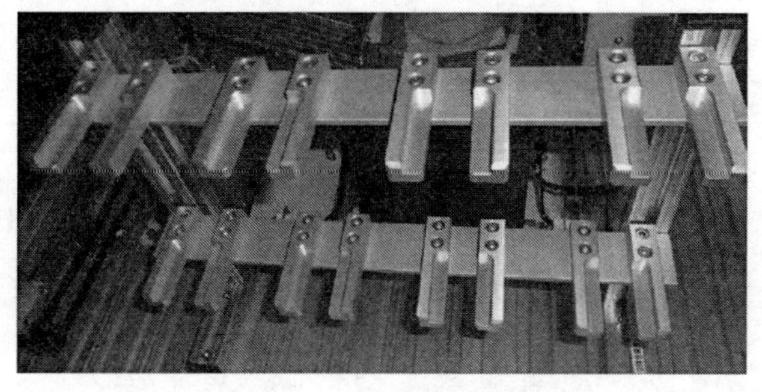

图 4-6　立体仓库结构图

（3）机械手搬运与仓储单元各部件说明与使用方法：

1）欧姆龙接近开关

在机械手搬运与仓储单元中，接近开关用来作为行走机械手的原点和限位，其具体参数和使用方法如下。

①欧姆龙接近开关参数：欧姆龙接近开关是一种小型的短距离传感器，其接线如图 4–7 所示。

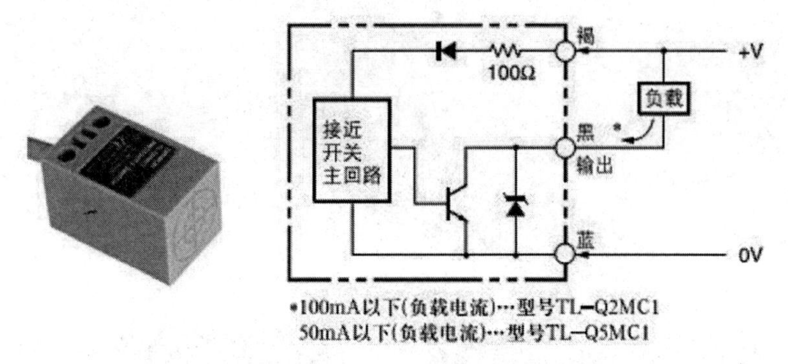

图 4–7　欧姆龙接近开关接线图

②磁性开关的调节说明：需先将旋转气缸处于原点位置，然后调节磁性开关（C–SQ4），固定于其输出指示灯由不亮转亮的地点，同理调节旋转气缸限位点（C–SQ5），这样能使系统运行更可靠。

2）行走机械手单元 PLC 模块

行走机械手搬运与仓储单元 PLC 使用方法和注意事项与以上 PLC 相同，但传感器和执行器对应接口不同，机械手搬运与仓储单元的 PLC 模块对应的接口如表 4–1 和表 4–2 所示。

表 4–1　行走机械手搬运与仓储单元 PLC 检测端口对应分布表

检测端口号	对应传感器名称	备注
检测 –0	C–SQ1	原点限位
检测 –1	C–SQ3	正限位
检测 –2	C–SQ2	小气缸上升限位
检测 –3	C–SQ4	大气缸下降限位
检测 –4	C–SQ5	左限位
检测 –5	C–SQ6	右限位

表 4-2　行走机械手搬运与仓储单元 PLC 执行端口对应分布表

执行端口号	对应执行器名称	备注
执行 -0	C-Ml	X 轴 CP
执行 -1	C-M2	Y 轴 CP
执行 -2	C-Ml	X 轴 DIR
执行 -3	C-M2	Y 轴 DIR
执行 -4	C-YVl	Z 轴夹紧
执行 -5	C-YV2	Z 轴升降
执行 -6	C-M3	Z 轴电机

2. 多工位装配单元（E 单元）

（1）多工位装配单元概述：多工位装配单元由推料机构、料井、工件固定机构、工件检测机构、多个装配工位、伺服系统、转盘、缓冲库模块等组成，可进行多工位的装配工作，检测机构可及时检测是否有待装配工件，以及工件是否装配完毕，同时，配备了一个缓冲工位，可及时处理一些多出的待加工的工件或有异常的工件。其结构如图 4-8 和图 4-9 所示。

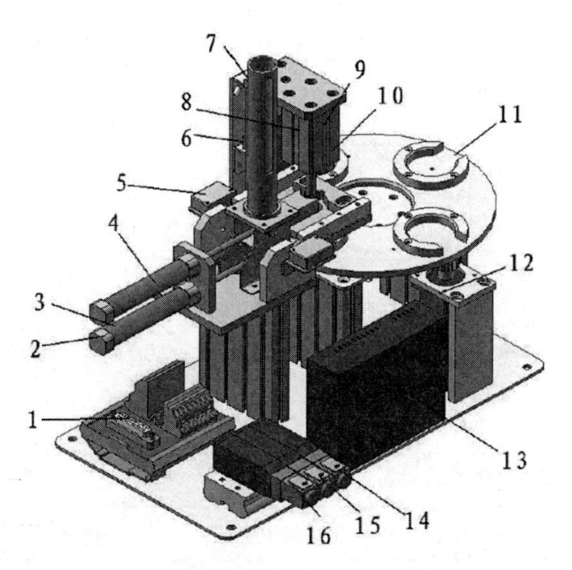

1. 接口模块 YF1301　2. 工件固定气缸（E-YVl）　3. 工件固定气缸原点（E-SQ5）　4. 小料柱推出气缸（E—YV2）　5. 料仓内料柱检测（E—SQ4）　6. 料块有无检测（E—SQ2）　7. 料块内有无料柱检测（E—SQ3）　8. 压料柱气缸（E-YV3）　9. 压料柱气缸回位（E—SQ6）　10. 压料柱气缸到位（E—SQ7）　11. 转盘原点（E—SQ1）　12. 步进电机（E-M1）　13. 步进驱动器　14. 压料柱电磁阀（E-YV3）　15. 料柱推出电磁阀（E-YV2）　16. 工件固定电磁阀（E-YV1）

图 4-8　多工位装配单元结构图

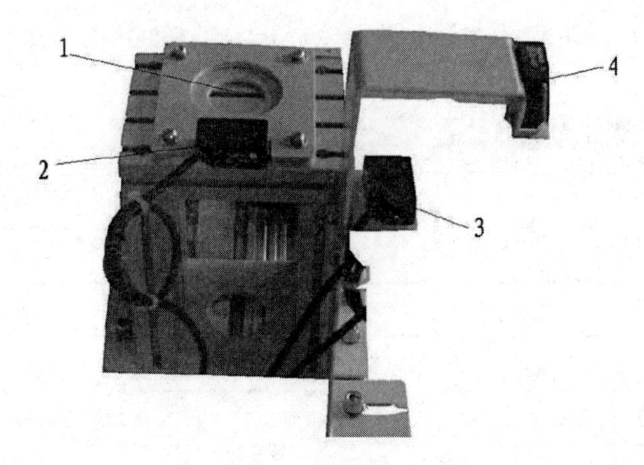

1. 缓冲库　2. 缓冲库检测（E-SQ8）　3. 料块有无检测（E-SQ2）　4. 料块内有无料柱检测（E-SQ3）

图 4-9　缓冲库模块结构图

（2）装配单元 PLC 模块：多工位装配单元 PLC 使用方法和注意事项与以上 PLC 相同，但传感器和执行器对应接口不同，多工位装配单元的 PLC 模块对应的接口如表 4-3 和表 4-4 所示。

表 4-3　装配单元 PLC 检测端口对应分布表

检测端口号	对应传感器名称	备注
检测 -0	E-SQl	转盘原点
检测 -1	E-SQ2	料块内有无料柱检测
检测 -2	E-SQ3	料块有无检测
检测 -3	E-SQ4	料仓内有无料柱检测
检测 -4	E-SQ5	工件固定气缸原点
检测 -5	E-SQ6	压料柱气缸回位

表 4-4　装配单元 PLC 执行端口对应分布表

执行端口号	对应执行器名称	备注
执行 -0	E-Ml	转盘 CP
执行 -1	E-Ml	转盘 DIR
执行 -2	E-YVl	工件固定气缸
执行 -3	E-YV2	料柱推出气缸
执行 -4	E-YV3	压料柱气缸

（3）其他部件说明：转盘原点传感器（E-SQl）采用的是电感传感器，转盘上开有孔，当 E-SQl 没有信号输出时，即为转盘到达原点，所以调节时注意，此传感器和其他传感器有所区别，在编写程序时也应加以区分。

其他传感器在上述章节中已经介绍过使用方法。在调整料块有无检测传感器（E-SQ2）时，将料块放入装配工位内，并且正对着 E-SQ2，调节传感器 E-SQ2，使其有输出即可。

在整料块内有无料柱检测传感器（E-SQ3）时，将料块内装入料柱，使传感器 E-SQ3 正对着料柱，调节 E-SQ3，使其有输出即可。

（4）多工位装配单元运动说明：上电后，多工位装配单元会进行自检，自己找原点。

3. 热处理单元（G 单元）

（1）热处理单元的硬件组成：

热处理单元由温度显示仪表、风扇、温度检测系统、温度加热系统等组成，其结构图如图 4-10 所示。

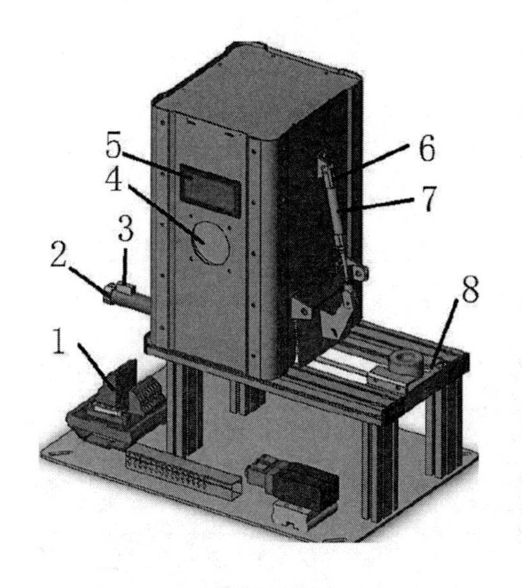

1.YF1301 接口模块 2. 工件输送气缸（G-YV2） 3. 磁性开关（G-SQ1） 4. 风扇（G-F） 5. 温度显示仪表 6. 磁性开关（G-SQ2） 7. 炉门开启气缸（G-YV1） 8. 载货台 9. 灯泡 10.PT100 热电阻 11. 数据转换线路板

图 4-10 热处理单元结构图

（2）热处理单元各部件说明与使用方法：

①温度显示仪表：在热处理单元中，温度显示仪表用来显示一个灯泡的当

前温度，PT100 热电阻连接到温度显示仪表上，仪表将变化的电阻值转换为温度用数码管显示出来。

②磁性开关：在热处理单元中，磁性开关用来检测 Z 轴是否在原点，其参数以及使用方法在上面的章节中介绍过。

③风扇: 在热处理单元中, 使用风扇为热处理炉降温, 当需要降温时, 将 F-R 接通，则风扇转动，将炉内热气排出。

④数据转换线路板：在热处理单元中，其中一个灯泡上的 PT100 连接在数据转换线路板上，由线路板输出一个 0V—10V 的电压值，代表 0℃—100℃的温度，其输出端口如表 4-5 所示。

表 4-5　热处理单元传感器接线对应表

检测端口号	对应传感器名称	备注
检测 -0	G-SQl	载货台缩回
检测 -1	G-SQ2	炉门关闭
检测 -7	PT	检测温度信号（0—10V）

加热过程有两种加热方法，一种方法是采用模拟量控制加热系统，由 PLC 提供一个 0V—10V 的电压值给数据转换线路板，对应不同的电压值，数据转换线路板输出线性的电压控制灯泡的热度，另一种方法是采用 PWM 控制加热系统，由 PLC 输送不同的脉宽给数据转换线路板，数据转换线路板输出线性的电压控制灯泡的热度。

⑤热处理单元传感器与执行器电气接口对应表热处理单元传感器接线。

热处理单元执行器接线对应表如表 4-6 所示。

表 4-6　热处理单元执行器接线对应表

执行端口号	对应执行器名称	备注
执行 -0	G-R	控制温度信号脉宽 P\VM
执行 -1	G-F	风扇
执行 -2	G-YVl	炉门开关
执行 -3	G-YV2	载货台伸缩
执行 -7	DA0UT	控制温度信号（0—10V）

任务三　机械手安装、编程与调试

一、机械手认识

1. 机械手搬运机构

（1）机械手搬运机构实际应用，如图 4–11 所示。

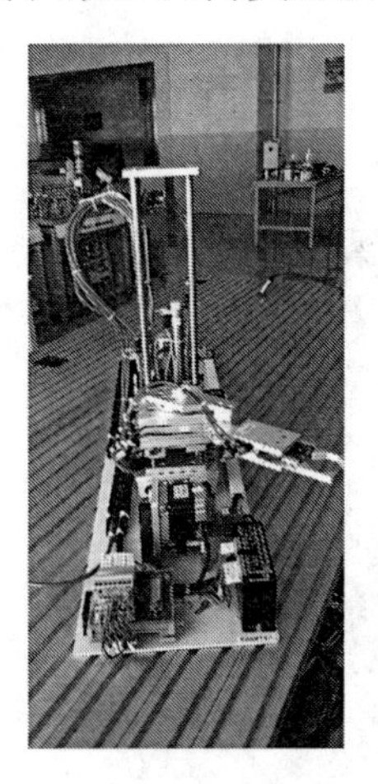

图 4–10　机械手应用图

（2）机械手搬运机构组成：整个搬运机构能完成大气缸升降、小气缸升降、机械手左右转动、手爪松紧四个自由度动作，同时机械手可以前后直线行走。

二、机械手安装

1.I/O 分配表及电气接线，如表 4–7 和图 4–12 所示。

表 4–7　主要地址分配表

输入地址			输出地址		
序号	地址	备注	序号	地址	备注
1	I0.0	启动按钮	1	Q0.2	左转驱动线圈
2	I0.1	停止按钮	2	Q0.3	右转驱动线圈
3	I0.2	左转限位传感器	3	Q0.4	大气缸上升驱动线圈
4	I0.3	右转限位传感器	4	Q0.5	大气缸下降驱动线圈
5	I0.4	材料检测传感器	5	Q0.6	气爪松开驱动线圈
6	I0.5	大气缸上升限位传感器	6	Q0.7	气爪夹紧驱动线圈

续表

输入地址			输出地址		
序号	地址	备注	序号	地址	备注
7	I0.6	大气缸下降限位传感器	7	Q1.0	小气缸下降驱动线圈
8	I1.0	小气缸上升限位传感器	8		
9	I1.1	小气缸下降限位传感器	9		
10	I1.2	气爪夹紧限位传感器			

图 4–12　机械手电气接线图

2. 气路连接，如图 4–13 所示。

图 4–13　机械手气路连接图

三、机械手编程

1. 机械手气动部件编程及测试

设计触摸屏画面，在触摸屏上放置机械手气缸各个动作测试按钮，通过触摸屏按钮手动检测机械手接线是否正确，调节气量，使机械手动作顺畅，如图 4–14 所示。

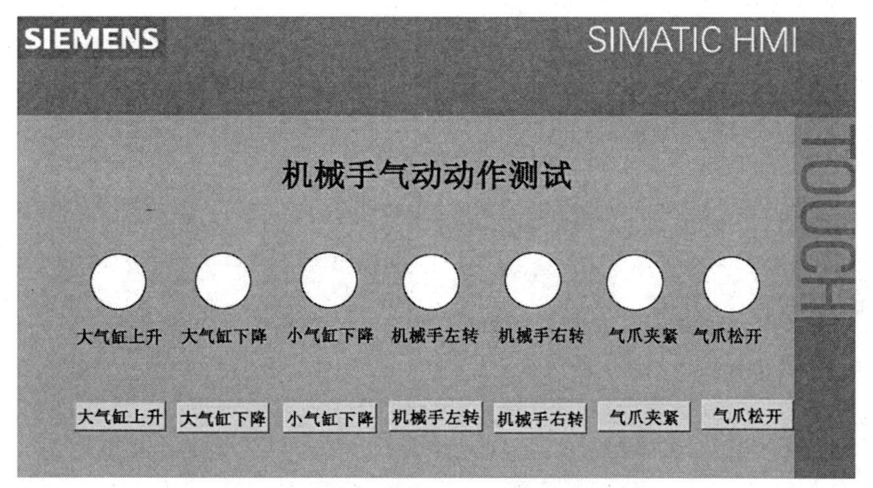

图 4–14　机械手气动动作测试触摸屏界面图

手动测试程序采用点动控制编程方法，按下触摸屏上相应的动作按钮，对应的气缸动作控制线圈得电，气缸动作。

2. 机械手自动取放料编程及调试

在熟悉机械手单元组成和结构基础上，分析机械手自动取料和放料的动作流程，如表 4–8 所示，编制程序流程图。

表 4–8　机械手自动取料、放料工作过程表

序号	任务描述	对应输出动作
1	按下复位按钮，机械手复位	
2	复位完成后，准备好指示灯亮	
3	按下启动按钮，小气缸下降	
4	下降到位后，停留 1 秒钟	
5	然后气爪夹紧，抓取物料，保持 1 秒钟	
6	小气缸上升	
7	上升到位后，机械手左转	
8	左转到位后，保持 1 秒钟，大气缸上升	
9	上升到位后，保持 1 秒钟，小气缸下降	
10	下降到位后，保持 1 秒钟，气爪松开，放下物料	
11	气爪松开，保持 1 秒钟，小气缸上升	
12	上升到位后，大气缸下降	
13	下降到位后，机械手右转，回到复位状态	

机械手自动取放料测试触摸屏界面设计如图 4–15 所示。

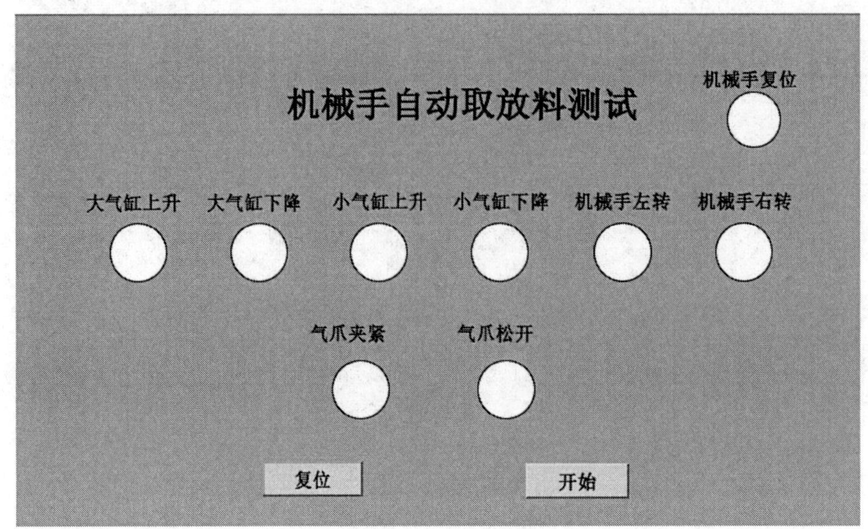

图 4–15　机械手自动取放料测试触摸屏界面图

3. 机械手自动取放料顺序功能图

编制顺序功能图时，机械手的动作转换安装有传感器时，可以利用传感器作为转换条件；没有安装相应到位传感器时，使用定时器定时时间到作为转换条件。由于气爪松开没有限位传感器，气爪松开的判断条件可以利用气爪夹紧限位传感器的常闭触点。机械手自动取放料顺序功能图设计如图 4–16 所示。

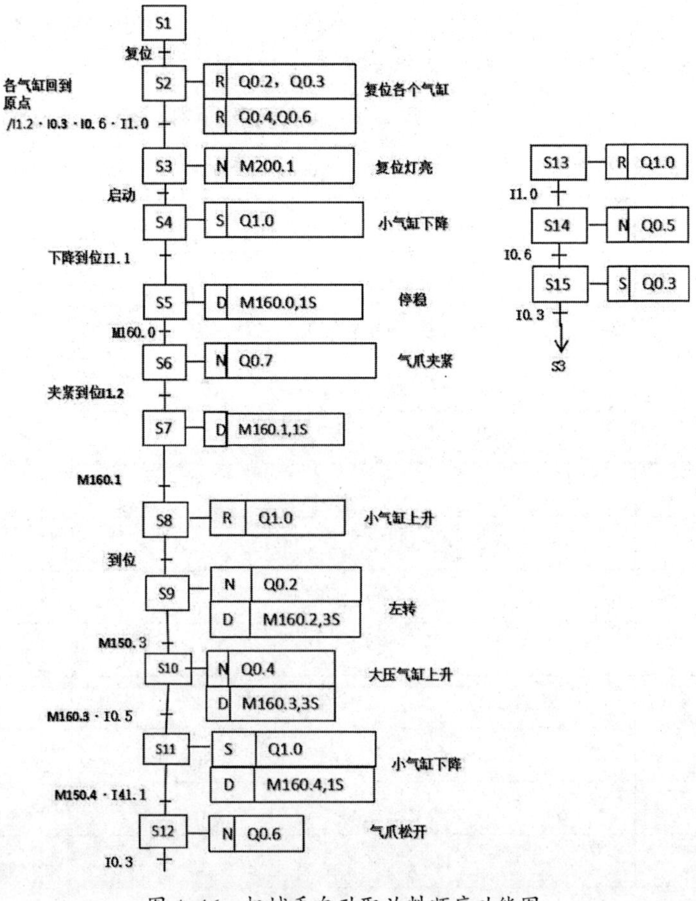

图 4–16　机械手自动取放料顺序功能图

任务四　机械手直线运动定位控制调试（步进电机控制）

一、步进电机认识

1. 步进电机简介

步进电动机是一种将数字脉冲信号转换成机械角位移或者线位移的数模转换元件。在经历了一个大的发展阶段后，目前其发展趋于平缓。由于电动机的工作原理和其他电动机有很大的差别，因而具有其他电动机所没有的特性。因此，沿着小型、高效、低价的方向发展。

步进电动机的运行是在专用的脉冲电源供电下进行的，其转子走过的步数，或者说转子的角位移量，与输入脉冲数严格成正比，因而称为步进电动机。另外，步进电动机动态响应快，控制性能好，只要改变输入脉冲的顺序，就能方便地改变其旋转方向。这些特点使得步进电动机与其他电动机有很大的差别。步进电动机的上述特点，使得由它和驱动控制器组成的开环数控系统，既具有较高的控制精度，良好的控制性能，又能稳定可靠地工作。因此，在数字控制系统出现之初，步进电动机经历过一个大的发展阶段。

2. 步进电机的分类

（1）永磁式步进电机一般为两相，转矩和体积较小，步距角一般为7.5度或15度。

（2）反应式步进电机一般为三相，可实现大转矩输出，步距角一般为1.5度，但噪声和振动都很大。

（3）混合式步进电机是指混合了永磁式和反应式的优点，它又分为两相和五相。两相步距角一般分为1.8度而五相步距角一般为0.72度，这种步进电机的应用最为广泛。

三相反应式步进电机的结构如图4–17所示。

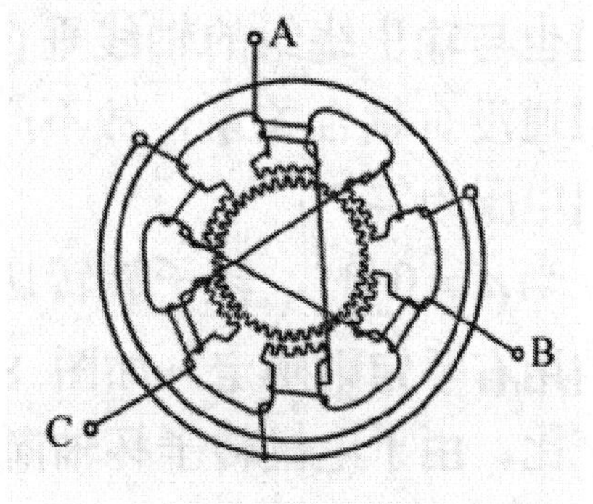

图4–16　三相反应式步进电机的结构图

定子、转子是用硅钢片或其他软磁材料制成的。定子的每对极上都绕有一对绕组，构成一相绕组，共三相称为A、B、C相。

在定子磁极和转子上都开有齿分度相同

的小齿，采用适当的齿数配合，当 A 相磁极的小齿与转子小齿一一对应时，B 相磁极的小齿与转子小齿相互错开 1/3 齿距，C 相则错开 2/3 齿距。如图 4–18 所示。

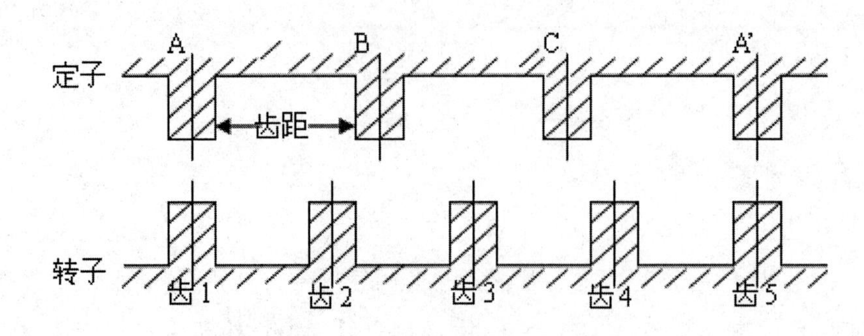

图 4–17　三相通电定转子错开示意图

电机的位置和速度由绕组通电次数（脉冲数）和频率成一一对应关系。而方向由绕组通电的顺序决定。

3. 步进电机的基本参数

（1）电机固有步距角：它表示控制系统每发一个步进脉冲信号，电机所转动的角度。电机出厂时给出了一个步距角的值，这个步距角可以称之为“电机固有步距角”，它不一定是电机实际工作时的真正步距角，真正的步距角和驱动器有关。

（2）步进电机的相数：步进电机的相数是指电机内部的线圈组数，目前常用的有二相、三相、四相、五相步进电机。电机相数不同，其步距角也不同，一般二相电机的步距角为 0.9°/1.8°、三相的为 0.75°/1.5°、五相的为 0.36°/0.72°。在没有细分驱动器时，用户主要靠选择不同相数的步进电机来满足自己步距角的要求。如果使用细分驱动器，则“相数”将变得没有意义，用户只需在驱动器上改变细分数，就可以改变步距角。

（3）保持转矩：保持转矩是指步进电机通电但没有转动时，定子锁住转子的力矩。它是步进电机最重要的参数之一，通常步进电机在低速时的力矩接近保持转矩。由于步进电机的输出力矩随速度的增大而不断衰减，输出功率也随速度的增大而变化，所以保持转矩就成为了衡量步进电机最重要的参数之一。比如，当人们说 2Nm 的步进电机，在没有特殊说明的情况下是指保持转矩为 2Nm 的步进电机。

（4）钳制转矩：钳制转矩是指步进电机没有通电的情况下，定子锁住转子的力矩。由于反应式步进电机的转子不是永磁材料，所以它没有钳制转矩。

4. 步进电机主要特点

（1）一般步进电机的精度为步进角的 3% 至 5%，且不累积。

（2）步进电机外表允许的最高温度取决于不同电机磁性材料的退磁点，步进电机温度过高时会使电机的磁性材料退磁，从而导致力矩下降乃至于失步，因此电机外表允许的最高温度应取决于不同电机磁性材料的退磁点；一般来讲，磁性材料的退磁点都在 130℃以上，有的甚至高达 200℃以上，所以步进电机外表温度在 80℃至 90℃完全正常。

（3）步进电机的力矩会随转速的升高而下降。当步进电机转动时，电机各相绕组的电感将形成一个反向电动势；频率越高，反向电动势越大。在它的作用下，电机随频率（或速度）的增大而相电流减小，从而导致力矩下降。

（4）步进电机低速时可以正常运转，但若高于一定速度就无法启动，并伴有啸叫声。

步进电机有一个技术参数：空载启动频率，即步进电机在空载情况下能够正常启动的脉冲频率，如果脉冲频率高于该值，电机不能正常启动，可能发生丢步或堵转。在有负载的情况下，启动频率应更低。如果要使电机达到高速转动，脉冲频率应有加速过程，即启动频率较低，然后按一定加速度升到所希望的高频。

5. 步进电机在工业控制领域的主要应用

步进电机作为执行元件，是机电一体化的关键产品之一， 广泛应用在各种家电产品中，例如打印机、磁盘驱动器、玩具、雨刷、机械手臂和录像机等。另外步进电机也广泛应用于各种工业自动化系统中。由于通过控制脉冲个数可以很方便的控制步进电机转过的角位移，且步进电机的误差不积累，可以达到准确定位的目的。还可以通过控制频率很方便的改变步进电机的转速和加速度，达到任意调速的目的。因此，步进电机可以广泛的应用于各种开环控制系统中。

二、反应式步进电机

1. 反应式步进电机结构

电机转子均匀分布着很多小齿，定子齿有三个励磁绕阻，其几何轴线依次分别与转子齿轴线错开。0 、1/3 、2/3 （相邻两转子齿轴线间的距离为齿距以表示），即 A 与齿 1 相对齐，B 与齿 2 向右错开 1/3 ，C 与齿 3 向右错开 2/3 ，A' 与齿 5 相对齐，（A' 就是 A，齿 5 就是齿 1）如图 4–19 所示。

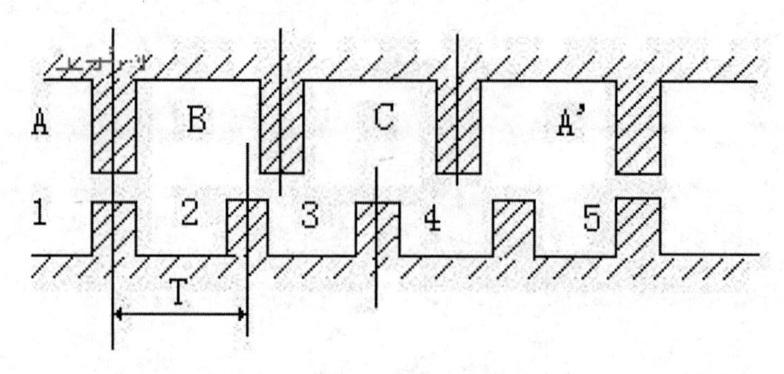

图 4-19 定转子的展开图

2. 旋转

三相如 A 相通电，B、C 相不通电时，由于磁场作用，齿 1 与 A 对齐，（转子不受任何力，以下均同）。如 B 相通电，A、C 相不通电时，齿 2 应与 B 对齐，此时转子向右移过 1/3 ，此时齿 3 与 C 偏移为 1/3 ，齿 4 与 A 偏移（–1/3）=2/3。如 C 相通电，A、B 相不通电，齿 3 应与 C 对齐，此时转子又向右移过 1/3 ，此时齿 4 与 A 偏移为 1/3 对齐。如 A 相通电，B，C 相不通电，齿 4 与 A 对齐，转子又向右移过 1/3 这样经过 A、B、C、A 分别通电状态，齿 4（即齿 1 前一齿）移到 A 相，电机转子向右转过一个齿距，如果不断地按 A、B、C、A……通电，电机就每步（每脉冲）1/3 ，向右旋转；如按 A、C、B、A 依次通电，电机就反转。

电机的位置和速度由导电次数（脉冲数）和频率成一一对应关系。而方向由导电顺序决定。不过，出于对力矩、平稳、噪音及减少角度等方面考虑。往往采用 A–AB–B–BC – C–CA–A 这种导电状态，所以本设计采用三相六拍。这样将原来每步 1/3 改变为 1/6 。甚至于通过二相电流不同的组合，使其 1/3 变为 1/12 ，1/24 ，这就是电机细分驱动的基本理论依据。

步进电机旋转的物理条件：电机定子上有 m 相励磁绕阻，其轴线分别与转子齿轴线偏移 1/m，2/m……（m–1）/m，1，并且导电按一定的相序电机就能正反转被控制。理论上可以制造任何相的步进电机，出于成本等多方面考虑，市场上一般以二、三、四、五相为多。

三、PLC 技术在步进电机控制中的应用

利用 PLC 技术可以方便地实现对电机速度和位置的控制，完成各种复杂的工作。PLC 利用其高速脉冲输出功能或运动控制功能，实现对步进电机的控制。

步进电机是一种将电脉冲信号转换成直线位移或角位移的执行元件，每当对其施加一个电脉冲时，其输出轴便转过一个固定的角度。步进电机的输出位移量与输入脉冲个数成正比，其转速与单位时间内输入的脉冲数（即脉冲频率）成正比，其转向与脉冲分配到步进电机的各相绕组的相序有关。控制指令脉冲的数量、频率及电机绕组通电的相序，便可控制步进电机的输出位移量、速度和转向。

1. 步进电机的 PLC 直接控制

PLC 直接控制步进电机系统由 PLC 和步进电机组成，PLC 具有实时刷新技术，输出信号的频率可以达到数千赫兹或更高，使得脉冲分配能有很高的分配速度，充分利用步进电机的速度响应能力，提高整个系统的快速性。并且，PLC 有采用大功率晶体管的输出端口，能够满足步进电机各相绕组数 10V 级脉冲电压、1A 级脉冲电流的驱动要求。

控制步进电机最重要的就是要产生出符合要求的控制脉冲。西门子 PLC 本身带有高速脉冲计数器和高速脉冲发生器，其发出的频率最大为 10KHz，能够满足步进电动机的要求。对 PLC 提出两个特性要求。一是在此应用的 PLC 最好是具有实时刷新技术的 PLC，使输出信号的频率可以达到数千 Hz 或更高。其目的是使脉冲能有较高的分配速度，充分利用步进电机的速度响应能力，提高整个系统的快速性。二是 PLC 本身的输出端口应该采用大功率晶体管，以满足步进电机各相绕组数十伏脉冲电压、数安培脉冲电流的驱动要求。如图 4–20 所示：

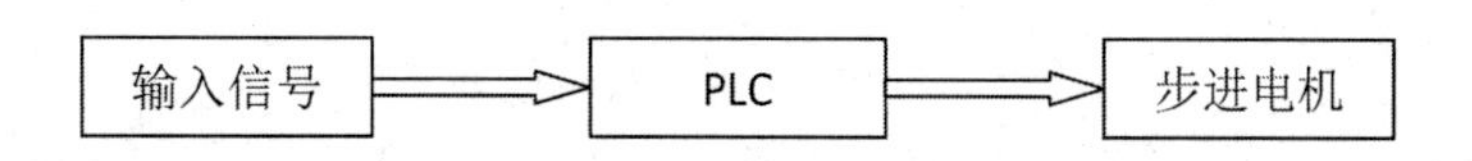

图 4–20　步进电机的 PLC 直接控制图

2. 常见的步进电机的工作方式

常见的步进电机的工作方式有以下三种：

（1）三相单三拍：A–> B–> C–> A，如图 4–21 所示。

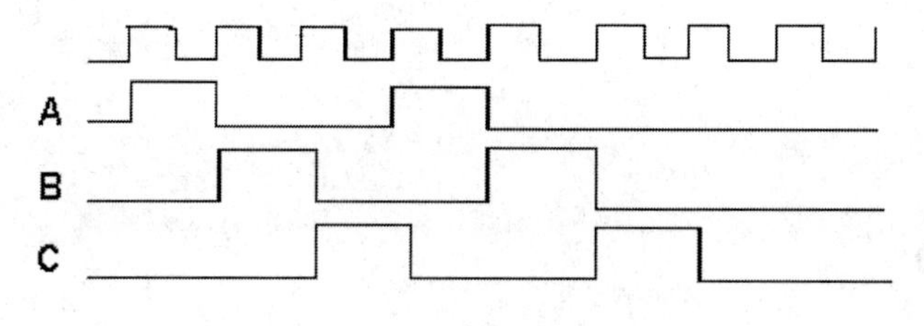

图 4–21　三相单三拍工作方式时序图

（2）三相双三拍：AB -> BC -> CA -> AB，如图 4-22 所示。

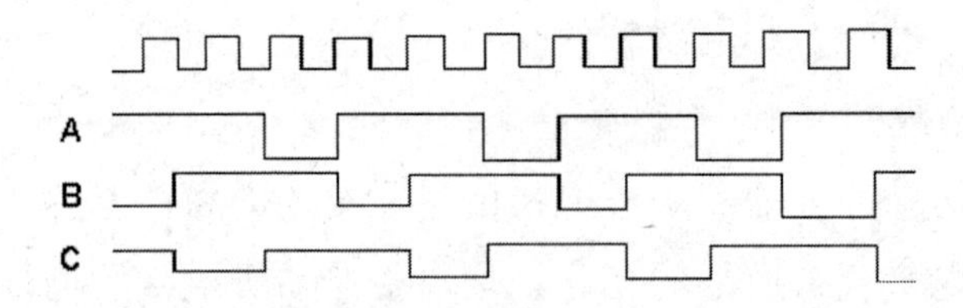

图 4-22　三相双三拍工作方式时序图

（3）三相六拍：A -> AB -> B -> BC -> C -> CA -> A，如图 4-23 所示。

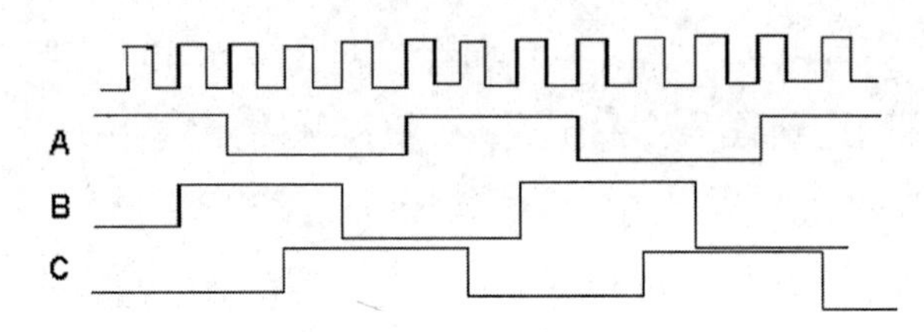

图 4-23　三相六拍工作方式时序图

3.PLC 控制步进电机控制原理

（1）控制步进电机换向顺序：通电换向这一过程称为脉冲分配。例如：三相步进电机的三相三拍工作方式，其各相通电顺序为 A-B-C-D，通电控制脉冲必须严格按照这一顺序分别控制 A、B、C、D 相的通断。

（2）控制步进电机的转向：如果给定工作方式正序换相通电，步进电机正转，如果按反序通电换相，则电机就反转。

（3）控制步进电机的速度：如果给步进电机发一个控制脉冲，它就转一步，再发一个脉冲，它会再转一步。两个脉冲的间隔越短，步进电机就转得越快。调整发出的脉冲频率，就可以对步进电机进行调速。

四、西门子 S7-300PLC 控制步进电机的方法

1. 西门子 S7-300PLC 控制原理

三相步进电机可采用三种工作方式：三相单三拍、三相双三拍、三相单六拍。

这三种方式的主要区别是：电机绕组的通电、放电时间不同。工作方式是单三拍时通电时间最短，双三拍时允许放电时间最短，六拍时通电时间和放电时间最长。

因此，同一脉冲频率时，六拍的工作方式出力最大，并且当电机是三拍的工作方式时，其分辨率为 3 度；是六拍的工作方式时，分辨率是 1.5 度。因此，采用三相六拍的工作方式，在这种控制方式下工作，步进电机的运行特性好，

步进电机分辨率最高。可根据步进电机的工作方式，以及所要求的频率（步进电机的速度），画出 A、B、C 各相的时序图，如图 4–24 所示，并使用 PLC 产生各种时序的脉冲。

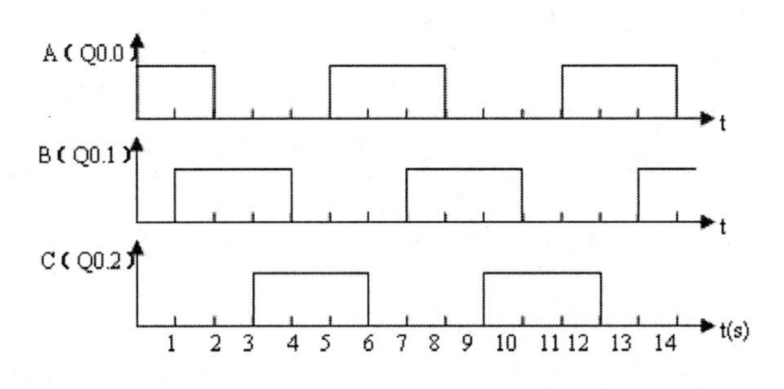

图 4–24　三相单六拍正向时序图

2. 接线及硬件组态方法

（1）接线方法：步进电机的控制用 PLC 的脉宽调制，314C–2PN/ DP CPU 能输出可调脉宽的点是固定的：Q0.0 接脉冲，Q0.1 接方向；由于使用脉宽调制来控制步进电机，PLC 对步进电机发出的脉冲数量需要使用高速计数器进行记录，所以将脉冲和方向信号再分别接回 PLC 的输入端；PLC 可用于高速计数的输入点也是固定的，系统采用了通道 2 来实现高速计数，所以将 Q0.0 接至 I0.6、Q0.1 接至 I0.7。步进电机如图 4–25 所示，步进电机驱动器接线如图 4–26 所示。

图 4–25　步进电机图

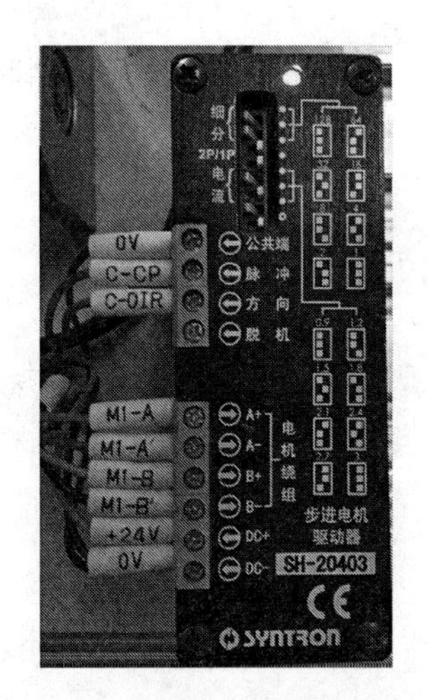

图 4–26　步进电机驱动器接线图

（2）组态方法：组态中，涉及计数 _1 的通道 0 和通道 2。

通道 0 参数设置如图 4–27 所示。

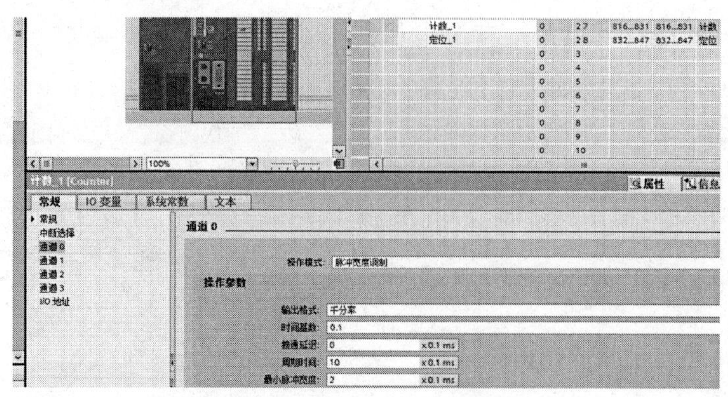

图 4-27　通道 0 参数设置图

通道 2 参数设置如图 4-28 所示。

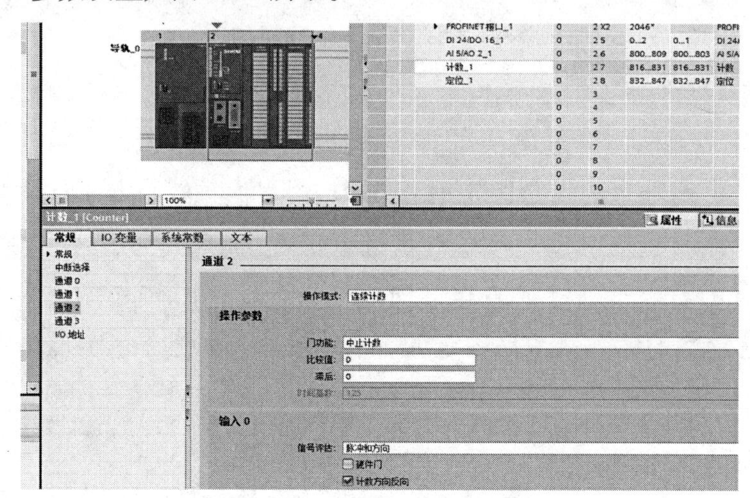

图 4-28　通道 2 参数设置图

3. 控制编程方法

PLC 控制器选择的是紧凑型 S7-300PLC、314C-2PN/DP，触摸屏选择的是西门子 TP700 型彩色触摸屏。

机械手的直线行走控制选用的是两相混合式步进电机，步距角为 1.8°。步进电动机是一种将电脉冲信号转换成机械角位移的电磁机械装置，每输入一个电脉冲信号，电机就转动一个角度，具有较好的定位精度，无漂移和无积累定位误差等优点。两相混合式步进电机综合了反应式和永磁式的优点，定子上有多相绕组、转子上采用永磁材料，转子和定子上均有多个小齿以提高步矩精度。选择的步进电机驱动器驱动方式为恒流 PWM，最大到 64 细分，配上细分驱动器后其步距角最小可达到 1.8°/64。采用细分驱动技术可以大大提高步进电机的步距分辨率，减少转矩波动，降低运行噪声。

机械手的气压传动部分选用了三个双作用气缸，分别实现机械手的左右转动，大气缸的升降运动、气爪的夹紧和松开动作，机械手升降小气缸采用的是单作用气缸。气缸中除了气爪气缸上安装 1 只限位传感器外，其余三个气缸上都安装了两只限位传感器，用于气缸动作的检测。

（1）主要地址分配：主要地址分配如表 4–9 所示。

表 4–9　主要地址分配表

输入地址			输出地址			标志位		
序号	地址	备注	序号	地址	备注	序号	地址	备注
1	I0.0	启动按钮	1	Q0.0	脉冲信号	1	M20.0	行走到位标志
2	I0.1	停止按钮	2	Q0.1	方向信号	2	M20.1	去传送带末端
3	I0.2	左转限位传感器	3	Q0.2	左转驱动线圈	3	M20.2	去热处理单元
4	I0.3	右转限位传感器	4	Q0.3	右转驱动线圈	4	M20.3	去缓冲台
5	I0.4	材料检测传感器	5	Q0.4	大气缸上升驱动线圈	5	M20.4	去仓库 1# 位
6	I0.5	大气缸上升限位传感器	6	Q0.5	大气缸下降驱动线圈	6	M20.5	取料标志
7	I0.6	大气缸下降限位传感器	7	Q0.6	气爪松开驱动线圈	7	M20.6	放料标志
8	I0.7	方式选择开关（手动 / 自动）	8	Q0.7	气爪夹紧驱动线圈	8	M20.7	取放料完成
9	I1.0	小气缸上升限位传感器	9	Q1.0	小气缸下降驱动线圈	9	MD100	计数当前值
10	I1.1	小气缸下降限位传感器				10	MD104	目标值
11	I1.2	气爪夹紧限位传感器				11	MD108	目标值下限
12	I2.0	机械手前行限位				12	MD112	目标值上限
13	I2.1	机械手原点						

（2）步进电机控制程序块：在此程序块中主要应用指令→工艺→ 300C 下的脉冲和 CONNT 指令，另外将测试出的需要定位的位置（M20.1–M20.4）的脉冲数送到目标值 MD104，在后面的程序设计中只需要给出位置的标志位即可。图 4–29 至图 4–31 为步进电机控制程序块部分程序。

（3）自动运行程序块（GRAPH 语言编程）：工作方式转换开关打在自动运行位置（此时 I0.7 的信号指示灯亮），机械手进入自动运行工作状态。系统处于初始状态时，按下启动按钮，机械手搬运系统自动运行。自动运行工作流程:

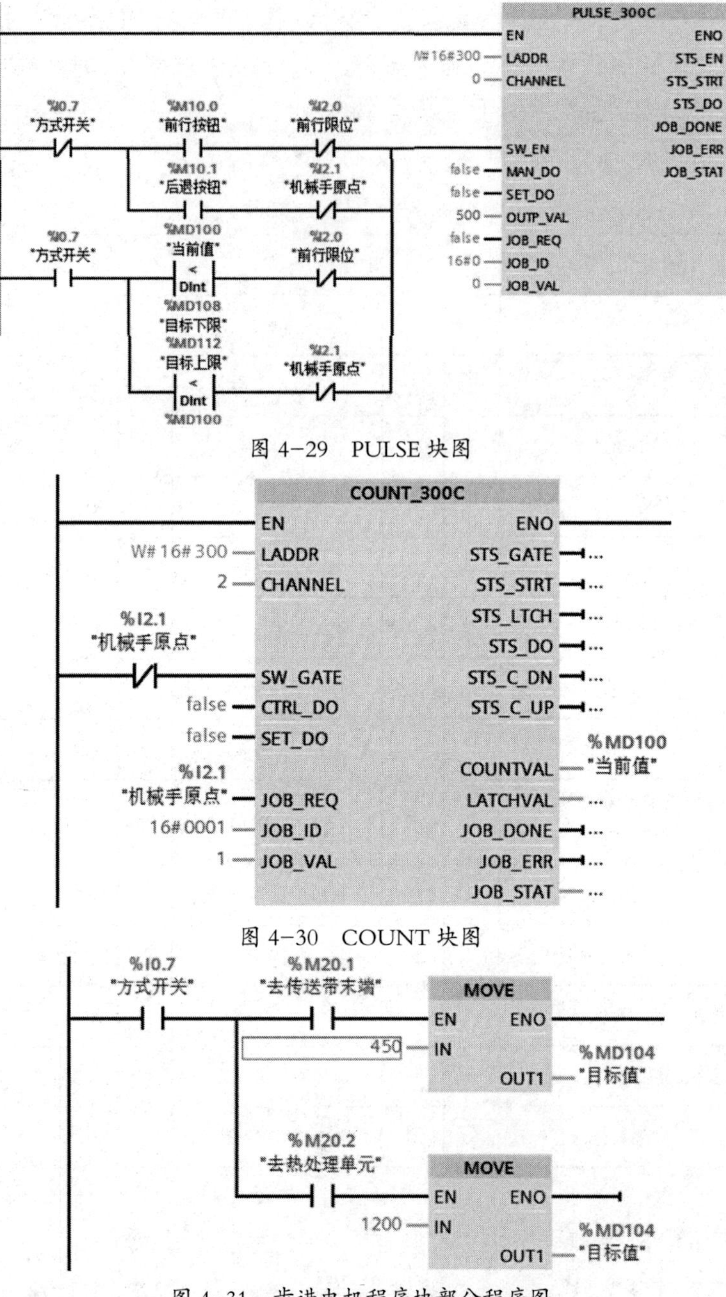

图 4-29 PULSE 块图

图 4-30 COUNT 块图

图 4-31 步进电机程序块部分程序图

机械手复位→机械手行走到传送带末端→取料→行走到热处理单元→机械手左转→放料→热处理（10s）→取料→行走到 1 号库位→放料→右转→机械手行走到传送带末端，取下一个物料，依次循环。自动运行工作流程步骤较多，采用 GRAPH 语言编写程序，能充分体现出顺序设计方法的优点：程序流程步骤清晰，不需要考虑输出继电器间的互锁关系，程序调试、修改方便，调试时间短效率高。

上述自动运行流程中取料动作包括了：机械手小气缸下降并保持→气爪夹紧并保持→小气缸上升三个动作，放料动作包括了：机械手小气缸下降并保持→气爪松开→小气缸上升三个动作，取料、放料动作在自动化的生产过程中机械手需要多次执行，如果采用单序列顺序功能图，会导致程序步数过多，流程图过长，给调试工作带来不便。因此，在程序设计时将取放料动作单独设计了取放料程序块。在机械手自动运行顺序图中根据情况设置调用标志位（M20.5 或 M20.6）即可，完成取放料动作流程后，输出取放料完成标志位 M20.7，自动进入下一步程序的执行，减少了程序的步数，程序更为简洁，机械手自动搬运顺序图如图 4-32 所示。

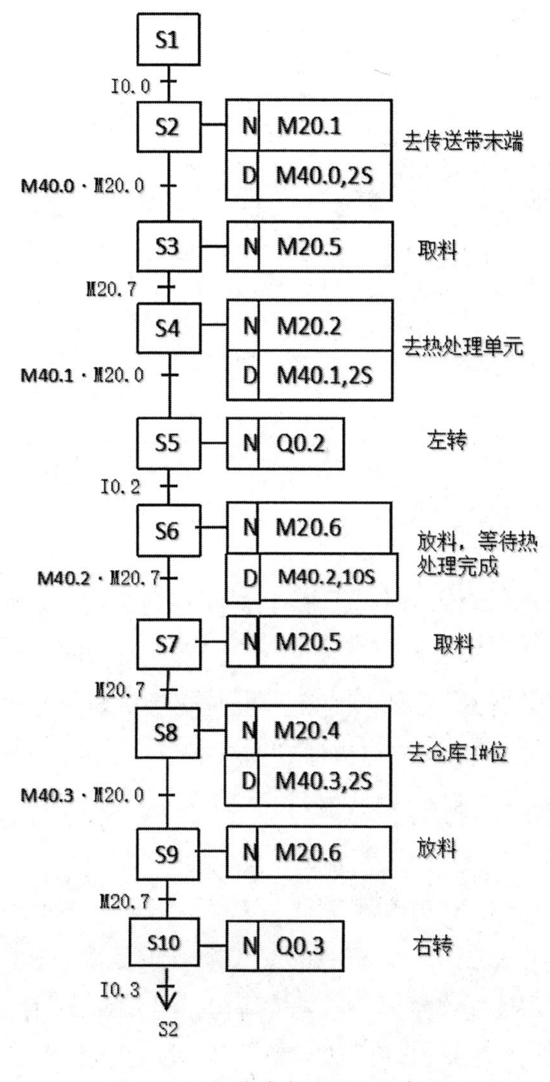

图 4-32　机械手自动搬运顺序图

（4）取放料程序块

取放料顺序图设计如图 4–33 所示。

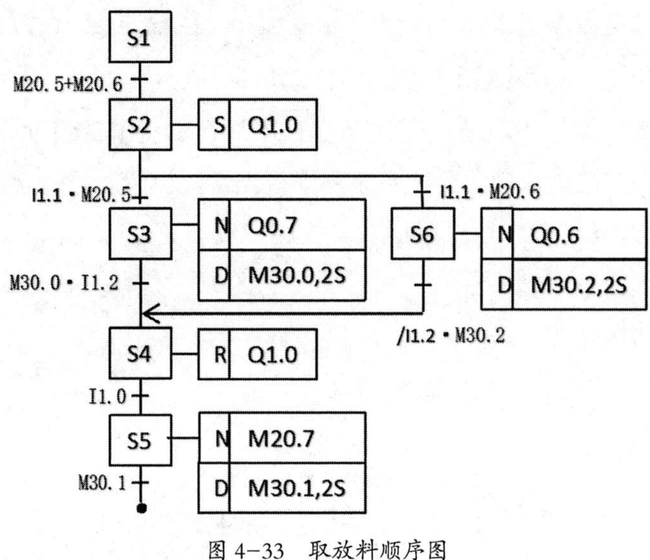

图 4–33　取放料顺序图

任务五　PLC 以太网通讯网络设置与编程

一、PLC 通讯方式

西门子 PLC 串行通讯方式主要有：RS485 串口通信、PPI 通信、MPI 通信、PROFIBUS–DP 通信、以太网通信。

1.RS485 串口通讯

第三方设备大部分支持，西门子 S7 PLC 可以通过选择自由口通信模式控制串口通信。最简单的情况是只用发送指令（XMT）向打印机或者变频器等第三方设备发送信息。不管任何情况，都必须通过 S7 PLC 编写程序实现。

当选择了自由口模式，用户可以通过发送指令（XMT）、接收指令（RCV）、发送中断、接收中断来控制通信口的操作。

2.PPI 通讯

PPI 协议是 S7–200CPU 最基本的通信方式，通过原来自身的端口（PORT0 或 PORT1）就可以实现通信，是 S7–200 CPU 默认的通信方式。

PPI 是一种主 – 从协议通信，主 – 从站在一个令牌环网中。在 CPU 内用户网络读写指令即可，也就是说网络读写指令是运行在 PPI 协议上的。因此，PPI

只在主站侧编写程序就可以了，从站的网络读写指令没有什么意义。

3.MPI 通讯

MPI 通信是一种比较简单的通信方式，MPI 网络通信的速率是 19.2Kbit/s~12Mbit/s，MPI 网络最多支持连接 32 个节点，最大通信距离为 50M。通信距离远，还可以通过中继器扩展通信距离，但中继器也占用节点。MPI 网络节点通常可以挂 S7-200、人机界面、编程设备、智能型 ET200S 及 RS485 中继器等网络元器件。西门子 PLC 与 PLC 之间的 MPI 通信一般有 3 种通信方式：全局数据包通信方式、无组态连接通信方式和组态连接通信方式。

（1）全局数据包通信方式：配置 PLC 硬件过程中，组态所要通讯的 PLC 站之间的发送和接收区，不需要任何程序处理。这种方式只适合 S7-300/400 之间相互通讯

（2）无组态连接通信方式（数据包最大 76 字节）有两种：单边通信方式、双边通信方式。

①单边通信方式：只在一方编写程序，即客户机与服务器的访问模式。编写程序的一方作为客户机，不编写程序的一方作为服务器。S7-300/400 既可作客户机又可作服务器。S7-200 只能作服务器。SFC67（X-GET）用来将服务器指定数据区的数据读回并存放到本地数据区。SFC68（X-PUT）用来将本地数据区中的数据写到服务器中指定的数据区。

② 双边通信方式：一方调用数据发送块 SFC65（X-SEND），同时另一方调用数据接收块 SFC66（X-RCV），双方均需要编程。

（3）组态连接方式：只适合 S7-300 与 S7-400 或 S7-400 与 S7-400 之间的通信；数据包最大长度为 160 字节。

① S7-300 与 S7-400 通信时：S7-300 只能作服务器，S7-400 作为客户机对 S7-300 的数据进行读写操作。在 S7-400 站中调用系统功能块 SFB15，将数据发送到 S7-300 站中。调用系统功能块 SFB14，读出 S7-300 中的数据。

② S7-400 与 S7-400 通信时：S7-400 既可作服务器，又可作客户机。

4.PROFIBUS 通讯

Profibus 是一种有广泛应用范围的，开放的数字通信系统，特别适用于工厂自动化和过程自动化领域。Profibus 适合于快速、时间要求严格的应用和复杂的通信任务。

（1）PROFIBUS 协议包括三个主要部分：

① PROFIBUS-DP：主站和从站之间采用轮询的通讯方式，支持高速的循环数据通讯，主要用于制造业自动化系统中现场级的通信。

② PROFIBUS-PA：电源和通信数据通过电源并行传输，主要用于面向过程自动化系统中本质安全要求的防爆场合。

③ PROFIBUS-FMS：定义了主站和从站之间的通信模型，主要用于自动化系统中车间级的数据交换。

（2）PROFIBUS 现场总线标准由三部分组成：

① PROFIBUS-DP（Decentralized Periphery 分布式外围设备）；

② PROFIBUS-PA（Process Automation 过程自动化）；

③ PROFIBUS-FMS（Fieldbus Message Specification 现场总线报文规范）。

Profibus-DP 主要侧重与工厂自动化，它使用的是 RS485 传输技术。Profibus-PA 主要侧重于过程自动化，典型的使用 MBP-IS 传输技术。 PROFIBUS-PA 适用于过程自动化，PA 将自动化系统和过程控制系统与压力、温度和液位变送器等现场设备连接起来，用来替代 4MA 至 20MA 的模拟技术。PROFIBUS-FMS 适用于解决车间监控级通信。在这一层，中央控制器（例如 PLC 、PC 等）之间需要比现场层更大量的数据传送，但通信的实时性要求低于现场。

5. 以太网通讯

以太网的核心思想是使用共享的公共传输通道，这个思想早在 1968 年来源于厦威尔大学。 1972 年，Metcalfe 和 David Boggs（两个都是著名网络专家）设置了一套网络，这套网络把不同的 ALTO 计算机连接在一起，同时还连接了 EARS 激光打印机。这就是世界上第一个个人计算机局域网，这个网络在 1973 年 5 月 22 日首次运行。Metcalfe 在首次运行这天写了一段备忘录，备忘录的意思是把该网络改名为以太网（Ethernet），其灵感来自于“电磁辐射是可以通过发光的以太来传播”这一想法。1979 年，DEC、Intel 和 Xerox 共同将网络标准化。

1984 年，出现了细电缆以太网产品，后来陆续出现了粗电缆、双绞线、CATV 同轴电缆、光缆及多种媒体的混合以太网产品。 以太网是目前世界上最流行的拓扑标准之一，具有传传播速率高、网络资源丰富、系统功能强、安装简单和使用维护方便等很多优点。

目前西门子 S7-300/400 系列的 PLC 的通讯方式开始大量使用工业以太网通讯，MP277/377、xP177B 系列触摸屏也集成了以太网接口，所有的接口都统一，在网络通讯时采用以太网接口，所有的设备组成一个局域网，包括上位监控计算机、编程设备、PLC、触摸屏都能很方便地互相访问，需要扩展多一个设备也很方便，只需要加一个交换机就能扩展出多个接口。因此，采用以太网通讯越来越多。

二、工业以太网认识

1. 工业以太网定义

工业以太网是基于 IEEE 802.3 （Ethernet）的强大的区域和单元网络。工业以太网， 提供了一个无缝集成到新的多媒体世界的途径。 企业内部互联网（Intranet），外部互联网（Extranet），以及国际互联网（Internet） 提供的广泛应用不但已经进入今天的办公室领域，而且还可以应用于生产和过程自动化。继 10M 波特率以太网成功运行之后，具有交换功能，全双工和自适应的 100M 波特率快速以太网（Fast Ethernet，符合 IEEE 802.3u 的标准）也已成功运行多年。采用何种性能的以太网取决于用户的需要。通用的兼容性允许用户无缝升级到新技术。

选择工业以太网，要考虑以太网通讯协议、电源、通信速率、工业环境认证考虑、安装方式、外壳对散热的影响、简单通信功能和通信管理功能、电口或光口。如果对工业以太网的网络管理有更高要求，则需要考虑所选择产品的高级功能，如：信号强弱、端口设置、出错报警、串口使用、主干（TrunkingTM）冗余、环网冗余、服务质量（QoS）、虚拟局域网（VLAN）、简单网络管理协议（SNMP）、端口镜像等等其他工业以太网管理交换机中可以提供的功能。

2. 通讯协议

以太网用于工业控制时有四种主要协议：HSE、Modbus TCP/IP、ProfINet、Ethernet/IP。

（1）HSE：基金会现场总线 FF 于 2000 年发布 Ethernet 规范，称 HSE（High Speed Ethernet）。HSE 是以太网协议 IEEE802.3，TCP/IP 协议族与 FFIl 的结合体。FF 现场总线基金会明确将 HSE 定位于实现控制网 络与 Internet 的集成。

HSE 技术的一个核心部分就是链接设备，它是 HSE 体系结构将 Hl（31.25kb/s）设备连接 100Mb/s 的 HSE 主干网的关键组成部分，同时也具有网桥和网关的功能。网桥功能能够用于连接多个 H1 总线网段，使同 H1 网段上的 H1 设备之间能够进 行对等通信而无需主机系统的干涉；网关功能允许将 HSE 网络连接到其他的工厂控制网络和信息网络，HSE 链接设备不需要为 H1 子系统作报文解释，而是将来自 H1 总线网段的报文数据集合起来并且将 Hl 地址转化为 IP 地址。

（2）Modbus TCP/IP：该协议由施耐德公司推出，以一种非常简单的方式将Modbus 帧嵌入到 TCP 帧中，使 Modbus 与以太网和 TCP/IP 结合，成为 Modbus TCP/IP。这是一种面向连接的方式，每一个呼叫都要求一个应答，这种呼叫 / 应答的机制与 Modbus 的主 / 从机制相互配合，使交换式以太网具有很高的 确定性，利用 TCP/IP 协议，通过网页的形式可以使用户界面更加友好。利用网络浏览器便查看企业网内部设备运行情况。施耐德公司已经为 Mod-bus 注册了 502 端口，这样就可以将实时数据嵌入到网页中，通过在设备中嵌入 Web 服务器，就可以将 Web 浏览器作为设备的操作终端。

（3）ProfiNet：针对工业应用需求，德国西门子于 2001 年发布了该协议，它是将原有的Profibus与互联网技术结合，形成了ProfiNet的网络方案，主要包括：基于组件对象模型（COM）的分布式自动化系统；规定了 ProfiNet 现场总线和标准以太网之间的开放、透明通信；提供了一个独立于制造商，包括设备层和系统层的系统模型。ProfiNet 采用标准 TCP/IP 十以太网作为连接介质，采用标准 TCP/IP 协议加上应用层的 RPC/DCOM 来完成节点间的通信和网络寻址。它可以同时挂接传统 Profibus 系统和新型的智能现场设备。现有的 Profibus 网段可以通过一个代理设备（proxy）连接到 ProfiNet 网络当中，使整 Profibus 设备和协议能够原封不动地在 Pet 中使用。传统的 Profibus 设备可通过代理 proxy 与 ProFiNET 上面的 COM 对象进行通信，并通过 OLE 自动化接口实现 COM 对象间的 调用。

（4）Ethernet：Ethernet/IP 是适合工业环境应用的协议体系。它是由 ODVA（Open Devicenet Vendors Asso-cation）和 Control Net International 两大工业组织推出的最新成员与 Device Net 和 Control Net 一样，它们都是基于 CIP（Controland Information Proto-Col）协议的网络。它是一种是面向对象的协议，能够保证网络上隐式（控制）的实时 I/O 信息和显式信息（包括用于组态、参数设置、诊断等）的有效传输。

Ethernet/IP 采用和 Devicenet 以及 ControlNet 相同的应用层协议 CIP。因此，它们使用相同的 对象库和一致的行业规范，具有较好的一致性。Ethernet/IP 采用标准的 Ethernet 和 TCP/IP 技术传送 CIP 通信包，这样通用且开放的应 用层协议 CIP 加上已经被广泛使用的 Ethernet 和 TCP/IP 协议，就构成 Ethernet/IP 协议的体系结构。

3. 技术特点

工业以太网技术具有价格低廉、稳定可靠、通信速率高、软硬件产品丰富、应用广泛以及支持技术成熟等优点，已成为最受欢迎的通信网络之一。近些年来，随着网络技术的发展，以太网进入了控制领域，形成了新型的以太网控制网络技术。这主要是由于工业自动化系统向分布化、智能化控制方面发展，开放的、透明的通讯协议是必然的要求。以太网技术引入工业控制领域，其技术优势非常明显：

（1）Ethernet 是全开放、全数字化的网络，遵照网络协议不同厂商的设备可以很容易实现互联。

（2）以太网能实现工业控制网络与企业信息网络的无缝连接，形成企业级管控一体化的全开放网络。

（3）软硬件成本低廉，由于以太网技术已经非常成熟，支持以太网的软硬件受到厂商的高度重视和广泛支持，有多种软件开发环境和硬件设备供用户选择。

（4）通信速率高，随着企业信息系统规模的扩大和复杂程度的提高，对信息量的需求也越来越大，有时甚至需要音频、视频数据的传输，当前以太网的通信速率为10M、100M的快速以太网开始广泛应用，千兆以太网技术也逐渐成熟，10G 以太网也正在研究，其速率比现场总线快很多。

（5）可持续发展潜力大，在这信息瞬息万变的时代，企业的生存与发展将很大程度上依赖于一个快速而有效的通信管理网络，信息技术与通信技术的发展将更加迅速，也更加成熟，由此保证了以太网技术不断地持续向前发展。

4. 通信功能

PROFInet 设备通信功能的实现是基于传统的 Ethernet 通信机制（如 TCP 或 UDP），同时又采用 RPC 和 DCOM 机制进行加强。DCOM 可视为用于基于 RPC 分布式应用的 COM 技术的扩展，可以采用优化的实时通信机制应用于对实时性要求苛刻的应用领域。在运行期间，PROFInet 设备以 DCOM 对象的形式映像，通过对象协议机制确保了 DCOM 对象的通信。COM 对象作为 PDU 以 DCOM 协议定义的形式出现在通信总线上。通过 DCOM 布线协议 DCOM 定义了对象的标识和具有有关接口和参数的方法，这样就可以在通信总线上进行标准化的 DCOM 信息包的传输。对于更高层次上的通信，PROFInet 可以采用集成 OPC（OLE for Process Control）接口技术的方式。

5. 自动化领域

PROFInet 是一种优越的通信技术，并已成功地应用于分布式智能控制。PROFInet 为分布式自动化系统结构的实现开辟了新的前景，可以实现全厂工程彻底模块化，包括机械部件、电气 / 电子部件和应用软件。PROFInet 支持各种形式的网络结构，使接线费用最小化，并保证高度的可用性。此外，特别设计的工业电缆和耐用的连接器满足 EMC 和温度要求并形成标准，保证了不同制造设备之间的兼容性。

PROFInet 不仅可以应用于分布式智能控制，而且还逐渐进入到过程自动化领域。在过程自动化领域，PROFInet 针对工业以太网总线供电以及以太网本质在安全领域应用的问题正在形成标准或解决方案，采用 PROFInet 集成的 Profibus 现场总线可以为过程自动化工业提供优越的解决方案。

采用 PROFInet 通讯技术，不仅可以集成 Profibus 现场设备，还可以通过代理服务器（Proxy）实现其他种类的现场总线网络的集成。采用这种统一的面对未来的设计概念，工厂内各部件都可以作为独立模块预先组装测试，然后在整个系统中轻松组装或在其他项目中重复使用。譬如对于一个汽车生产企业而言，PROFInet 支持的实时解决方案完全可以满足车体车间、喷漆车间和组装部门等对响应时间的要求，在机械工程及发动机和变速箱生产环节中的车床同步等方面则可使用 PROFInet 的同步实时功能。

6. 系统组成

工业以太网设备包括以下几个重要部分：工业以太网集线器、工业以太网非管理型交换机、工业以太网管理型交换机、工业以太网管理型冗余交换机。

高级的管理型冗余交换机提供了一些特殊的功能，特别是针对有稳定性、安全性方面严格要求的冗余系统进行了设计上的优化。构建冗余网络的主要方式主要有以下几种，STP、RSTP；环网冗余 RapidRingTM 以及 Trunking。

（1）工业以太网 STP 及 RSTP：STP（Spanning Tree Protocol，生成树算法，IEEE 802.1D），是一个链路层协议，提供路径冗余和阻止网络循环发生。它强令备用数据路径为阻塞（blocked）状态。如果一条路径有故障，该拓扑结构能借助激活备用路径重新配置及链路重构。网络中断恢复时间为 30s 至 60s。RSTP（快速生成树算法，IEEE 802.1w）作为 STP 的升级，将网络中断恢复时间，缩短到 1s 至 2s。生成树算法网络结构灵活，但也存在恢复速度慢的缺点。

（2）工业以太网环网冗余：为了能满足工控网络实时性强的特点，RapidRing 孕育而生。这是在工业以太网网络中使用环网提供高速冗余的一种技术。这个技术可以使网络在中断后 300ms 之内自行恢复。并可以通过工业以太网交换机的出错继电连接、状态显示灯和 SNMP 设置等方法来提醒用户出现的断网现象。这些都可以帮助诊断环网什么地方出现断开。

RapidRingTM 也支持两个连接在一起的环网，使网络拓扑更为灵活多样。两个环通过双通道连接，这些连接可以是冗余的，避免单个线缆出错带来的问题。

（3）工业以太网主干冗余：将不同交换机的多个端口设置为 Trunking 主干端口，并建立连接，则这些工业以太网交换机之间可以形成一个高速的骨干链接。不但成倍地提高了骨干链接的网络带宽，增强了网络吞吐量，而且还提供了另外一个功能，即冗余功能。如果网络中的骨干链接产生断线等问题，那么网络中的数据会通过剩下的链接进行传递，保证网络的通讯正常。Trunking 主干网络采用总线型和星型网络结构，理论通讯距离可以无限延长。该技术由于采用了硬件侦测及数据平衡的方法，所以使网络中断恢复时间达到了新的高度，一般恢复时间在 10ms 以下。

以太网连接设备发展的下一代产品是管理型交换机。相对集线器和非管理型交换机，管理型交换机拥有更多更复杂的功能，价格也高出许多，通常是一台非管理型交换机的 3 至 4 倍。管理型交换机提供了更多的功能，通常可以通过基于网络的接口实现完全配置。它可以自动与网络设备交互，用户也可以手动配置每个端口的网速和流量控制。一些老设备可能无法使用自动交互功能，因此手动配置功能是必不可缺的。

绝大多数管理型交换机通常也提供一些高级功能，如用于远程监视和配置的 SNMP（简单网络管理协议），用于诊断的端口映射，用于网络设备成组的 VLAN（虚拟局域网），用于确保优先级消息通过的优先级排列功能等。利用管理型交换机，可以组建冗余网络。使用环形拓扑结构，管理型交换机可以组成环形网络。每台管理型交换机能自动判断最优传输路径和备用路径，当优先路径中断时自动阻断（block）备用路径。

7. 应用安全

工业以太网是当前工业控制领域的研究热点。工业以太网重点在于利用交换式以太网技术为控制器和操作站，各种工作站之间的相互协调合作提供一种交互机制并和上层信息网络无缝集成。工业以太网开始在监控层网络上逐渐占据主流位置，正在向现场设备层网络渗透。工业以太网相对于以往自动化技术有很多优势，在享受开放互联技术进步的成果同时应该对它们存在的隐患和可能带来的严重后果要有深刻认识。

虽然脱胎于 Intranet、Internet 等类型的信息网络，但是工业以太网是面向生产过程，对实时性、可靠性、安全性和数据完整性有很高的要求。既有与信息网络相同的特点和安全要求，也有自己不同于信息网络的显著特点和安全要求。

（1）工业以太网是一个网络控制系统，实时性要求高，网络传输要有确定性。

（2）整个企业网络按功能可分为处于管理层的通用以太网和处于监控层的工业以太网以及现场设备层（如现场总线）。管理层通用以太网可以与控制层的工业以太网交换数据，上下网段采用相同协议自由通信。

（3）工业以太网中周期与非周期信息同时存在，各自有不同的要求。周期信息的传输通常具有顺序性要求，而非周期信息有优先级要求，如报警信息是需要立即响应的。

（4）工业以太网要为紧要任务提供最低限度的性能保证服务，同时也要为非紧要任务提供尽力服务，所以工业以太网同时具有实时协议也具有非实时协议。

三、以太网通讯网络设置及编程

采用 PLC 与 PLC 通过以太网访问，需要增加以太网模块，如 CP343-1，CP443-1 的模块，或者采用带有 PN 接口的 PLC，如 CPU314C-2DP/PN 的 PLC。下面通过一个任务来介绍两台 S7-300PLC 的以太网通讯设置及编程方法。

1#PLC 端的启动按钮按下后，让 2#PLC 的机械手气爪夹紧。

1.PLC 硬件组态

创建新项目，添加两台 S7-300PLC，分别为 PLC1 和 PLC2。系统会自动生成的 PLC 的 IP 地址。此时 PLC1 的 IP 地址为 192.168.0.1，PLC2 的 IP 地址为 192.168.0.2。

2. 以太网通讯设置

在博图软件右侧“通信”→ S7 通信目录下，可以看到 GET 和 PUT 指令，如图 4-34 所示。

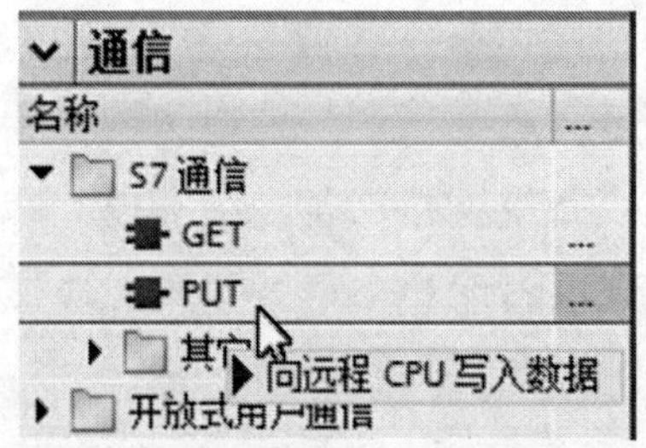

图 4-34　通信指令图

S7 通信是 S7 系列 PLC 基于 MPI、PROFIBUS、ETHERNET 网络的一种优化的通信协议，主要用于 S7300/400PLC 之间的通信。SIMATIC S7- PN CPU 包含一个集成的 PROFINET 接口，该接口除了具有 PROFINET I/O 功能，还可以进行基于以太网的 S7 通信。要通过 S7-PN CPU 的 集成 PROFINET 接口实现 S7 通信，需要在硬件组态中建立连接。

通讯可以放在两个 PLC 中的任意一个，例如现在在 PLC1 中放入通讯模块。

（1）PLC1 向 PLC2 发送数据时，应用 PUT 指令，如图 4-35 所示。

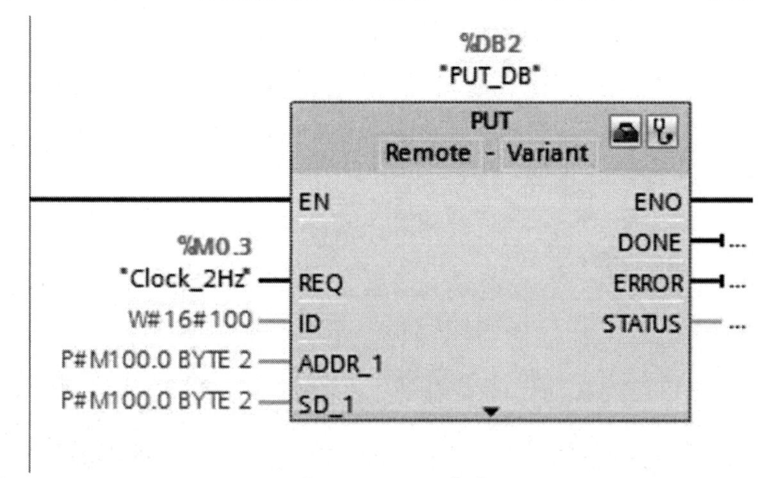

图 4-35 PUT 块图

程序中的参数说明见表 4-10。

表 4-10 PUT 块参数表

参数	描述	数据类型	存储区	描述
REQ	INPUT	BOOL	I、Q、M、D、L	上升沿触发工作
ID	INPUT	WORD	M、D、常数	连接 ID
RD_1	INPUT	DWORD	I、Q、M、D、L、常数	连接号，相同连接号的功能块互相对应发送 / 接收数据
ERROR	OUTPUT	BOOL	I、Q、M、D、L	为 1 时，有故障发生
STATUS	OUTPUT	WORD	I、Q、M、D、L	状态代码
ADDR_1	IN_OUT	ANY	M、D、T、Z I、Q、M、D、T、C	发送数据区

S7-300PLC 在 REQ 的上升沿处发送数据。在 REQ 的每个上升沿处传送参数 RD_1、ID 和 ADDR_1。在每个作业结束之后，可以给 RD_1、ID 和 ADDR_1 参数分配新数值。

一般情况下，将两个通讯伙伴的通讯区域地址设为一致。例如上例中，分别在 PLC1 和 PLC2 中设置了通讯区 M100 至 M101 两个字节，用于将 PLC1 中的工作状态、信息等通过通讯方式传递到 PLC2。PLC1 可以将需要传递的工作状态、信息等先放置到通讯区 M100~M101 中。

本例中在程序中应用启动按钮点动控制 M100.0：启动按钮复位时，M100.0 线圈失电；按下启动按钮时，M100.0 线圈得电。

放入 PUT 块后，需要对块参数进行设置，如图 4–35 至图 4–37 所示。

两台 PLC 的通讯是在 REQ 的上升沿触发进行的，为了保证两台 PLC 的实时通讯，需要启用时钟存储器字节，本例中时钟存储器设置的是 MB0，启用时钟存储器后，MB0 的各个位会产生不同频率的脉冲信号，其中 M0.3 产生的脉冲频率为 2Hz，两台 PLC 的通讯频率就为 2Hz。

图 4–36　通信伙伴设置图

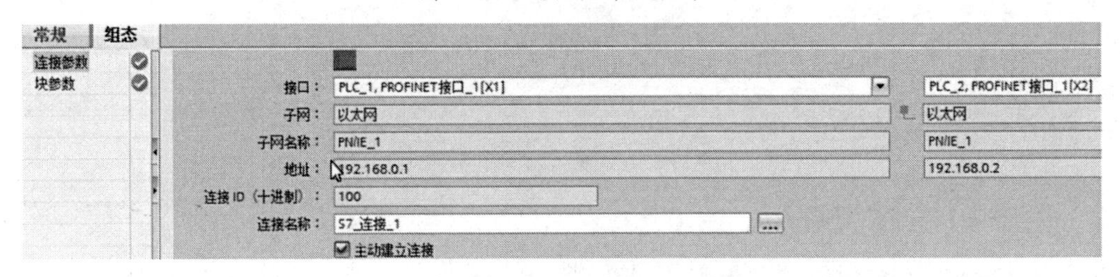

图 4–37　通信参数设置图

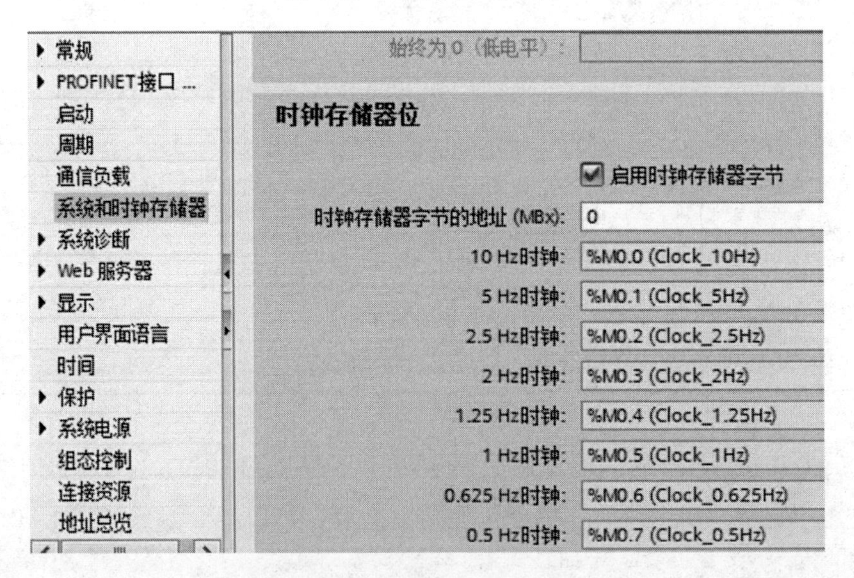

图 4–38　系统时钟存储器设置图

（2）PLC1 从 PLC2 读取数据时，应用 GET 指令，如图 4–39 所示。

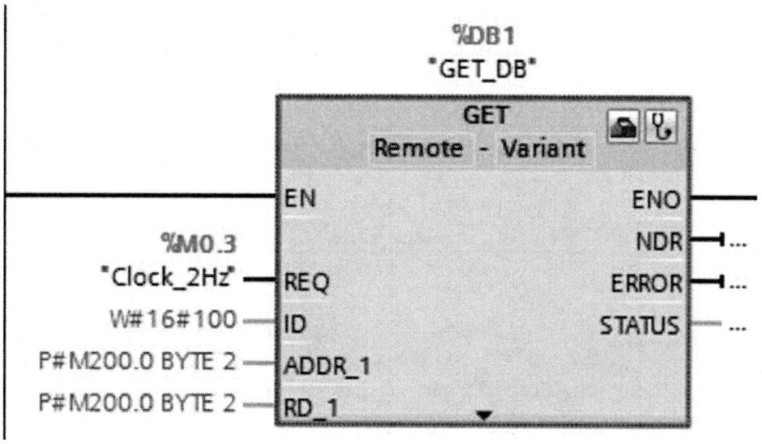

图 4–39　GET 块图

本例中，分别在 PLC1 和 PLC2 中设置了通讯区 M200 至 M201 两个字节，用于将 PLC2 中的工作状态、信息等通过通讯方式传递到 PLC1。PLC2 可以将需要传递的工作状态、信息等先放置到通讯区 M200 至 M201 中。

3.PLC 程序设计

PLC2 中设计 M100.0 点动控制气爪动作线圈。

程序设计完成后，先进行两台 PLC 的仿真通讯检查，注意观察 PUT、GET 块中 M0.3 信号是否闪烁，如果以 2Hz 频率闪烁，两台 PLC 间通讯正常；如果不闪烁，检查是否启动了时钟存储器字节。

仿真调试通过后，两台 PLC 分别下载程序，按下 PLC1 单元的启动按钮，连接在 PLC2 的机械手气爪夹紧动作。

任务六　自动化物流系统电路设计

电路图设计中元件符号要规范，常用元器件图形符号如表 4–11 所示：

表 4–11　常用元件符号表

元件名称	图形符号	元件名称	图形符号
光电传感器	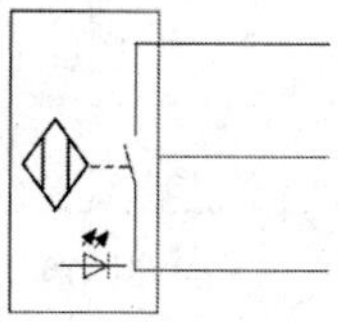	磁性开关	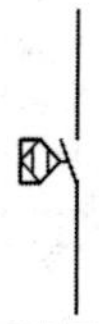

续表

元件名称	图形符号	元件名称	图形符号
电容传感器		电感传感器	
转换开关		信号指示灯	

一、机械手搬运单元电路设计（PLC2）

I/O 分配表，如表 4-12 所示。

表 4-12　机械手搬运单元 I/O 分配表

输入地址				输出地址			
序号	地址	输入设备	端子排连接	序号	地址	输出设备	端子排连接
1	I0.0	C- 原点	CH2-0	1	Q0.0	C- 脉冲	CH2-0
2	I0.1	空点		2	Q0.1	C- 方向	CH2-1
3	I0.2	C- 小缸原点	CH2-2	3	Q0.2	C- 右转	CH2-2
4	I0.3	C- 大缸原点	CH2-3	4	Q0.3	C- 左转	CH2-3
5	I0.4	C- 手左限位	CH2-4	5	Q0.4	C- 大缸升	CH2-4
6	I0.5	C- 手右限位	CH2-5	6	Q0.5	C- 大缸降	CH2-5
7	I0.6	C- 脉冲 A	Q0.0	7	Q0.6	C- 小缸升	CH2-6
8	I0.7	C- 方向 B	Q0.1	8	Q0.7	C- 夹紧	CH2-7
9	I1.0	G-YV1_HOME	CH3-0	9	Q1.0	PWM 输出	CH3-1
10	I1.1	G-YV2_HOME	CH3-1	10	Q1.1	G- 风扇	CH3-0
11	I2.1	C- 限位	CH2-1	11	Q1.2	G- 气缸 1	CH3-2
12	IW20	模拟量输入	CH2-7 接 V0	12	Q1.3	G- 气缸 2	CH3-3
13				13	QW20	模拟量输出	CH3-7 接 V0

二、加工装配单元电路设计（PLC3）

I/O 分配表，如表 4-13 所示。

表 4-13　加工装配单元 I/O 分配表

输入地址				输出地址			
序号	地址	输入设备	端子排连接	序号	地址	输出设备	端子排连接
1	I40.0	E- 原点	CH4-0	1	Q40.0	E- 脉冲	CH4-0
2	I40.1	空点		2	Q40.1	E- 方向	CH4-1
3	I40.2	E- 检测有无工件	CH4-1	3	Q40.2	E- 固定气缸	CH4-2
4	I40.3	E- 检测有无料芯	CH4-2	4	Q40.3	E- 推料气缸	CH4-3
5	I40.4	E- 筒内有无料芯	CH4-3	5	Q40.4	E- 下压气缸	CH4-4
6	I40.5	E- 固定气缸原点	CH4-4	6			
7	I40.6	E- 脉冲 A	Q40.0	7			
8	I40.7	E- 方向 B	Q40.1	8			
9	I41.0	E- 下压气缸到位	CH4-5	9			
10	I41.1	E- 下压气缸原点	CH4-6	10			
11	I41.2	E- 缓冲库	CH4-7	11			

任务七　自动化物流系统程序设计

一、自动化物流系统控制系统工作任务梳理

系统通过转换开关选择手动模式和自动模式，转换开关打在左侧位置时，设定为手动模式；转换开关打在右侧位置时，设定为自动模式。

1. 手动模式运行（部件测试）

（1）手动模式运行选择：转换开关 SA 旋到左边位置。

（2）手动模式运行控制：SB1

（3）手动测试：按下触摸屏上操作按钮，设备相应部件动作，同时触摸屏上部件动作指示灯亮。

（4）手动模式运行指示：HL1 常亮

2. 自动化物流系统自动模式

（1）自动方式选择：开关 SA 置“右”位置。

（2）自动方式指示：HL2 常亮。

3. 停机控制

（1）停止按钮：SB2

要求：完成当前物料灌装工作后，回到初始位置，所有部件均停止运行。再次按下启动按钮 SB4，开始一个新的工作周期。

（2）自动停止：系统自动停止。

二、编程注意事项

1. 标志位在程序设计中的应用

在程序设计中，设置了取料、放料、取放料完成标志，以及机械手行走位置等标识，用于 GRAPH 顺序图设计，方便程序流程的控制。PLC 程序设计中会使用大量的软元件，使用标志位时，应及时添加到 PLC 变量表中，并注明标志位含义，避免混淆。

2. 脉冲计数方向相反

机械手复位回到原点处，开始向前行走时，脉冲计数当前值 MD100 为递减计数。在编程时一般习惯于距离增大，脉冲数增大。脉冲计数方向相反在机械手自动搬运运行时判断运行方向会带来一些不变之处。解决的方法：在对 S7-300PLC 进行硬件组态时，在计数→属性→常规下将通道 2 的信号评估下勾选“计数方向反向”，实现机械手前行时，MD100 递增计数；机械手后退时 MD100 递减计数。

3. 机械手直线运行时到达指定位置时出现抖动现象

机械手的直线运动由步进电机控制，步进电机的运行控制脉冲信号来自 PLC 的高速脉冲信号，在顺序图执行中，出现当前值与目标值间反复有偏差，导致机械手不断调整方向，出现抖动现象。

解决方法：在程序中目标值的设定从一个点变成一个带，目标值上限 MD112=MD104+2，目标值下限 MD108=MD104-2，只要当前值 MD100 在目标带范围内即目标值下限≤当前值≤目标值上限，机械手即停止，解决了机械手运行到位后出现抖动的现象，机械手行走到位后平稳停止。

4. 机械手行走到位判断条件较长

机械手自动搬运流程中，机械手需要在不同位置间行走，进行物料的搬运。

机械手行走到指定位置的判断条件为当前值 MD100 介于目标值上下限之间，即 MD108 ≤ MD100 串联 MD100 ≤ MD112，这个判断条件需要多次使用，输入时比较繁琐。

解决方法：在 MAIN 主函数的 LAD 程序中，放入一个机械手行走到位标志位 M20.0，在 GRAPH 程序中统一用 M20.0 代替 MD108 ≤ MD100 串联 MD100 ≤ MD112，如图 4-40 所示。

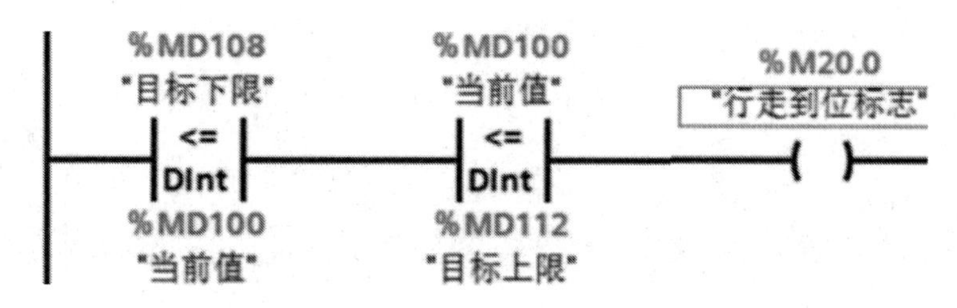

图 4-40　机械手行走到位标志位图

5. 程序执行过程中出现跳过某个步的情况

通过查看程序监控，发现当机械手上一步行走到位置后，M20.0 线圈得电，并开始执行该步的相应动作。动作完成后，需要先行走到下一步的指定位置，在 GRAPH 的步中，会让去该位置的标志位线圈得电，此时梯形图中的给目标值 MD104 修改赋值的指令还未扫描执行。因此，机械手行走到位标志位依然有效，就跳过了行走到下一个位置步骤，直接执行到达下一个位置后做的具体动作了。

解决方法：在 GRAPH 程序中，在控制机械手行走的步中加入一个延时 2S 的动作，在延时 2 秒后再判断机械手是否行走到位。保证目标值 MD104 被修改，且机械手开始行走，原先的机械手行走到位标志位失效，等机械手行走到新的指定位置时，机械手行走到位标志位重新有效，机械手行走到新指定位置时停止，开始执行到达该位置时的动作。

6. 机械手只能一个方向行走

将方式选择开关打到手动测试方式，分别按下前行按钮和后退按钮，程序监控中观察到方向控制信号 Q0.1 的线圈状态发生了变化，但是机械手始终向一个方向行走。

原因是 PLC 在硬件组态时，DI/DO 默认的起始地址都是 136，忘记修改为“0”；而程序中使用的是起始地址是“0”，方向信号为 Q0.1。因此，尽管监控中看到方向信号 Q0.1 在变化，但是机械手只能一个方向行走。

解决方法：PLC 硬件组态中的 DI/DO 起始地址应与程序中输入继电器 I、输出继电器 Q 的起始地址相一致，保证程序的正确执行。

三、程序设计

1. 手动测试

（1）PLC1（供料输送单元）手动测试程序设计：

供料输送单元手动测试触面屏界面设计如图 4-41 所示。

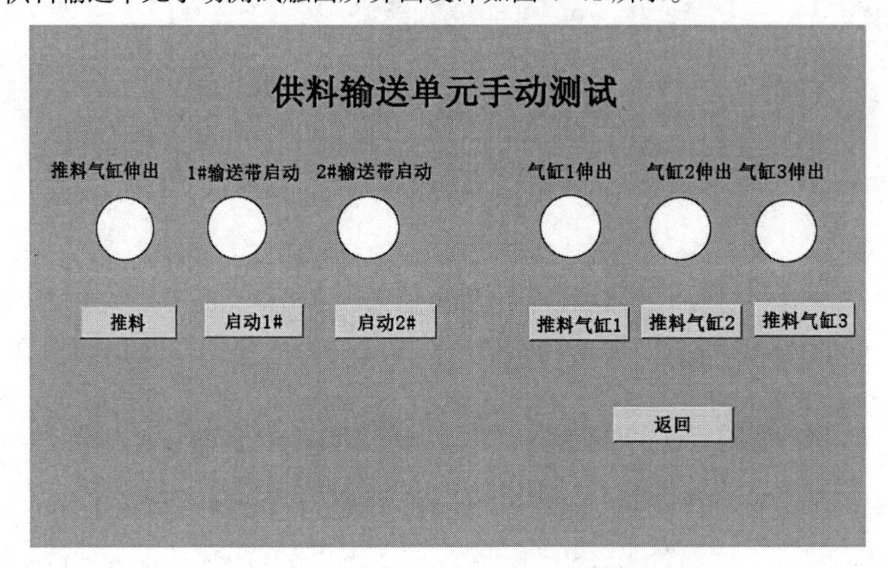

图 4-41 供料输送单元（PLC1）手动测试触摸屏界面图

对于变频器控制的 2# 输送带，变频器参数的控制方法有两种：一种是在梯形图中通过 MOVE 指令直接赋值；一种是在顺序功能图中直接给变频器控制寄存器 QW256 和速度控制寄存器 QW258 直接赋值，如图 4-41 所示。

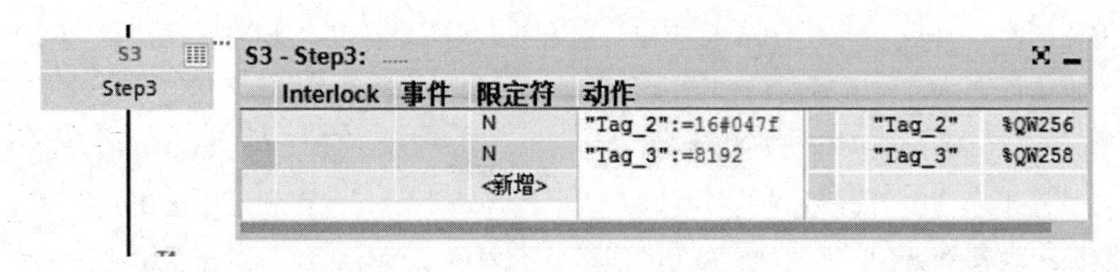

图 4-42 变频器转速及方向控制图

（2）PLC2 手动测试程序设计

（3）PLC3 手动测试触摸屏程序设计

加工装配单元手动测试触摸屏界面设计如图 4-43 所示。

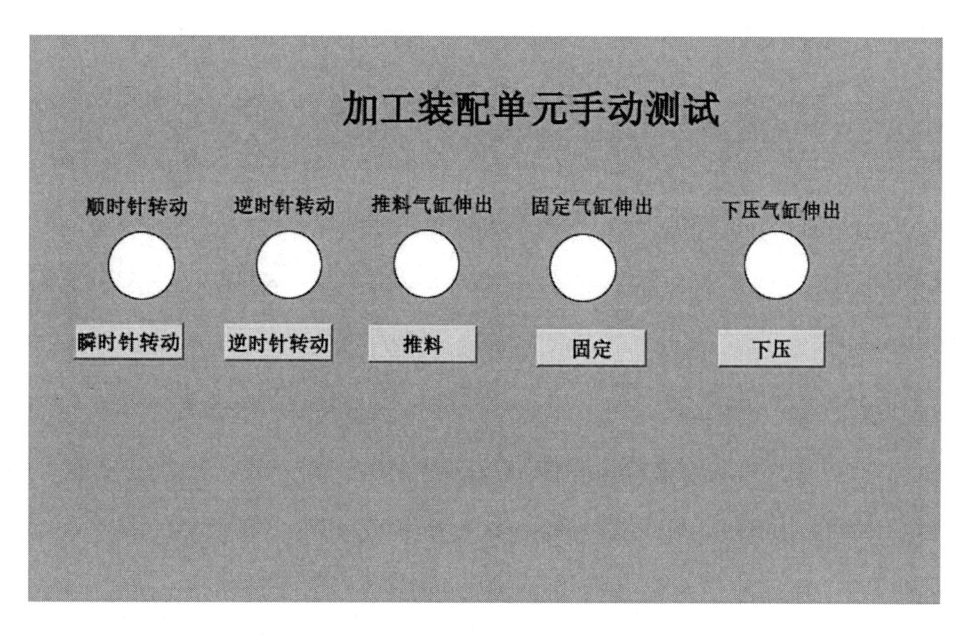

图 4-43　加工装配单元（PLC3）手动测试触摸屏界面图

2. 装配工作流程设计与调试

装配单元装配工作过程如表 4-14 所示。

表 4-14　装配单元装配工作过程表

序号	任务描述	对应输出动作
1	按下复位按钮，装配台复位	
2	复位完成后，准备好指示灯亮	
3	按下启动按钮，装配台顺时针转动到检测工位	
4	转动到位后，停留 5 秒钟	
5	装配台继续顺时转动，转动到装配工位	
6	转动到位后，推料气缸伸出	
7	伸出到位后，保持 1 秒钟。固定气缸伸出	
8	伸出到位后，保持 1 秒钟，推料气缸缩回，下压气缸下降，进行装配	
9	下降到位后，保持 1 秒钟，下压气缸上升	
10	上升到位后，固定气缸缩回	
11	缩回到位后，装配台回到复位状态	

加工装配单元（PLC3）自动运行测试触摸屏界面设计如图 4-44 所示。

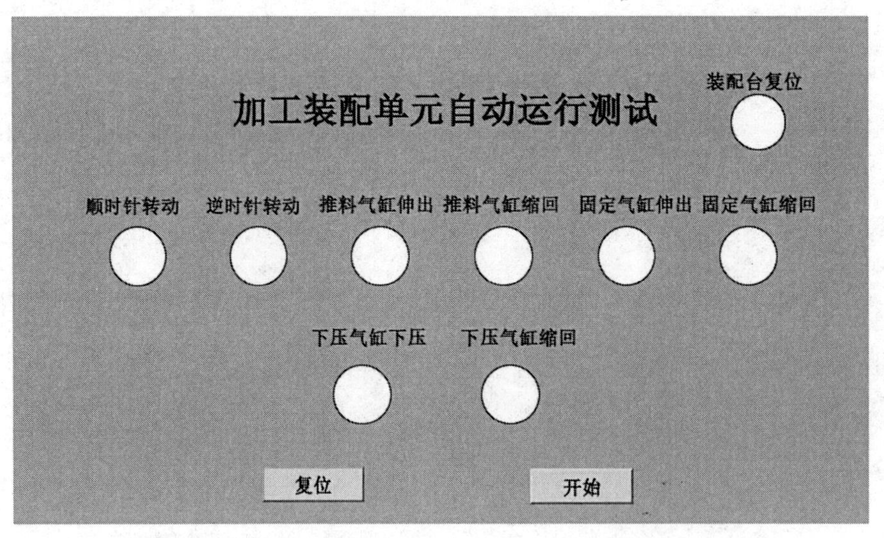

图 4-44 加工装配单元（PLC3）自动运行测试触摸屏界面图

加工装配单元（PLC3）自动运行顺序图设计如图 4-45 所示。

3.HMI 设备组态

4. HMI 编程

（1）画面设计：任务需要设计三个画面：首页界面、手动测试界面和自动运行界面。

①首页界面要求，如图 4-46 所示，包含项目名称、团队名称，自动化物流系统图片，以及方式选择开关。

在方式选择开关“手动”及“自动”按钮下，“按下”事件中需要同时添加两个函数：一个是对方式选择辅助继电器进行置位或复位操作，另一个是激活屏幕函数，如图 4-47 所示。

②手动测试界面

在手动测试界面放置三台

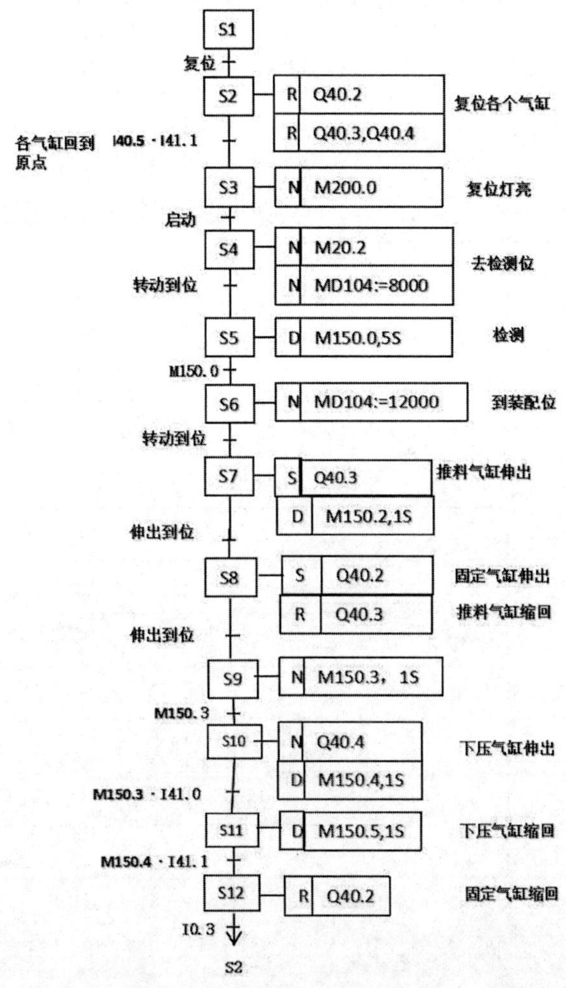

图 4-45 加工装配单元（PLC3）自动运行顺序功能图

PLC 控制的电动、气动部件的测试按钮，如图 4–48 所示。

手动测试界面中，需要设置较多的按钮。可以选择对齐、居中来进行布局调整，如图 4–49 所示。

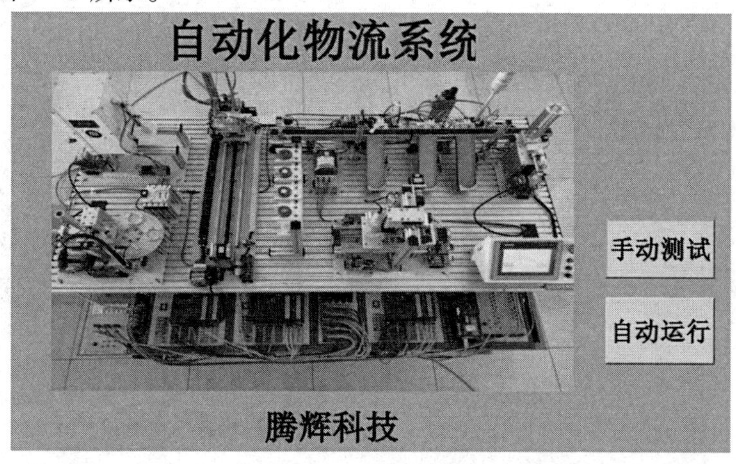

图 4–46　首页界面图

图 4–47　方式选择按钮事件图

图 4–48　手动方式界面图

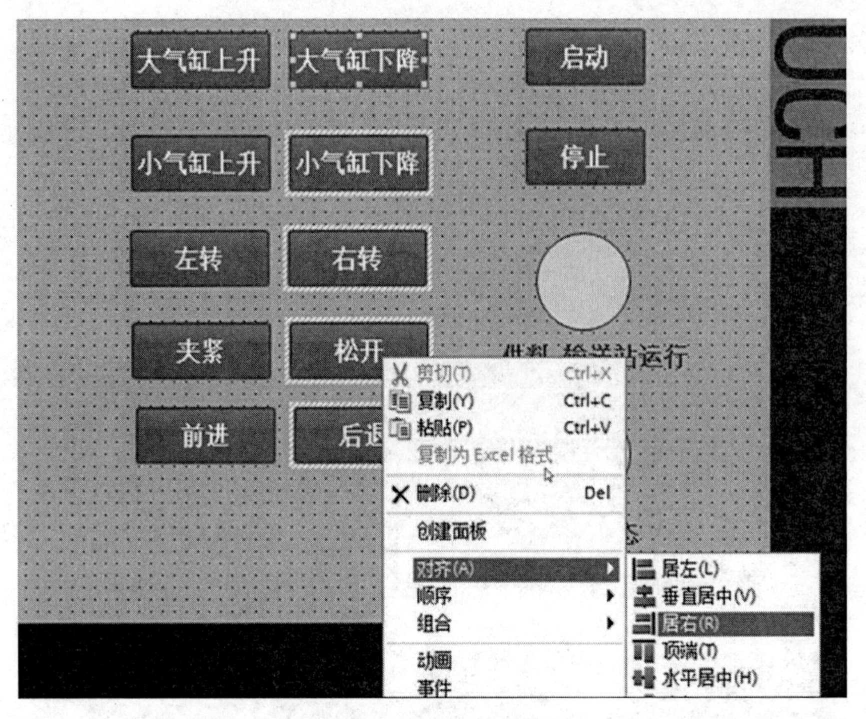

图 4-49 按钮布局调整图

③自动运行画面设计，如图 4-50 所示。

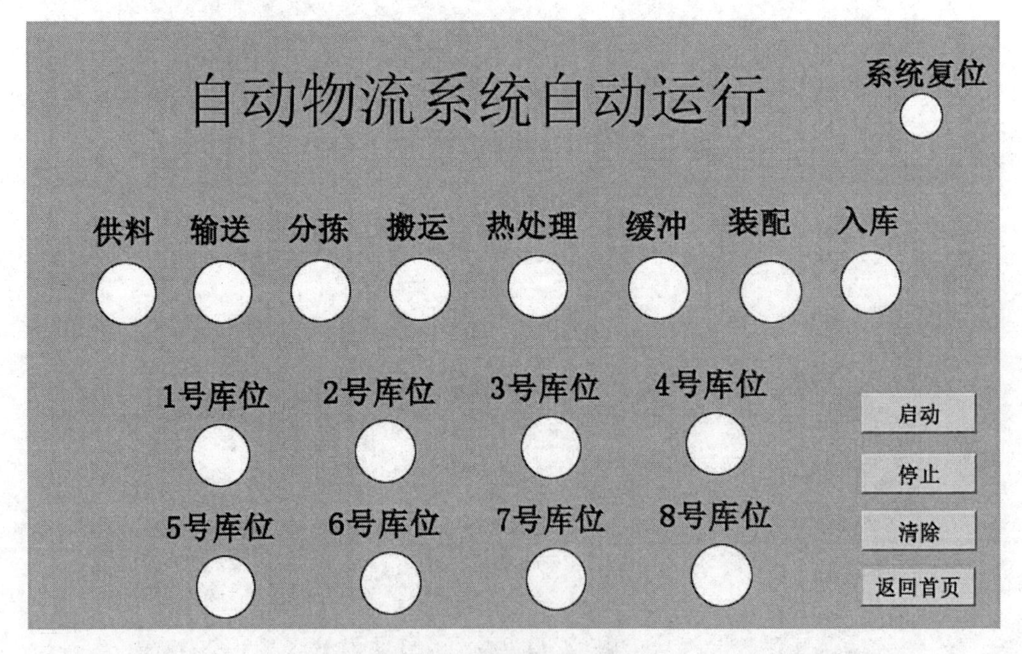

图 4-50 自动方式界面 图

触摸屏组态完成后，需要将 HMI 变量表中的变量采样周期从默认的“1s”

都修改为最短采样周期“100ms”，提高触摸屏按键的操作灵敏度，如图 4-51 所示。

自动化流水线 ▸ HMI_1 [TP700 Comfort] ▸ HMI 变量 ▸ 默认变量表 [36]

默认变量表

名称 ▲		采集周期	已记录
系统初始灯	]>	100 ms	☐
自动加工灯	]>	100 ms	☐
触摸屏停止	]>	100 ms	☐
触摸屏启动	]>	100 ms	☐
输送站运行	]>	100 ms	☐

图 4-51　触摸屏参数采样周期设置图

任务八　自动化物流系统安装、调试与维护

一、系统安装

1. 系统安装规范

（1）电缆和气管分开绑扎：在同一个移动模块上的电缆和气管允许绑扎在一起，不在同一个移动模块上的电缆和气管不能绑扎在一起，如图 4-52 所示。

图 4-52　电缆和气管绑扎方法图

（2）绑扎带切割不能留余太长，必须小于 1mm，如图 4-53 所示。

a. 合格

b. 不合格

图 4–53　绑扎带切割要求图

（3）两个绑扎带之间的距离不超过 50mm，如图 4–54 所示。

a. 合格

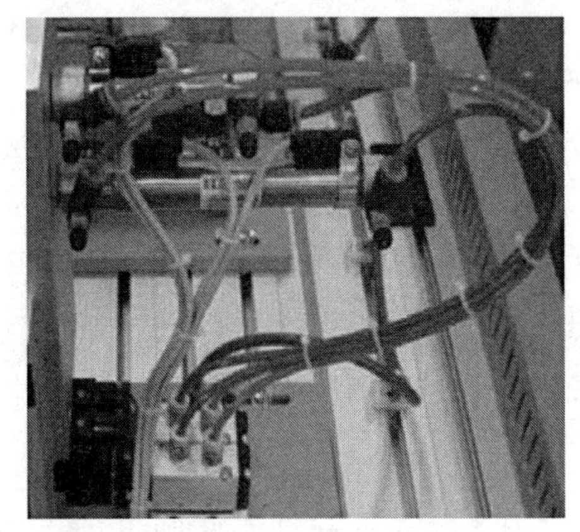

b. 不合格

图 4–54　绑扎带距离要求图

（4）两个线夹子之间的距离不超过 120 mm，如图 4–55 所示。

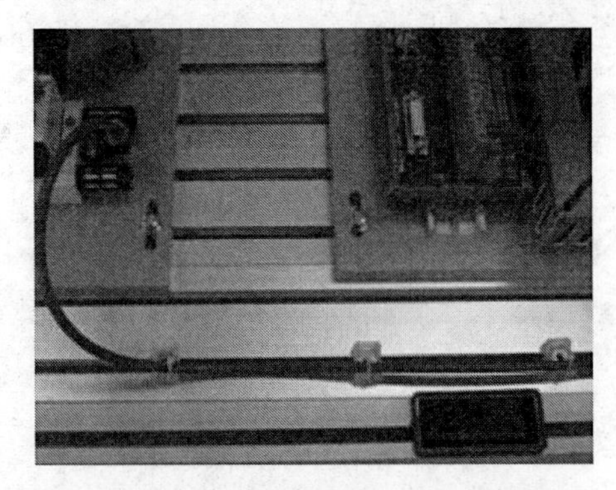

图 4–55　线夹子之间的距离要求图

（5）电缆 / 电线固定在线夹子上，如图 4–56 所示。

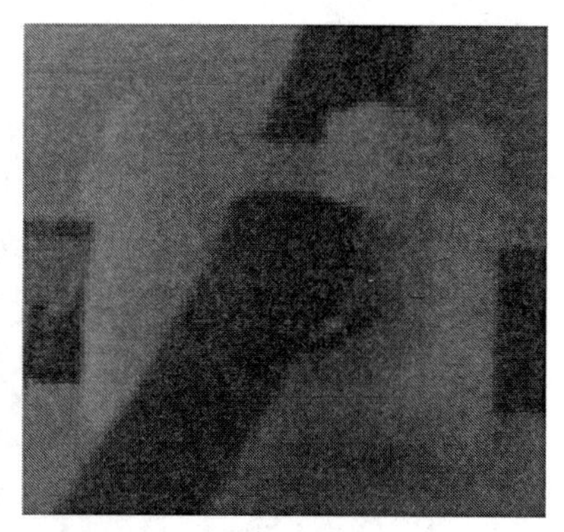

图 4-56　电缆 / 电线固定在线夹图

（6）第一根绑扎带离电磁阀组气管接头连接处 60mm ± 5mm 范围，如图 4-57 所示。

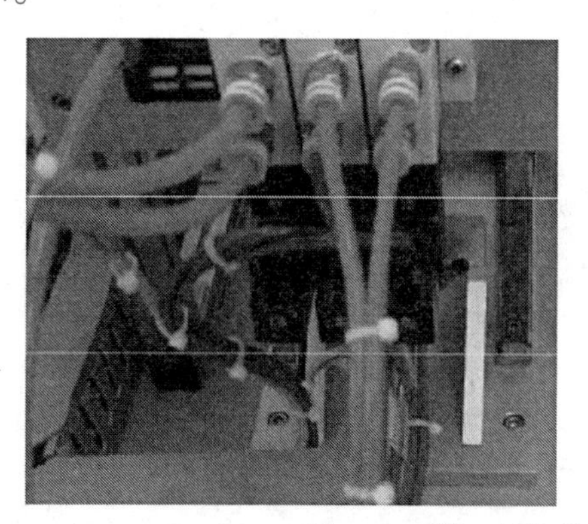

图 4-57　第一根绑扎带距离图

（7）电线连接时必须用冷压端子，电线金属材料不外露。

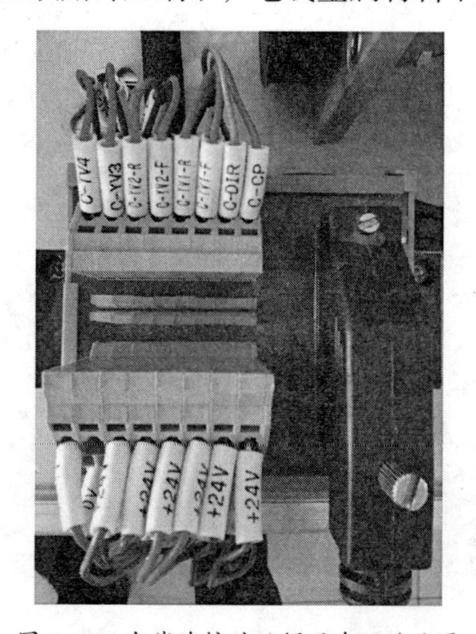

图 4-58　电线连接时必须用冷压端子图

（8）传感器护套线的护套层，应放在线槽内，只有线芯从线槽出线孔内穿出。

（9）线槽与接线端子排之间的导线，不能交叉，如图 4–59 所示。

a. 合格

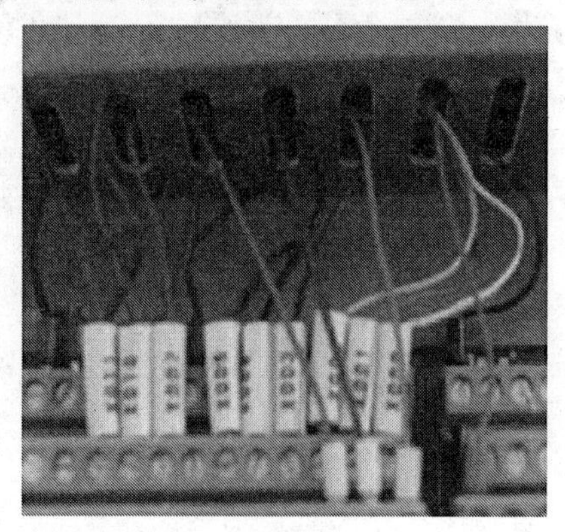

b. 不合格

图 4–59　线槽与接线端子排之间的导线接线要求图

（10）传感器不用芯线应剪掉，并用热塑管套住或用绝缘胶带包裹在护套绝缘层的根部，不可裸露，如图 4–60 所示。

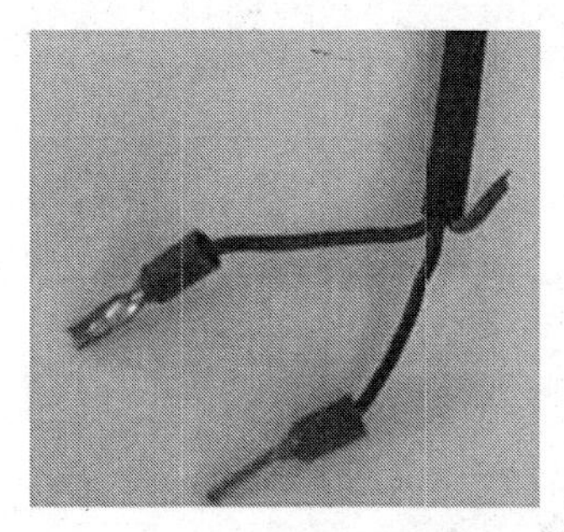

a. 合格

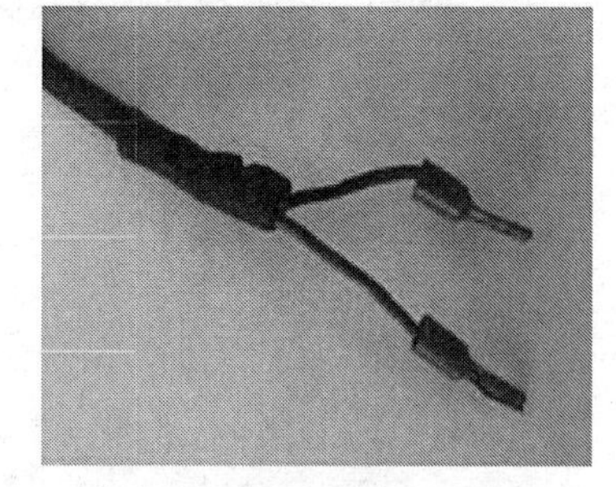

b. 不合格

图 4–60　传感器不用芯线处理要求图

（11）传感器芯线进入线槽应与线槽垂直，且不交叉，如图 4–61 所示。

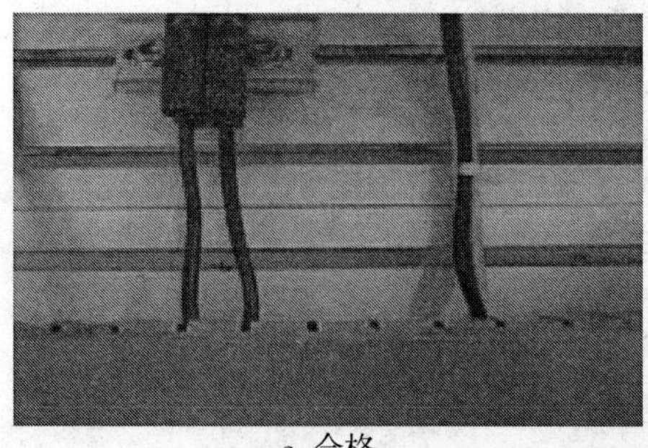

a. 合格

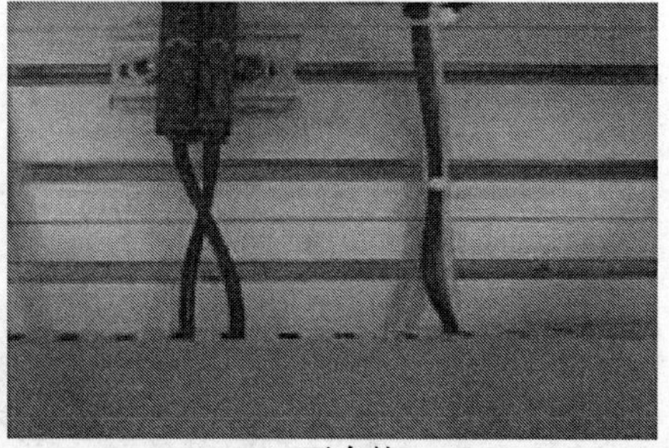

b. 不合格

图 4–61　传感器芯线进入线槽应要求图

（12）光纤传感器上的光纤，弯曲时的曲率直径应不小于100mm，如图4–62所示。

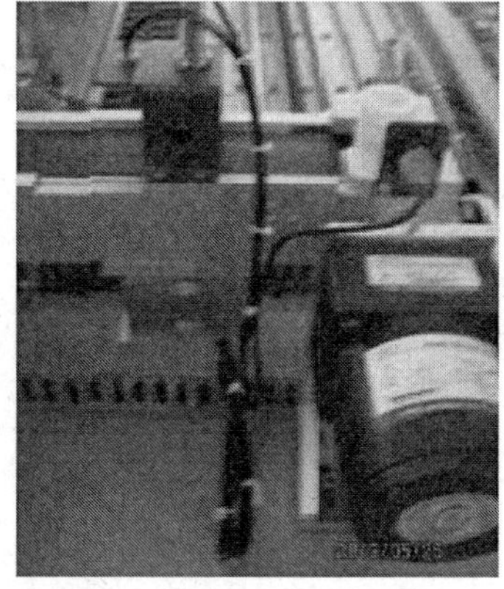

图4–62　光纤弯曲时的曲率直径要求图

（13）电缆、电线不允许缠绕，如图4–63所示。

a. 合格

b. 不合格

图4–63　电缆、电线不允许缠绕图

（14）变频器主电路布线与控制电路应有足够的距离，交流电动机的电源线不能放入信号线的线槽，如图4–64所示。

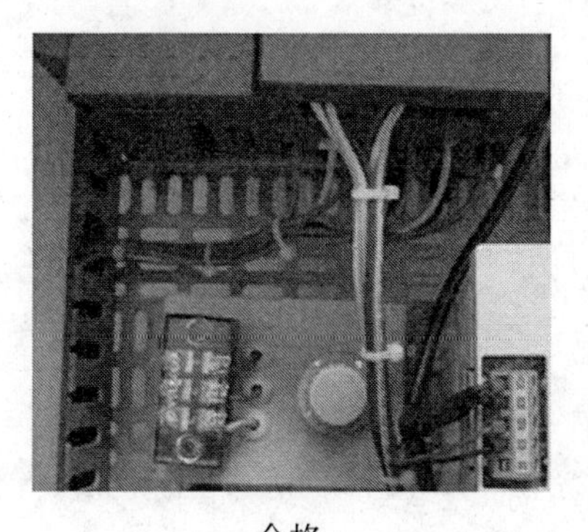

a. 合格

b. 不合格

图4–64　交流电动机的电源线不能放入信号线的线槽图

（15）未进入线槽而露在安装台台面的导线，使用线夹子固定在台面上或部件的支架上，不能直接塞入铝合金型材的安装槽内，如图 4–65 所示。

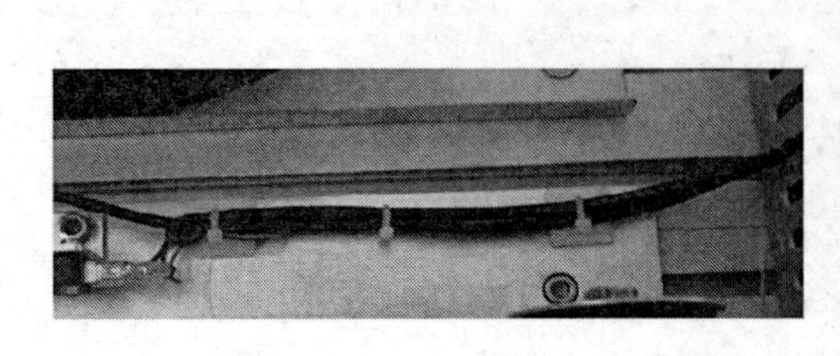

a. 合格

b. 不合格

图 4–65　未进入线槽而露在安装台台面的导线要求图

（16）电缆在走线槽里最少保留 10cm。如果是一根短接线的话，在同一个走线槽里不要求，如图 4–66 所示。

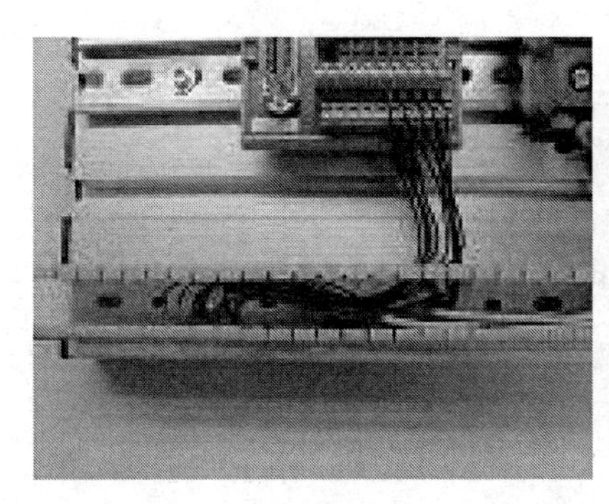

a. 合格

b. 不合格

图 4–66　电缆在走线槽里保留长度要求图

2. 气路调节

接好气路后，通过速度调节器对气缸活塞杆伸出缩回速度进行调节到合适为止。

二、系统检测与调试

1. 西门子 PLC 应用中需要注意的问题

（1）温度：PLC 要求环境温度在 0℃至 55℃，安装时不能放在发热量大的元件下面，四周通风散热的空间应足够大。

（2）湿度：为了保证 PLC 的绝缘性能，空气的相对湿度应小于 85%（无露珠）。

（3）震动：应使 PLC 远离强烈的震动源，防止振动频率为 10 Hz ~ 55Hz 的频繁或连续振动。当使用环境不可避免震动时，必须采取减震措施，如采用减震胶等。

（4）空气：避免有腐蚀和易燃的气体，如氯化氢、硫化氢等。对于空气中有较多粉尘或腐蚀性气体的环境，可将 PLC 安装在封闭性较好的控制室或控制柜中。

（5）电源：PLC 对于电源线带来的干扰具有一定的抵制能力。在可靠性要求很高或电源干扰特别严重的环境中，可以安装一台带屏蔽层的隔离变压器，以减少设备与地之间的干扰。一般 PLC 都有直流 24V 输出提供给输入端，当输入端使用外接直流电源时，应选用直流稳压电源。普通的整流滤波电源，由于纹波的影响，容易使 PLC 接收到错误信息。

2. 控制系统中干扰及其来源

影响 PLC 控制系统的干扰源，大都产生在电流或电压剧烈变化的部位，其原因是电流改变产生磁场，对设备产生电磁辐射；磁场改变产生电流，电磁高速产生电磁波，电磁波对其具有强烈的干扰。

（1）强电干扰：由于电网覆盖范围广，电网受到空间电磁干扰而在线路上感应电压。尤其是电网内部的变化，刀开关操作浪涌、大型电力设备启停、交直流传动装置引起的谐波、电网短路暂态冲击等，都通过输电线路传到电源原边。

（2）柜内干扰：控制柜内的高压电器，大的电感性负载，混乱的布线都容易对 PLC 造成一定程度的干扰。

（3）来自接地系统混乱时的干扰：正确的接地，既能抑制电磁干扰的影响，又能抑制设备向外发出干扰；而错误的接地，反而会引入严重的干扰信号，使 PLC 系统将无法正常工作。

（4）来自 PLC 系统内部的干扰：主要由系统内部元器件及电路间的相互电磁辐射产生，如逻辑电路相互辐射及其对模拟电路的影响，模拟地与逻辑地的相互影响及元器件间的相互不匹配使用等。

（5）变频器干扰：一是变频器启动及运行过程中产生谐波对电网产生传导干扰，引起电网电压畸变，影响电网的供电质量；二是变频器的输出会产生较强的电磁辐射干扰，影响周边设备的正常工作。

3. 主要抗干扰措施

（1）合理处理电源以抑制电网引入的干扰：对于电源引入的电网干扰可以安装一台带屏蔽层的变比为 1 ：1 的隔离变压器，以减少设备与地之间的干扰，还可以在电源输入端串接 LC 滤波电路。

（2）合理安装与布线：动力线、控制线以及 PLC 的电源线和 RS485 网线应分别配线，各走各的桥架或线槽。PLC 应远离强干扰源，柜内 PLC 应远离动力线（二者之间距离应大于 200 mm），与 PLC 装在同一个柜子内的电感性负载，如功率较大的继电器、接触器的线圈，应并联 RC 消弧电路。PLC 的输入与输出最好分开走线，开关量与模拟量也要分开敷设。模拟量信号的传送应采用屏蔽线，屏蔽层应一端或两端接地，接地电阻应小于屏蔽层电阻的 1/10。交流输出线和直流输出线不要用同一根电缆，输出线应尽量远离高压线和动力线，避免并行。

4. 正确选择接地点以完善接地系统

PLC 控制系统的地线包括系统地、屏蔽地、交流地和保护地等。接地系统混乱对 PLC 系统的干扰主要是各个接地点电位分布不均，不同接地点间存在地电位差，引起地环路电流，影响系统正常工作。

（1）安全地或电源接地：将电源线接地端和柜体连线接地为安全接地。

（2）系统接地：PLC 控制器为了与所控的各个设备同电位而接地，叫系统接地。接地电阻值不得大于 4Ω，一般需将 PLC 设备系统地和控制柜内开关电源负端接在一起，作为控制系统地。

（3）信号与屏蔽接地：一般要求信号线必须要有唯一的参考地。

三、常见故障的排除

系统使用过程或调试过程中，由于不小心、接线或人为的改动，容易造成很多错误，现给出一些常见的错误以及解决办法。

1. 启动后推料气缸不推料

原因 1：出料仓内无工件。解决办法：将工件放入料仓。

原因 2：出料仓内有工件，但传感器没有检测到或工件位置不合适。解决办法：调节传感器（A-SQ3）和工件位置，使其能检测到工件。

原因 3：出料气缸原点传感器没有调节好。解决办法：调节 A-SQI 位置使其能正常检测磁性气缸磁环。

原因 4：行走机械手没有回到原点，或旋转气缸没有回到原点。解决办法：调节传感器 C-SQ2，C-SQ4 和 C-SQ5，是其能正常工作。

原因 5：气压不足或节流阀调整太紧。解决办法：升高气压、松开节流阀，可先手动进行测试。

原因 6：PLC 输入输出接线错误。解决办法：重新检查接线。

2. 气缸推料后不退回

原因 1：A-SQ2 位置不合适。解决办法：调节 A-SQ2 至合适位置。

原因 2：气压不足或节流阀调整太紧。解决办法：升高气压、松开节流阀，可先手动进行测试。

原因 3：PLC 输入输出接线错误。解决办法：重新检查接线。

3. 变频器不工作

原因 1：参数设置错误。解决办法：首先让变频器恢复出厂设置，然后按照说明重新设置变频器。

4. 气缸不能将工件推进滑槽

原因 1：传感器没有正确识别物体或灵敏度、高度调节不适合。解决办法：调节传感器，使其正常工作。

原因 2：PLC 输入输出接线错误。解决办法：重新检查接线。

原因 3：传感器左右位置不当。解决办法：调整传感器左右位置，使工件能准确推进滑槽。

原因 4：气压不足或节流阀调整太紧。解决办法：升高气压、松开节流阀，可先手动进行测试。

5. 旋转气缸不能正确复位

原因 1：旋转气缸气路连接错误。解决办法：调整旋转气缸气路。

原因 2：气压不足或节流阀调整太紧。解决办法：升高气压、松开节流阀，可先手动进行测试。

原因 3：C-SQ4 和 C-SQ5 传感器位置不当或错误。解决办法：调整传感器。

原因 4：PLC 输入输出接线错误。解决办法：重新检查接线。

6. 步进电机运行方向相反

原因 1：步进电机线圈接线错误。解决办法：交换步进电机线圈 A+ 和 A-、或交换线圈 B+ 和 B-0

7. 步进电机运行过快或过慢

原因 1：细分调节错误。解决办法：按照说明改变步进电机细分。

8. 切削电钻没有运行

原因 1：钻的电源开关没有打开。解决办法：打开电源开关。

原因 2：钻上面的接插件松动。解决办法：紧固接插件。

四、系统的保养与维护

TSMCP 自动生产线装配与调试实训装置具有机、电、气集于一身的技术密集、知识密集的特点，是一种自动化程度高，结构复杂且性能价格比较高的先进教学仪器设备。为了充分发挥其效益，减少故陷的发生，必须做好日常维护工作。

1. 环境的选择与维护

选择合适的使用环境。TSMCP 自动生产线装配与调试实训装置的使用环境（如温度、湿度、振动、电源电压、频率及干扰等）会影响系统的正常运行，故在安装时应做到符合相关元器件规定的安装条件和要求。

2. 长期储存的方法

长期不使用 TSMCP 自动生产线装配与调试实训装置时，应经常给系统通电，使其空载运行。在空气湿度较大的毒雨季节应定期通电，利用电器元件本身发热驱走电器元件的潮气，以保证电子部件的性能稳定可靠。同时要加盖防尘布，防止灰尘。

3. 气缸的安全、维护与保养

气缸的推杆采用不锈钢材料制作，应保持其杆件表面的精度和光洁度，否则会影响其运动精度。同时应在其额定的负载范围内工作，且推杆不能承受径向力。每个月要至少一次清洁气缸，涂润滑油并手动运动气缸。

4. 气动二联体的安全、维护与保养

根据设备使用频率进行保养。使用频率较低时，油蛊不要加油，在气缸伸出杆上涂润滑油同样能够起到润滑作用。使用频率很高时，油蛊油面的高度应在最高刻线的 1/4 处为最佳，且不能低于其下限刻度，润滑油型号为透平 1#。用户可根据该系统的使用率酌情而定。二联体从气体中过滤出的水应及时排除，以免影响气体的湿度，提高气动元件的使用寿命。当空气滤清器中的水达到 1/4 时，断开气源，将接水容器放在排水口下方，向上推放水阀，积水能自然流出。

5. 直线导轨、滚珠丝杠的安全、维护与保养

因直线导轨、滚珠丝杠是高精密器件，且与空气直接接触，所以要保证在粉尘的浓度在正常空气环境以下使用，运行前检查导轨润滑正常。每月一次擦净直线导轨、滚珠丝杠上旧的润滑油，涂上新润滑油，如果导轨、丝杠在运动过程中出现噪声、运动不平稳等现象，应及时维修、保养，提高导轨、丝杠的使用寿命。

6. 直流电机安全、维护与保养

要注意磨合使用：这是延长电机使用寿命的基础，无论是新的还是大修后的电机，都必须按规范进行磨合后，方能投入正常使用。经常检查紧固部位：电机在使用过程中受震动冲击合负载不均等影响，螺栓、螺母容易松动，应仔细检查，以免造成因松动而损坏机件。以保证电机经常处于良好状态，才能节省能耗，延长使用寿命。

7. 传输装置的安全、维护与保养

传送平行带上装有平行带张紧装置，当平行带在运动过程中出现打滑现象时，可调节平行带张紧装置使平行带张紧，但不能超过平行带的允许极限应力，否则会降低平行带的使用寿命，调节后平行带应以手指按下2毫米至5毫米为准。此外，在调节平行带的张紧装置时应使平行带受力均匀。同步带要保持松紧适度的状况，过紧运动阻力太大，太松会打滑。

8. 电气线路气路的安全、维护与保养

周期性的进行绝缘检查，确认绝缘的可靠性。观察气压表，系统工作时，气压值应保持在0.5MPa为正常。

9. 传感器的安全、维护与保养

保持传感器表面清洁，先用空气压缩机除尘，表面污渍采用中性清洁剂清洗。

10. 设备应避免太阳照射，否则会加速器件老化，缩短使用寿命

11. 每次使用前检查五金件，保待螺丝紧固状态

任务九　自动化物流系统项目验收（功能、资料）

一、资料验收

1. 技术方案
2. 项目实施工作计划
3. 项目材料单、工具单及价格
4. 设计图纸：电路设计图、安装图、气路图
5. 项目程序文件
6. 自动化物流系统操作维护说明书
7. 项目汇报PPT

二、项目功能验收

1. 手动操作检查模式功能验收

2. 自动化物流模式功能验收

3. 触摸屏操作、显示功能验收

三、项目过程成绩评定

过程性评价的目的是：评价→诊断→反馈→改进→提高。过程性评价体现了对学生职业能力的考核，促进了学生综合职业能力的提升。

1. 项目小组过程性评价表

项目小组评价表如表 4–15 所示。

表 4–15　项目小组过程评价表

项目	考核点	评价要点	配分	完全达到	基本达到	未达到	总评
讲	明确性	团队对项目功能、技术指标及实施流程描述是否清晰、条理清楚	10				
做	完整性	工作过程是否完整	5				
	有序性	过程衔接是否顺畅、合理	5				
	规范性	技术文件是否合理、规范	10				
		项目实施计划书是否合理、规范	10				
		设计图纸是否合理、规范	15				
		安装接线工艺是否规范、美观	15				
结果	功能性	自动线功能是否达到技术文件要求	15				
		验收资料是否齐全	5				
	创新性	设计方案、工艺、设计图纸、安装调试方法创新性	10				
合计			100				
评价反馈意见：							

项目小组过程性评价由教师和项目小组负责人共同评定。

2. 项目个人过程性评价表

项目个人过程性评价表，如表 4–16 所示。

表 4–16　项目个人过程评价表

项目	评价要点	配分	得分
1	网络资源登陆学习次数（登陆学习，加 2 分 / 次）	10	
2	提出有效问题个数（自主学习讨论，提出有效问题，加 2 分 / 个）	10	
3	交流指导次数（能对团队及其他团队进行指导，加 5 分 / 次）	20	
4	设计方案有创新	20	
5	出勤情况（迟到扣 1 分 / 次，旷课扣 3 分 / 次）	20	
6	学生工作页完成情况	20	
合计		100	

3. 项目四项目考核成绩表

项目四考核成绩表，如表 4–17 所示。

表 4–17　项目考核成绩表

项目名称	团队项目完成情况成绩（60%）	个人项目学习工作成绩（40%）	项目成绩
项目四 自动化物流系统装调与维护			

参考文献

1. 何用辉 . 自动化生产线安装与调试 . 第 1 版 . 北京：机械工业出版社，2011 年 .

2. 杜丽萍 . 自动化生产线安装与调试 . 第 1 版 . 北京：机械工业出版社，2015 年 .

3. 刘艳春，卢玉峰. 自动化生产线安装与调试 . 第 1 版 . 北京：中国铁道出版社，2015 年 .

4. 廖常初 .S7-300/400 PLC 应用技术 . 第 3 版 . 北京：机械工业出版社，2011 年 .

5. 中华人民共和国国家标准 电气制图【M】. 北京：中国标准出版社，1987 年 .